新时代上海"人民城市"建设的探索与实践丛书

把最好的资源留给人民

一江一河卷

Reserving the Best Resources for the People

Huangpu River and Suzhou Creek

上海市住房和城乡建设管理委员会　编著

中国建筑工业出版社

生活秀带

发展绣带

丛书编委会

主　　任：汤志平　上海市人民政府副市长
　　　　　黄　艳　住房和城乡建设部副部长
常务副主任：王为人　上海市人民政府副秘书长
副　主　任：杨保军　住房和城乡建设部总经济师
　　　　　苏蕴山　住房和城乡建设部建筑节能与科技司司长
　　　　　王醇晨　中共上海市城乡建设和交通工作委员会书记
委　　员：李晓龙　住房和城乡建设部办公厅主任
　　　　　王志宏　住房和城乡建设部城市建设司司长
　　　　　秦海翔　住房和城乡建设部村镇建设司司长
　　　　　王瑞春　住房和城乡建设部城市管理监督局局长
　　　　　胡子健　住房和城乡建设部计划财务与外事司司长
　　　　　徐毅松　上海市规划和自然资源局局长
　　　　　于福林　上海市交通委员会主任
　　　　　史家明　上海市水务局（市海洋局）局长
　　　　　邓建平　上海市绿化和市容管理局（市林业局）局长
　　　　　王　桢　上海市住房和城乡建设管理委员会副主任、
　　　　　　　　　上海市房屋管理局局长
　　　　　徐志虎　上海市城市管理行政执法局局长
　　　　　邢培毅　上海市公安局交通警察总队总队长
　　　　　咸大庆　中国建筑出版传媒有限公司总经理

丛书编委会办公室

主　　任：王醇晨　中共上海市城乡建设和交通工作委员会书记
副　主　任：张　政　上海市住房和城乡建设管理委员会副主任
成　　员：林伟斌　上海市住房和城乡建设管理委员会办公室主任
　　　　　徐存福　上海市住房和城乡建设管理委员会政策研究室主任
　　　　　杨　睿　中共上海市城乡建设和交通工作委员会党委办公室副主任
　　　　　　　　　（主持工作）

本卷编写组

主　编： 王醇晨　中共上海市城乡建设和交通工作委员会书记

副主编： 张　政　上海市住房和城乡建设管理委员会副主任

　　　　　朱剑豪　上海市住房和城乡建设管理委员会副主任

　　　　　刘永钢　澎湃新闻总裁、总编辑

撰　稿： 朱剑豪　赵　炅　徐存福　陈丽红　王　健

　　　　　张　俊　英明鉴　赵　勋　龚　樱　吴英燕

　　　　　董怿翎　沈健文

丛书前言

　　上海是中国共产党的诞生地，是中国共产党的初心始发地。秉承这一荣光，在党中央的坚强领导下，依靠全市人民的不懈奋斗，今天的上海是中国最大的经济中心城市，是中国融入世界、世界观察中国的重要窗口，是物阜民丰、流光溢彩的东方明珠。

　　党的十八大以来，以习近平同志为核心的党中央对上海工作高度重视、寄予厚望，对上海的城市建设、城市发展、城市治理提出了一系列新要求。特别是 2019 年习近平总书记考察上海期间，提出了"人民城市人民建，人民城市为人民"的重要理念，深刻回答了城市建设发展依靠谁、为了谁的根本问题，深刻回答了建设什么样的城市、怎样建设城市的重大命题，为我们深入推进人民城市建设提供了根本遵循。

　　我们牢记习近平总书记的嘱托，更加自觉地把"人民城市人民建，人民城市为人民"重要理念贯彻落实到上海城市发展全过程和城市工作各方面，紧紧围绕为人民谋幸福、让生活更美好的鲜明主题，切实将人民城市建设的工作要求转化为紧紧依靠人民、不断造福人民、牢牢植根人民的务实行动。我们编制发布了关于深入贯彻落实"人民城市人民建，人民城市为人民"重要理念的实施意见和实施方案，与住房和城乡建设部签署了《共建超大城市精细化建设和治理中国典范合作框架协议》，全力推动人民城市建设。

　　我们牢牢把握人民城市的战略使命，加快推动高质量发展。国际经济、金融、贸易、航运中心基本建成，具有全球影响力的科技创新中心形成基本框架，以五个新城建设为发力点的城市空间格局正在形成。

　　我们牢牢把握人民城市的根本属性，加快创造高品质生活。"一江一河"生活秀带贯通开放，"老小旧远"等民生难题有效破解，大气和水等生态环境质量持续改善，在城市有机更新中城市文脉得到延续，城市精神和城市品格不断彰显。

我们牢牢把握人民城市的本质规律，加快实现高效能治理。政务服务"一网通办"和城市运行"一网统管"从无到有、构建运行，基层社会治理体系不断完善，垃圾分类引领绿色生活新时尚，像绣花一样的城市精细化管理水平不断提升。

我们希望，通过组织编写《新时代上海"人民城市"建设的探索与实践丛书》，总结上海人民城市建设的实践成果，提炼上海人民城市发展的经验启示，展示上海人民城市治理的丰富内涵，彰显中国城市的人民性、治理的有效性、制度的优越性。

站在新征程的起点上，上海正向建设具有世界影响力的社会主义现代化国际大都市和充分体现中国特色、时代特征、上海特点的"人民城市"的目标大踏步地迈进。展望未来，我们坚信"人人都有人生出彩机会、人人都能有序参与治理、人人都能享有品质生活、人人都能切实感受温度、人人都能拥有归属认同"的美好愿景，一定会成为上海这座城市的生动图景。

Shanghai is the birthplace of the Communist Party of China, and it nurtured the party's initial aspirations and intentions. Under the strong leadership of the Party Central Committee, and relying on the unremitting efforts of its residents, Shanghai has since blossomed into a city that is befitting of this honour. Today, it is the country's largest economic hub and an important window through which the rest of the world can observe China. It is a brilliant pearl of the Orient, as well as a place of abundance and wonder.

Since the 18th National Congress of the Communist Party of China, the Party Central Committee with General Secretary Xi Jinping at its helm has attached great importance to and placed high hopes on Shanghai's evolution, putting forward a series of new requirements for Shanghai's urban construction, development and governance. In particular, during his visit to Shanghai in 2019, General Secretary Xi Jinping put forward the important concept of "people's cities, which are built by the people, for the people". He gave profound responses to the questions of for whom cities are developed, upon whom their development depends, what kind of cities we seek to build and how we should approach their construction. In doing so, he provided a fundamental reference upon which we can base the construction of people's cities.

Keeping firmly in mind the mission given to us by General Secretary Xi Jinping, we have made more conscious efforts to implement the important concept of "people's cities" into all aspects of Shanghai's urban development. Adhering to a central theme of improving the people's happiness and livelihood, we have conscientiously sought ways to transform the requirements of people's city-building into concrete actions that closely rely on the people, that continue to benefit the people, and which provide the people with a deeply entrenched sense of belonging. We have compiled and released opinions and plans for the in-depth implementation of the important concept of "people's cities", as well as signing the *Model Cooperation Framework Agreement for the Refined Contruction and Government of Mega-Cities in China* with the Ministry of Housing and Urban-Rural Development.

We have firmly grasped the strategic mission of the people's city in order to accelerate the promotion of high-quality urban development. We have essentially completed the construction of a global economy, finance, trade and logistics centre, as well as laying down the fundamental framework for a hub of technological innovation with global influence. Meanwhile, an urban spatial layout bolstered by the construction of five new cities is currently taking shape.

We have firmly grasped the fundamental attributes of the people's city in order to accelerate the creation of high standards of living for urban residents. The "One River and One Creek" lifestyle show belt has been connected and opened up, while problems relating to the people's livelihood (such as outdated, small, rundown or distant public spaces) have been effectively resolved. Aspects of the environment such as air and water quality have continued to improve. At the same time, the heritage of the city has been incorporated into its organic renewal, allowing its spirit and character to shine through.

We have firmly grasped the essential laws of the people's city in order to accelerate the realization of highly efficient governance. Two unified networks – one for applying for government services and the other for managing urban functions – have been built from scratch and put into operation. Meanwhile, grassroots social governance has been continuously improved, garbage classification has been updated to reflect the trend of green living, while micro-scale urban management has become increasingly intricate, like embroidery.

Through the compilation of the *Exploration and Practices in the Construction of Shanghai as a "People's City" in the New Era series*, we hope to summarize the accomplishments of urban construction, derive valuable lessons in urban development, and showcase the rich connotations of urban governance in the people's city of Shanghai. In doing so, we also wish to reflect the popular spirit, effective governance and superior institutions of Chinese cities.

At the starting point of a new journey, Shanghai is already making great strides towards becoming a socialist international metropolis with global influence, as well as a "people's city" that fully embodies Chinese characteristics, the nature of the times, and its own unique heritage. As we look toward to the future, we firmly believe in our vision where "everyone has the opportunity to achieve their potential, everyone can participate in governance in an orderly manner, everyone can enjoy a high quality of life, everyone can truly feel the warmth of the city, and everyone can develop a sense of belonging". This is bound to become the reality of the city of Shanghai.

"一江一河"描绘人民城市美丽新画卷

流淌千年、穿城而过的黄浦江、苏州河,是上海这座城市的母亲河。

2021年6月16日,位于上海黄浦江畔的北外滩"世界会客厅"首度亮相,迎来了参加"中国共产党的故事——习近平新时代中国特色社会主义思想在上海的实践"特别对话会的世界各国嘉宾。在即将迎来中国共产党百年诞辰之际,在浓缩上海城市波澜壮阔历史变迁的黄浦江、苏州河交汇口,中共中央政治局委员、上海市委书记李强同志和大家一起分享了三个发生在上海的故事,其中一个是黄浦江、苏州河"一江一河"岸线贯通的故事。

"170多年前,上海开埠,'一江一河'两岸开始成为商船云集、中外贸易的'大码头',中国最早的现代化水厂、船厂、煤气厂、纺纱厂都在这里诞生。新中国成立后,更多的工厂、码头、仓库等依水而建,那时的'一江一河'是城市重要的生产岸线。改革开放以来特别是进入新时代,上海着眼于满足人民对美好生活的新期待,加快调整江河岸线的功能布局,大力推进沿岸的贯通开放,全面实施滨水公共空间的改造提升,位于上海主城区的黄浦江45公里岸线、苏州河42公里岸线先后贯通,成为市民漫步休憩的好地方,实现了还岸于民、还水于民,昔日的'工业锈带'变为今日怡人的'生活秀带'……"随着李强书记的娓娓道来,大家通过"一江一河"更加深入地了解上海这座城市的过去、现在和将来,更加真切地感受到中国共产党治国理政带来的沧桑巨变和为人民谋福祉的不懈努力。

　　近 200 年以来，上海从一个默默无闻的小渔村，快速演变和发展成为全球知名的国际化大都市，得益于黄浦江和苏州河的自然馈赠，便捷的水上交通促进了经济发展和人口流动，"一江一河"沿岸成为最具活力的地区，诞生了包括近代造船厂、轮船公司、发电厂、自来水厂、煤气厂、棉纺厂、染纱厂、面粉厂等无数上海第一，浓缩了上海近代工业化发展的光辉历程。

　　1868 年，租界当局填筑黄浦江、苏州河口浅滩，建成黄浦公园。1954 年，上海人民政府开展外滩地区整治，沿黄浦公园向南新建了第一条滨江绿化带，成为一代代上海市民心中的"打卡地"。曾几何时，一对对情侣沿着外滩防汛墙护栏，左右相连，互不干扰，享受亲水的浪漫，"外滩恋爱墙"成为上海的一道靓丽风景线，但是透过这道风景线所折射出来的更多是无奈和苦涩，这反映出上海城市公共空间的严重缺失。1990 年浦东改革开放，黄浦江、苏州河两岸成为上海城市空间的核心，上海城市发展进入从工业社会向后工业社会转型的历史阶段，滨水空间逐步从工业岸线向生态岸线、从生产岸线向生活岸线转变，这是城市产业发展和空间品质提升的必由之路。

　　2001 年启动实施的《上海市城市总体规划（1999 年—2020 年）》为"一江一河"沿岸地区发展绘制了美好蓝图。2002 年 1 月，上海市委、市政府宣布启动黄浦江两岸综合开发，这是上海面向未来的一项世纪决策，具有重要而深远的意义。

　　20 年来，"一江一河"沿岸地区主要经历了三个发展期。首先是从 2002 年至 2010 年"世博阶段"。以 2010 年上海世博会为契机，黄浦江两岸加大土地收储力度，累积实现了近 3400 家企业动迁，沿江环境面貌得到极大改观。其次是从 2011 年至 2017 年的"后世博阶段"。黄浦江两岸逐步从基础建设为主，向培育高能级核心产业功能、打造高品质公共开放空间转变，2017 年底实现中心城区 45 公里滨江岸线贯通开放成为标志性时间。然后是从 2018 年至今的"一江一河阶段"。2019 年，市政府正式组建"一江一河"工作领导小组，以建设"创新、协调、绿色、开放、共享"的世界级滨水区为目标，统筹黄浦江、苏州河沿岸地区发展、规划、建设和管理，成为上海市域空间发展新格局"中心辐射"的重要区域。

2019年11月，习近平总书记考察上海杨浦滨江，首次提出了"人民城市人民建，人民城市为人民"的重要理念，深刻揭示了中国特色社会主义城市的人民性，赋予了上海建设新时代人民城市的新使命。"一江一河"岸线贯通是践行总书记"人民城市"理念而迈出的坚实一步，但仅仅是起步，而远非终点，建设更高品质、更加丰富多样的公共空间，把最好的资源留给人民，让人民群众拥有更多的获得感、幸福感、安全感，将是我们长期的、坚定的目标和愿景。

《把最好的资源留给人民 一江一河卷》由澎湃新闻对40余位参与"一江一河"公共空间建设的亲历者进行采访，以对话的形式，全面、系统、生动地讲述了2015年至2020年间上海市委、市政府以人民为中心，推动黄浦江、苏州河岸线贯通开放的执着和睿智，展现了政府、企业、社区、专家、市民等各参与方共同的努力和付出，总结了贯通工程策划、规划、实施、管理、维护等全过程的经验和不足，描绘了一幅全民共建、共治、共享美好生活的写实画卷，为更高标准、更好水平建设人民城市提供了很好的案例和借鉴。

黄浦江、苏州河河口"世界会客厅"欢迎来自世界各地的宾客感受上海的"温度"。

"一江一河"的明天将更美好。

陆家嘴夜景　Night view of Lujiazui
图片来源：彭佳斌　Image source: Peng Jiabin

傍晚的苏州河河口段　The mouth of Suzhou Creek
图片来源：同济原作设计工作室　Image source: Original Design Studio

Preface

"One River and One Creek"
Picturesque Scrolls of the People's City

Huangpu River and Suzhou Creek are the lifeblood of Shanghai. Together, they have nurtured the city for over 1,000 years.

On June 16, 2021, the city unveiled a new "Global Reception Hall" located on the North Bund along the Huangpu waterfront. In honor of the occasion, the hall hosted "Stories of the Communist Party of China: Shanghai Practices and Xi Jinping's Socialism with Chinese Characteristics for the New Era", an event that attracted esteemed guests from all over the world. Held just ahead of the Communist Party of China's centennial celebrations, it brought CPC Shanghai Municipal Committee Secretary Li Qiang to the confluence of the Huangpu River and Suzhou Creek. There's no better place for a discussion of Shanghai history. Of the three stories shared that day, one — about the recent public works project known as the "One River and One Creek" initiative, was particularly fitting.

"More than 170 years ago, when Shanghai first opened its commercial ports, the Huangpu River and Suzhou creek were a hub for trade between China and the rest of the globe. China's oldest modern waterworks, shipyard, gasworks, and spinnery were all founded here. After the establishment of the New China (in 1949), more factories, ports and warehouses were built along the waterfront. At that time, the 'One River and One Creek' area was the city's industrial core. Since the advent of 'reform and opening-up' (in the late 1970s) — and especially now, in the new era — Shanghai has shifted its focus to emphasize improving residents' standards of living. To this end, the city has accelerated the rearrangement of functions along the banks of the river and creek, strived to connect and open up the shoreline, and carried out a comprehensive renovation and enhancement of public waterfront spaces. The connection of 45 kilometers of shoreline along the Huangpu River and 42 kilometers of shoreline along Suzhou Creek in Shanghai's central urban districts has created new, idyllic spaces where the city's residents can stroll and relax. The goal of returning the water and shore to the people has

thus been achieved, and Shanghai's 'industrial rust belt' successfully transformed
into a 'lifestyle show belt' that continues to charm and dazzle."

Secretary Li Qiang's remarks highlighted the importance of the "One River and One Creek" initiative to understand the past, present, and future of Shanghai. They also offered deeper insights into the dramatic changes brought about by the Communist Party of China's governance methods and the untiring efforts the Party has made to ensure the people's happiness.

Over the last two centuries, Shanghai has rapidly transformed from an unknown fishing village into a global metropolis. The city's most advantageous natural resources, the Huangpu River and Suzhou Creek, were perfect for maritime transportation, which in turn accelerated the city's economic development and the mobility of its population. The Huangpu River and Suzhou Creek eventually became the city's most lively areas and birthed many of its most important industries. They are an inextricable part of Shanghai's modern industrial development.

In 1868, the concession authorities filled in the shallows at the confluence of the Huangpu River and Suzhou Creek to build Huangpu Park. In 1954, as part of a campaign carried out by the government of the People's Republic of China, the first green space along Huangpu River was developed just on the south of Huangpu Park. It quickly became a must-visit destination for multiple generations of Shanghai residents. How many couples have strolled along the flood walls, holding hands as they enjoy that romantic riverside view?

"The Lovers' Walls of the Bund" are some of Shanghai's most charming scenery. However, for many years, their presence also served to highlight the severe lack of public spaces elsewhere in the city. After the establishment of Pudong New Area in the 1990s, both banks of the Huangpu River and Suzhou Creek became increasingly urbanized. Meanwhile, Shanghai began a historical transition from an industrial to a post-industrial city. The riverside spaces gradually changed from factories to green spaces — from the city's industrial core to a place for leisure and relaxation. This was an essential step in the elevation of the city's industrial development and the enhancement of its public spaces.

Launched in 2001, the Shanghai Master Plan (1999-2020) devised a blueprint for the development of spaces within the "One River and One Creek" area. In January 2002, CPC Shanghai Municipal Committee and Municipal Government announced plans for the comprehensive development of both shores of the Huangpu River. This was a decision of monumental importance for the city's future.

In the 20 years since, the waterside areas of the "One River and One Creek" area have undergone three important phases of development. The first was the "Expo Period", which took place from 2002 to 2010. Taking the 2010 Shanghai World Expo as a deadline, efforts to reappropriate and preserve land along the two banks of the Huangpu River were increased, resulting in a total of 3,400 enterprises being relocated elsewhere. This greatly contributed to the improvement of the riverside's appearance and environmental quality. The second was the "Post-Expo Stage", from 2011 to 2017. On both sides of the Huangpu River, the focus gradually shifted from infrastructure construction to cultivating highly efficient industrial functions and creating high-quality public spaces. The opening of an uninterrupted 45-kilometer stretch of riverside walkways in the city center in 2017 was a major turning point in the development of the waterfront.

Then came the "One River and One Creek Stage", from 2018 to the present day. In 2019, the municipal government formally established the "One River and One Creek" task force with the goal of building a world-class waterfront area that is "innovative, coordinated, green, open, and shared". This task force has coordinated the development, planning, construction and management of the Huangpu River and Suzhou Creek areas, the benefits of which continue to radiate outwards, creating a new state of urban spatial development in the city of Shanghai.

In November 2019, General Secretary Xi Jinping visited Shanghai's Yangpu waterfront, where he first put forward the concept that "people's cities are built by the people, for the people". His speech vividly reflected the communal, public character of a socialist city with Chinese characteristics, as well as giving Shanghai further impetus for its development into a "people's city" for the new era. The connection of the waterfronts that make up the "One River and One Creek" area is a solid step in the implementation of Xi Jinping's concept of a "people's city" — but it is only the beginning. Building higher-quality and more diverse public spaces, reserving the city's best resources for the people, and providing them with a greater degree of satisfaction, happiness, and safety remain the long-term goals.

For "Reserving the Best Resources for the People Huangpu River and Suzhou Creek", The Paper interviewed more than 40 people who personally participated in the construction of public spaces included in the One River and One Creek initiative. Told in dialogue, this story comprehensively, systematically, and vividly describes the perseverance and foresight that CPC Shanghai Municipal Committee and Municipal Government demonstrated as they promoted the connection and opening-up of waterfront spaces along the Huangpu River and Suzhou Creek. The story also showcases the combined efforts of the government, enterprises, communities, experts, and citizens throughout this project, as well as summarizes the project's various achievements and shortcomings. It paints a realistic picture of a city devoted to joint construction and governance, as well as improving the quality of life for all its residents. It therefore serves as a good reference for the high-quality, high-standard construction of "people's cities" .

The Global Reception Hall at the confluence of Huangpu River and Suzhou Creek is open to guests from all over the world, allowing them to experience the "warmth" of Shanghai. The rest of the "One River and One Creek" initiative ensures that this warmth will only continue to glow brighter in the days to come.

目录

Contents

Chapter Three Joint Governance for Shared Living   181

黄浦江、苏州河是上海的母亲河，见证了自开埠以来这座城市的潮起潮落。

曾经的"一江一河"区域是中国民族实业的摇篮，是中国对外开放的通道，是上海作为中国主要工业城市的重要承载区。

自改革开放以来，上海市委、市政府高度重视"一江一河"区域的功能完善与品质提升。从21世纪初的浦江开发建设，至2020年苏州河两岸42公里基本贯通，从开发之初的强调建设，到新时代的注重品质，20余年来，"一江一河"滨水空间发生了巨变。

如今的"一江一河"滨水空间，是上海的"城市名片"和"会客厅"。无论是黄浦江边的"工业文明""海派经典""文化体验"，还是苏州河岸"上海辰光、风情长卷"的江南婉约，无论是北外滩的"世界会客厅"，还是徐汇滨江的"世界人工智能大会"，都在向世界发出邀请：欢迎到上海来。

如今的"一江一河"滨水空间，是上海提升城市能级和核心竞争力的重要承载区。这里汇聚了中国顶级的科技研发团队，丰富的时尚艺术展馆，前沿的创意创新产业。

如今的"一江一河"滨水空间，是超大城市精细化管理的示范区。在"一江一河"滨水区的贯通和品质提升中，市委、市政府坚持"统一规划、统一公布、统一指导"，加强"管建并举"，市级层面出规范，根据属地化原则，各区制定实施细则。坚持全要素整治，多部门联合管理，确保公共空间安全有序。

如今的"一江一河"滨水空间，是新时期城市更新建设的引领区。杨浦滨江5.5公里不间断的工业博览带，浓缩了上海百年工业的历史，在更新改造后重获生机与活力，实现了从"工业锈带"到"生活秀带"的华丽转身。

如今的"一江一河"滨水空间，更是"人民城市"理念的重要实践。黄浦江两岸 1200 公顷的绿色生态开放空间、全程贯通的漫步道、50 余处各具特色的水岸驿站，苏州河两岸 63 处断点的打通，都体现了"还江还河于民"的贯通初衷。

未来，"一江一河"滨水空间还将进一步提升品质，拓展功能，增强人民群众的获得感。根据《上海市"一江一河"发展"十四五"规划》，"十四五"时期，"一江一河"滨水空间将加快建设成为具有全球影响力的世界级滨水区。

The Huangpu River and Suzhou Creek have watered and nurtured Shanghai since the very beginning. Together, they have borne witness to the city's ebbs and flows since its ports first opened.

The spillways of the "One River and One Creek" area formed the cradle of China's industrial development. They connected China to the outside world, turning Shanghai into a major commercial hub and cementing the city's reputation as one of China's most important industrial bases.

Since the advent of "reform and opening-up" in the late 1970s, CPC Shanghai Municipal Committee and Municipal Government have attached great importance to improving the function and appearance of the "One River and One Creek" area. From the development of the Huangpu River at the beginning of the 21st century, to the opening of a 42 kilometer recreational zone along both shores of Suzhou Creek in 2020; Shanghai's waterfront spaces have undergone tremendous changes over the past 20 years — changes that mirror the city's shift from construction and development to quality growth.

Today, the "One River and One Creek" area is both a calling card and reception hall for the city. Whether it's the industrial heritage, classic East-meets-West charm, and vibrant cultural scene of the Huangpu River, or the picturesque Jiangnan-style beauty of Suzhou Creek; the grand architecture of the Global Reception Hall on the North Bund, or the World Artificial Intelligence Conference along the river in Xuhui District — all these spaces send the same message: Welcome to Shanghai!

Today, the waterfront spaces that make up the "One River and One Creek" area are once again playing a crucial role in the elevation of Shanghai's functionality and core competitiveness. They are home to an agglomeration of China's top technology research and development firms, a wealth of fashion and art exhibition halls, and cutting-edge creative and innovative industries.

They are also implementation zones for new techniques for the management of megacities at the micro level. Throughout the process of interconnecting and enhancing Shanghai's riverside corridors, CPC Shanghai Municipal Committee and Municipal Government have upheld the principles of "uniform planning, uniform announcements, and uniform leadership". This has bolstered the city's commitment to "simultaneous management and construction": establishing citywide norms while allowing for more specific regulations in individual districts in keeping with the principle of localized development. The city has also rigorously adhered to an extensive, all-encompassing plan of rectification that involves the joint participation of multiple departments so as to ensure safety and order in the public spaces.

Today, the waterfront spaces that comprise the "One River and One Creek" area are leading examples of urban renewal and construction in China's "new era". The 5.5 kilometer uninterrupted industrial expo belt along the waterfront in Yangpu District, for example, is a microcosm of Shanghai's industrial history. Through the recent revitalization and renovation initiative, this area has regained its former vitality and completed a dazzling transformation from an "industrial rust belt" to a "lifestyle show belt" .

The "One River and One Creek" area embodies the concept of the "people's city." Take the 1,200 hectares of green open space on both sides of the Huangpu River, for example, complete with "slow passageways" and more than 50 unique waterside posthouse. Or look at the links that have been built between 63 previously unconnected points along the Suzhou Creek to create a pedestrian corridor. Both projects reflect the city government's desire to "return the river to the people".

In the future, the waterfront spaces that make up the "One River and One Creek" area will continue to be improved in both form and function, in ways that will make them more enjoyable to the people who live and work here. According to the "14th Five-Year Plan for the Development of Shanghai's 'One River and One Creek'", the city is committed to speeding up the transformation of the "One River and One Creek" area into a world-class, globally recognized waterfront.

"一江一河"：践行人民城市，打造生活秀带

"One River and One Creek": Putting the People's City into Practice, Building a Lifestyle Show Belt

王战 / 上海市社会科学界联合会主席
Wang Zhan / Chair of the Shanghai Federation of Social Sciences Associations
王醇晨 / 中共上海市城乡建设和交通工作委员会书记
Wang Chunchen / Director of the Shanghai Municipal Commission of Housing, Urban-Rural Development and Management
徐毅松 / 上海市规划和自然资源局局长
Xu Yisong / Chief of the Shanghai Urban Planning and Land Resources Bureau

　　黄浦江和苏州河是上海特有的城市符号，是上海最具象征意义的地标性区域，不但记录着上海城市百余年发展的脉络，更是未来上海提升城市能级和核心竞争力的重要承载区。2017 年黄浦江两岸 45 公里公共空间实现贯通开放，2020 年苏州河两岸 42 公里实现基本贯通开放，"一江一河"始终坚持以人民为中心，聚焦人民群众的需求，不断扩大人民的公共空间，让人民有更多获得感，为人民创造更加幸福的美好生活，成为总书记"人民城市"理念的重要实践。

江河交汇　Confluence of the Huangpu River and Suzhou Creek
图片来源：同济原作设计工作室　Image source: Original Design Studio

吴英燕：水源充沛、水网发达的自然环境，是孕育著名城市的一个重要条件，国际上很多城市往往都有著名的河流贯穿其中，黄浦江、苏州河这两条母亲河，对于上海这座城市是不是也有着非凡的意义？

王战：从全球城市文明起源与发展历程看，城市文明与发展都与江河有关系，比如举世闻名的四大文明古国：古巴比伦在两河流域，古埃及在尼罗河流域，中国在黄河流域，印度在印度河流域。

上海位于江南水网地带，水系繁盛，在历史上因水而兴。苏州河古称"松江"，亦称"吴淞江"，流经市区内的这一段习惯称为"苏州河"。苏州河历史上是太湖洪水入海的主要河流，唐代时河宽达 10 公里，后因泥沙淤积，河道日益缩狭，终演变成黄浦江的一条支流。苏州河是太湖流域和上海之间物资运输的重要渠道，苏州河两岸曾经是上海民族工业的摇篮，见证了上海工业及民族工商业的发展脉络，是展示上海城市风貌变迁的重要印迹。

黄浦江，蜿蜒百里流向长江，是上海这个港口城市生存和发展的血脉，孕育造就了近代上海都市的成长。1843 年上海开埠，成为中国主要的对外口岸，拉开了近代上海城市发展的帷幕，近代工业在黄浦江畔相继兴起。黄浦江引领上海港口和工业的发展，对于确立上海作为中国经济中心城市的地位作出了不可磨灭的贡献。黄浦江对于上海独特地域文化的形成和演变也具有极其重要的意义，正是黄浦江的开放和包容，构成了海派文化开放性、国际性的精神传统，可以说黄浦江就是海派文化的原点，既带动了城市发展，也凝聚着城市文脉。

进入 20 世纪 90 年代，浦江两岸的传统工业先后面临调整和升级，黄浦江滨江也开始了从工业岸线向公共开放空间的转型，随着浦东开发开放，黄浦江更是焕发出新的生机，从"城市边缘线"变成"城市两翼"的中心主动脉。2002 年 1 月上海市委、市政府宣布黄浦江两岸综合开发启动，这是上海面向未来的一项世纪决策，具有重要而深远的意义。抓住产业升级和城市转型的机遇，黄浦江沿岸加快实现从工业生产型岸线向综合服务型岸线的蜕变。

黄浦江、苏州河的发展历程符合国际大都市滨水区发展的共同规律。

江河交汇
图片来源：上海市滨水区开发建设服务中心

黄浦江和苏州河是上海特有的城市符号，是上海最具象征意义的地标性区域，不但记录着上海城市百余年发展的脉络，更是未来上海提升城市能级和核心竞争力的重要承载区。

"一江一河"公共空间建设，是一个循序渐进的过程，可以说这个过程顺应了民意，在满足人民群众对美好生活向往的期待中逐步推进，越做越好。

吴英燕：您刚才提到"一江一河"公共空间建设是循序渐进的，是社会发展、人民生活水平提高到一定阶段后"自然形成"的，如何理解"循序渐进""自然形成"？

王战：最先推动黄浦江开发建设的是浦东新区。20 世纪 90 年代初，浦东开发开放伊始，陆家嘴、金桥、外高桥三个开发区的建设本身就沿着黄浦江，其中最重要的地块是陆家嘴，所以如何开发利用好黄浦江，对浦东而言很重要。

从 20 世纪 90 年代中期开始，"一江一河"沿线原有的功能陆续开始逐步转移。首先是滨水沿线制造业向外转移，如钢铁、化工产业逐步往北、往南转移。这就为黄浦江下一步开发利用腾让了空间。第二是运输功能的转移。2005 年，洋山港开港，黄浦江的港口功能逐步消退，比如十六铺码头、民生码头的运输功能就渐渐没有了。运输功能没有了，仓储空间也随之消失，这样，黄浦江空间格局和功能就要发生新变化。

"一江一河"公共空间建设过程中最重要的转折点是世博会。世博会展馆选择在黄浦江边改造现有的地块，而没有选址在一个新的地块建设。在世博会展馆建设中，沿江两个最大的工厂江南造船厂和上钢三厂完成了搬迁，将地块腾让出来。而且，当时还特地保留了一个废旧的厂房，将其改造为展馆，将一些机器设备设计更新为雕塑，为的是让观展者在这里能看到城市的记忆，更重要的是体现了"城市，让生活更美好"的理念。徐汇滨江，浦东前滩、后滩地块都在世博会后加快了建设。

我们再来看苏州河。提到苏州河，就不得不提苏州河的环境综合整治。苏州河是中国民族工业的重要承载地，在这里诞生了很多伟大的民族工业，但是它们也对其造成了严重的环境污染。1996 年，苏州河环境综合整治全面启动。我认为这是非常有意义的，可以说，它是上海市民生态文明意识的起点。从 1998 年到 2011 年，苏州河环境综合整治工程共进行了三期，经过整治，苏州河水质和两岸综合环境明显改善。2018 年底，苏州河启动第四期环境综合整治，这是上海城市建设中贯彻"绿色发展"理念的体现。

"一江一河"公共空间建设，如果从浦东开发开放开始算起，至今已经持续了三十年，在这个过程中，不仅是空间形态发生了变化，更重要的是理念和功能的转变。

吴英燕：您认为"一江一河"公共空间建设过程既体现了民意，又体现了绿色发展理念？

王战：我认为，是人民对美好生活的向往和新时代五大发展理念引领着"一江一河"公共空间建设。

2015 年十八届五中全会提出了创新、协调、绿色、开放、共享的五大发展理念，而"一江一河"公共空间是五大发展理念的重要实践区。"一江一河"滨水区内有历史建筑经过改造更新为创新园区，如 M50 创意园区，有新建成的新型产业园区，如西岸传媒港、西岸国际人工智能中心等；"一江一河"经过多个行政区，在贯通和建设的过程中需要区区互动，这体现了协调发展的理念；还有前面说的苏州河环境综合整治，以及现在"一江一河"公共空间内随处可见的绿色，都体现了绿色发展的理念；再有从浦东开发开放到现在的北外滩建设，也是开放发展理念的体现；还有最重要的，"一江一河"整个公共空间的打造更是体现了共享的发展理念。

习近平总书记 2020 年 11 月在浦东开发开放三十周年庆祝大会上提到，"城市建设必须把让人民宜居安居放在首位，把最好的资源留给人民"。这是对黄浦江 45 公里、苏州河 42 公里贯通开放工作最好的诠释，也体现出党和政府把人民利益放在首位的决心和信心。

2019 年习近平总书记考察上海期间，提出了"人民城市人民建，人民城市为人民"重要理念。上海市委、市政府紧密结合上海实际，把"人民城市"重要理念贯彻到城市发展的全过程和城市工作各个方面，把为人民谋幸福、让生活更美好作为城市工作的鲜明主题。全力推动"一江一河"公共空间建设，是上海市委、市政府深入贯彻落实习近平总书记考察上海重要讲话精神，践行"人民城市人民建，人民城市为人民"重要理念，更好顺应人民对美好生活的新期待，在更高起点上实现高质量发展、创造高品质生活，全心全意为人民谋利益、谋幸福的一次生动实践。

今昔浦江两岸
图片来源：上海市滨水区开发建设服务中心

吴英燕：黄浦江两岸开发从 2002 年启动，经历了近 20 年的开发建设，城市滨水区域也发生了巨大的变化，在这个过程中，我们是如何将建设理念由大开发转变到大开放，又如何进一步聚焦到公共空间建设上来的？

王醇晨：上海市委书记李强同志在"世界会客厅"向国内外的嘉宾分享了三个发生在上海的故事，其中一个是黄浦江、苏州河"一江一河"岸线贯通的故事。2015 年到 2017 年，三年时间实现了黄浦江核心段 45 公里贯通开放，2018 年到 2020 年，又经历了三年时间实现了苏州河中心城区 42 公里贯通开放。表面上看这是一个简单的故事、几个简单的数字，但是隐含在故事和数字背后的是几代人不懈的追求和努力，是一个厚积薄发和水到渠成的过程。

回顾"一江一河"地区近 20 年来的建设，主要经历了三个发展阶段。一是从 2002 年至 2010 年的基础建设期，黄浦江两岸地区加快推动土地收储和基础设施建设，尤其是以 2010 年上海世博会为契机，累计实现了近 3400 家企业动迁，沿江环境面貌得到极大改观。二是从 2011 年至 2017 年的升级发展期，开发范围进一步扩大，开发重点从以基础建设为主向基础建设与功能培育并重转变，2017 年底基本实现中心城区 45 公里滨江岸线贯通开放，成为浦江开发中的一大亮点。三是从 2018 年至今的品质功能提升期，随着中心城区滨江贯通开放，黄浦江两岸地区进入了"品质提升、空间拓展、功能注入"齐头并进的新阶段，并带动苏州河等景观廊道逐步实现贯通和连通，构建更具系统的滨水公共空间体系。

滨水公共空间贯通奠定了建设卓越全球城市世界级滨水区的空间基础，具有重要意义，体现在三个方面。一是打造形成了完整连续、舒适宜人、注重品质、绿色生态的公共空间体系。贯通工程的有力推进使滨水地区迎来了大规模的功能转换和公共空间建设，实现了滨水功能由生产型向综合服务型转型的发展目标，滨水区域逐渐回归城市生活。二是真正实现了"还江于民、全民共享"。滨水公共空间建设是一项重要的民生工程，实施这项工程的主要目的是"还江于民"，为市民提供绿色、开放、共享的城市公共空间。尽管经历了十余年的开发建设，到"十二五"期末，杨浦大桥至徐浦大桥核心段滨江公共空间的贯通开放率依然不高（约为50%），还存在着断点较多、形式单一、公交不便、配套不足等问题。通过大力推进滨江公共空间建设，黄浦江滨江沿线建成约1200公顷绿色生态开放空间，核心段45公里公共空间基本贯通，最精华、最核心的黄浦江两岸开放给了全体市民，让老百姓有切实的获得感。三是标志着"一江一河"两岸进入了以提升城市功能和品质为主导的整体升级期。2017年黄浦江沿岸45公里公共空间贯通，2018年上半年以来推进苏州河沿岸贯通工作，预示着"一江一河"沿岸规划和建设工作进入全面提升功能和品质的关键阶段。

苏州河黄浦段
图片来源：同济原作设计工作室

吴英燕：上海市在 2017 年大规模启动滨水公共空间建设，有着怎样的背景？

　　王醇晨：随着人民生活水平的提高，人民对滨水公共活动的需求愈发强烈，"一江一河"沿岸逐渐转变成为上海市民心目中公共活动的主要空间，新一轮"一江一河"沿岸地区的建设对推动上海高质量发展、创造高品质生活、满足人民群众对美好生活的期盼有重要意义。

　　首先，聚焦"一江一河"公共空间建设，是贯彻落实"人民城市人民建，人民城市为人民"重要理念，是建设具有世界影响力的社会主义现代化国际大都市，是更好顺应人民对美好生活的新期待的必然选择，而新时代为我们提供了历史性的机遇。

　　其次是持续优化宜业宜居城市格局的需求。上海正在经历产业转型、能级提升的发展阶段，有效方式是发展科创、文创等高价值产业；发展高价值产业，依赖于更多高精尖人才；要吸引高层次人才，则需要更加生态、宜居的"公园城市""人民城市"。着力打造最佳人居环境，彰显城市软实力的生活体验，"一江一河"作为彰显上海城市软实力的重要空间载体，被寄予厚望。韩正同志在上海工作期间曾经说过："上海再多几幢商务办公楼不稀罕，上海缺少的是更多高品质的公共绿地和开放空间。"正是因为具有这样高瞻远瞩的眼光，同时具有相应的经济实力作为保障，才会不惜放弃上千亿的土地开发收益，换取黄浦江边近两个平方公里的世博文化公园。推动滨水公共空间建设，提升城市环境质量，让城市更加优美舒适、生机盎然，是推动城市空间高质量发展、创造高品质生活的必然选择。

　　最后是人民对美好生活的追求。高品质的生态环境、开放空间是城市居民健身锻炼、聚会交流、休闲游憩的绝佳场所，有助于市民群众接触自然、加强沟通、放松情绪、减轻压力，从而为身体和心理健康带来积极影响。习近平总书记在党的十九大报告中强调指出："中国特色社会主义进入新时代，我国社会主要矛盾已经转化为人民日益增长的美好生活需要和不平衡不充分的发展之间的矛盾。"在上海人均收入水平接近发达国家水平的背景下，收入提高带来的消费升级、健康预期提高，使得人们对生态福祉的诉求更加强烈，高品质公共空间将直接关系市民群众的生活体验和城市发展活力。因此,"一江一河"作为全体上海市民喜闻乐见的健康公共空间,未来也要围绕规模、环境、品质、服务等全要素开展打造和提升,满足人民群众对美好生活的追求和向往,不断提升获得感、幸福感、安全感。

天时、地利、人和,万事俱备。正是在这样的宏观背景下,上海市委、市政府及时转变发展思路,谋划生态绿色发展这篇大文章,还岸于民、还水于民。"一江一河"滨水公共空间建设,顺应时代发展,推进城市功能转换和提升,建设体现上海城市精神的核心场所和世界级滨水区,成为展示上海形象的重要窗口、城市功能的集中载体。

吴英燕:黄浦江、苏州河滨水公共空间建设关系到沿江沿河十多个区,工程量大、影响面广,这种重大决策需要市委、市政府领导的高度智慧和胆识勇气,也需要相关部门、区县的大力支持与配合。能否介绍一下当时推动"一江一河"公共空间建设的决策过程?

王醇晨:加快"一江一河"公共空间建设是有一个从酝酿到研究、到评估、到决策的科学过程的。2014 年,时任上海市市长杨雄同志在黄浦江两岸开发工作领导小组第九次会议上提出,要及时转变工作思路和重点,把黄浦江滨水公共空间建设作为中心任务之一,尽早实现滨江岸线贯通。时任市住建委主任汤志平同志当时兼任黄浦江两岸开发工作领导小组办公室主任,立即着手组织开展相关调研和研究工作,在 2014 年底提出了第一轮"黄浦江滨水公共空间建设三年行动计划(2015—2017年)",核心目标和任务是推动黄浦江沿岸地区功能转型,把生产性岸线转变为生活性、生态性岸线,最终实现沿江空间贯通。当时我们调研发现黄浦江核心段实际贯通开放率不到 50%,这还是依靠 2010 年上海世博会在黄浦江边召开的巨大红利和十多年开发的积累,所以我们在第一轮三年行动计划目标设定上留有了余地,是有限目标、有条件局部贯通。但是,市委、市政府主要领导的决心、贯通工程的实际进程和变化远远超出了我们的预期。2016 年,时任上海市委书记韩正同志连续调研黄浦江两岸地区,时任市规划资源局局长庄少勤同志、时任浦东新区区委书记沈晓明同志、时任徐汇区区委书记莫负春同志、时任黄浦区区长汤志平同志这四位沿江区和委办局主要负责人在陪同调研时都作出了积极支持、勇挑重担、确保贯通的表态，为市委、市政府果断决策提供了强有力的保障。2016 年 8 月 17 日，韩正同志在黄浦滨江调研时指出，黄浦江是上海的母亲河，浦江两岸不要大开发而要大开放，要始终坚持"百年大计，世纪精品"的原则，始终围绕公共空间开放做好文章，全市齐心协力把黄浦江两岸建设成为服务于市民健身休闲、观光旅游的公共空间和生活岸线。2016 年 11 月 24 日上午，市委、市政府召开黄浦江两岸45 公里岸线公共空间贯通开放工程推进会，会议对 2017 年的目标任务进行再动员、再部署。韩正同志强调，黄浦江两岸杨浦大桥到徐浦大桥45 公里岸线公共空间贯通开放已经到了最关键的阶段，要集中精力啃下硬骨头，围绕品质、文化内涵、功能提升扎实推进，确保 2017 年底向广大市民交出一份满意的答卷。杨雄同志指出，杨浦大桥到徐浦大桥滨江公共空间的贯通开放到了"临门一脚"的时候，必须一鼓作气，集中攻坚，全市共同努力，同步规划、同步建设，加快贯通，真正"还江于民"，让更多的市民更好地享受滨江地区良好环境。按照市委、市政府的决策要求，全市上下积极行动，攻坚克难，围绕贯通开放目标形成合力。时任分管副市长陈寅同志多次到沿江各区实地调研指导工程推进，定期召开专题会议解决重点难点问题，推动开展了两轮沿线企业单位腾地集中签约，确保了腾地如期进行，为实现两岸公共空间的贯通打下了坚实的基础。到 2017 年底，黄浦江两岸从杨浦大桥到徐浦大桥共 45 公里公共空间基本实现贯通开放。由此，上海拉开了黄浦江、苏州河以及全市景观河道滨水公共空间贯通开放的大幕。

吴英燕："一江一河"承担了把最好的资源、最好的空间，留给人民的历史使命，我们在推进建设的过程中是如何完成这个使命的？

王醇晨：2019 年 11 月，习近平总书记考察上海杨浦滨江公共空间，提出了"人民城市人民建，人民城市为人民"重要理念，赋予了上海建设新时代人民城市的新使命。近年来，上海市委、市政府着力推进"一江一河"滨水岸线的改造与提升，继 2017 年底黄浦江核心段 45 公里岸线贯通开放之后，2020 年底苏州河中心城区 42 公里岸线也基本实现贯通。

昔日的"工业锈带"变身成为今天的"生活秀带",成为新时代人民城市建设的重要里程碑。主要举措包括了五个方面。

一是不断拓展滨水公共空间,引领城市滨水地区转型发展。上海黄浦江两岸在 2017 年 12 月实现中心城区核心段全线贯通后,两岸公共空间不断拓展、品质不断提升、功能不断完善。2018 年,为将贯通"红利"惠及更多市民,上海全面推动苏州河沿岸公共空间建设,打通约 63 处断点,新增贯通岸线约 15.3 公里,到 2020 年底实现苏州河两岸 42 公里基本贯通。

二是聚焦品质提升,让"一江一河"成为凝聚人气的公共活动新地标。黄浦江两岸聚焦设施完善,打造了浦东的"望江驿"、杨浦的"杨树浦"、徐汇的"水岸汇"等驿站品牌系列,建设更加宜游的世界级城市"会客厅"。苏州河两岸结合沿河建筑立面整治、架空线入地和合杆、防汛墙改造、既有桥梁景观提升等各项工作,全面推进环境综合整治,实现了陆域、水域环境品质的全面提升。"还江于民"让闲人免进的滨水空间,成为老百姓茶余饭后休闲、观光、健身运动的共享开放空间,公共空间已成为一件大的"公共艺术品"。

徐汇滨江公共空间
图片来源：俞永发

　　三是推动功能集聚，让"一江一河"成为体现上海宜业宜居的示范区。随着黄浦江两岸转型发展，城市核心功能逐步做大做强。徐汇滨江WS3单元32公顷土地整体出让，规划开发180万平方米建筑量，将成为上海国际金融中心的新增长极。虹口北外滩约4平方公里核心地段完成了重大规划调整，为打造与外滩、陆家嘴错位联动的顶级中央活动区和世界级会客厅迎来了重大战略机遇。此外，浦东世博文化公园、上海大歌剧院、浦东美术馆、新开发银行总部、徐汇西岸传媒港等一批生态、文化、金融、科创类重大工程加快推进。

　　四是强化各项保障，为"一江一河"进入跨越式发展新阶段奠定基础。为了统筹各专业和行政区，提高建设标准，确保品质水平，市住建委牵头，会同相关部门一起制定印发了《黄浦江两岸地区公共空间建设设计导则》《苏州河两岸地区贯通提升建设导则》《苏州河中心城段两岸绿化景观提升导则》《"绿色水岸 魅力江河"行动规划》等指导性文件，将不同区域、不同主体、不同规模的贯通工程纳入了统一的标准框架。

　　五是高标准管理，探索打造超大城市精细化治理示范区。"一江一河"滨水岸线实现基本贯通，公共开放空间持续优化，对于滨水空间管理也提出了更高的要求。我们针对公共空间管理下发了《关于加强黄浦江两岸滨江公共空间综合管理工作的指导意见》，明确了滨水区域管理要求，初步建立了适应滨水开放空间的管理标准和工作机制。下一步将结合黄浦江、苏州河两岸发展的新形势、新要求，加快推进"一江一河"公共空间立法工作。我们将以"一江一河"滨水公共空间条例制订为契机，进一步建立健全与"一江一河"滨水区高质量发展、高品质生活、高效能治理相适应的体制机制、政策法规、规范标准，加快形成涵盖规划、建设、管理等全生命周期、体现全要素精细化治理最高水平、具有全球影响力的世界一流滨水区。

　　黄浦江、苏州河沿岸正在实现三大转变：在发展形态上，将从航运时期的"工业锈带"，向聚焦生态功能修复的城市绿带、提升城市综合活力的"城市会客厅"转变；在开发模式上，将从过去外延扩张的"大拆大建"，向注重提升城市品质和文化内涵的"上海更新"转变；在战略能级上，滨江地区将从"上海制造"，向承载全球城市创新核心功能的"滨水创造"转变。未来的"一江一河"世界级滨水区将落实人文、生态、创新发展的要求，建设彰显城市精神的人民之江、人民之河；转型重生的滨水空间，成为生活品质、产业发展、城市治理的"新标杆"，成为城市高质量发展的"金名片"。

吴英燕："上海2035"城市总体规划提出了迈向"卓越的全球城市"的总体目标愿景和建设"创新之城""人文之城""生态之城"的发展子目标。在这样的宏观背景下，黄浦江、苏州河应如何考虑与卓越全球城市相匹配的世界级滨水区？

徐毅松：黄浦江与苏州河的变迁是上海这座城市发展历程的缩影，从老城厢到外滩再到陆家嘴，"一江一河"始终与上海的发展紧密相连。"上海2035"总体规划提出"迈向卓越的全球城市"的总体目标愿景，"一江一河"如何打造与此相匹配的世界级滨水区成为亟待探索的议题。由此，上海市规划和自然资源局组织开展了"一江一河"沿岸建设规划编制工作。以最高标准、谋划长远、加强统筹、注重实效、尊重差异为工作原则，在现状评估、国际对标、专题研究等工作基础上，形成一系列"一江一河"建设规划成果，内容包含规划定位、规划原则、规划内容、五大行动、工作机制和支持政策，以期将"一江一河"打造成为具有全球影响力的世界级滨水区。

作为一座超大城市，上海已经进入了存量发展时代。近年来，我们积极转变发展思路，全面提升城市品质，促进城市高质量发展。在建设卓越全球城市的宏伟目标引领下，黄浦江、苏州河作为标志性的城市空间，我们认为，应当对标更高标准、更广视野和更大格局，坚持以发展为要、人民为本、生态为基、文化为魂，实现"一江一河"发展能级和综合效益的全面提升。

首先，以发展为要，就是要实现以创新为动力的能级提升。"一江一河"作为上海独一无二的"金名片"，是全球城市核心功能的承载区，应当重点植入激发区域创新活力的新兴功能，提升产业能级和集聚度，从重点地区向腹地辐射，带动区域的整体发展。

第二，以人民为本，就是要打造市民喜闻乐见、充满活力的城市客厅。从国际经验来看，著名滨水区大都经历了由生产功能重返城市生活的转变历程。"一江一河"要成为上海开放度最高、为大众公平共享的城市客厅，成为城市活力的集聚地，需要"还江于民"，需要进一步构建起滨水贯通并向腹地延伸的公共游憩网络，大力增加公共服务配套设施，着重提升公共空间环境品质，从而形成市民宜居、宜业、宜游的最大共享空间。

第三，以生态为基，就是要体现人与自然和谐共生。"一江一河"是上海重大的生态廊道，贯穿中心城区、主要新城和发展重点地区，如何在高密度超大城市中凸显韧性平衡、自然亲和的亲水生态，对上海的整体生态格局而言尤为重要。因此，必须对标先进生态理念，重点在自然岸线营造、强化人对自然感知等方面予以充分关注。

第四，以文化为魂，就是要彰显地域文化特色和城市精神。"一江一河"是展示城市历史和人文风貌的窗口，应当重视历史文化积淀与当代新锐文化特质的兼收并蓄，不忘本来，吸收外来，面向未来，在展现历史底蕴和文化魅力的同时，注入具有国际竞争力的文化、旅游功能，成为上海卓越全球城市的文化和形象展示平台。

总体而言，"一江一河"地区要展示出与全球城市影响力相匹配的城市空间形态和功能品质，要更加注重六个方面的进一步提升，概括起来，即"更开放，更绿色，更活力，更人文，更舒适，更美丽"。

吴英燕：在打造世界级滨水区的总体定位下，黄浦江和苏州河分别是怎样的具体规划愿景，应该如何实现？

徐毅松：基于上述理念和原则，我们提出了打造具有全球影响力的世界级滨水区的"一江一河"总体发展定位。按照各自目标定位，我们分别提出了"一江一河"的规划愿景。

黄浦江沿岸经历了20余年综合开发，已经成为上海作为全球城市的重要战略资源，因此定位为全球城市发展能级的集中展示区。黄浦江是全球城市核心功能的空间载体，是具有全球影响力的金融贸易、文化创意、科创研发功能的汇聚地；是人文内涵丰富的城市公共客厅，是体现高等级文化影响力、人文活力的标志性展示窗口；是体现宏观尺度价值的生态廊道，布局大型公共绿地和生态斑块，发挥更高能级的生态效应。

苏州河沿岸具有丰富的人文资源和滨水景观，是密集城市中稀有的城市开敞空间，因此定位为特大城市宜居生活的典型示范区。苏州河沿岸更强调生活气息，是多元功能复合的活力城区，是尺度宜人有温度的人文城区，是生态效益最大化的绿色城区，是亲切和谐、引人向往与市民日常生活紧密关联的滨水场所。

在理念和目标导引下，针对滨水地区现实存在的各类问题，我们积极对标世界一流滨水区规划、建设和管理的最高标准，加强三个统筹：一是强化各规划协同，实现系统升级的要素统筹；二是滨江岸线与腹地开发之间的时空统筹；三是规划、建设、管理三大环节的实施统筹。在三个统筹引领下，我们提出了功能、空间、文化、生态、景观五个方面的策略和行动。

吴英燕：为打造世界级滨水区，我们在规划管理方面会有哪些新的举措？

徐毅松：世界级的滨水区需要世界级的规划、建设和管理，我们从规划资源政策、政企联动、建设营造三方面进行了顶层设计。

一是在规划层面倡导精细化管理和弹性管控并重。一方面，实施全方位、全覆盖的规划精细化管理，进一步提升滨水区品质。不断加强规划引领，完成黄浦江、苏州河沿岸建设规划，发布《关于提升黄浦江、苏州河沿岸建设规划工作的指导意见》。深化城市设计专项研究，加强对天际轮廓线、色彩、公共空间、地下空间等方面的管控，将相关要求落实到附加图则中。细化建管要求，充分运用三维审批等手段，加强重点区域建设项目管理，为沿岸建筑空间品质的提升提供保障。另一方面，在规划刚性管控的同时，强调土地管理的弹性，灵活应对市场开发的不确定性。我们鼓励滨水区域整体性开发，实施"带方案"招标挂牌复合出让，引导和激发市场主体不断提高设计和建设品质。同时，坚持全生命周期管理，实现城市建设过程中的品质把控、进度把控、运营把控。

二是在建设层面充分激活市场，促进政企良性互动。市级政府层面加强统筹，把控整体建设方向。由市领导牵头，市级各相关部门和各区政府组成联席会议机制，研究制定相关政策，讨论审议重要地区规划、重大建设方案，协调解决重大问题。区级政府主导推动实施，保障与协调资源配给。明确实施项目、实施主体、实施策略和时间要求，成立实施统筹协调机构，保障沿岸地区规划有序实施。市场层面，充分调动企业积极性，引导多元主体共同参与建设。打破仅政府收储进行改造的单一路径，以释放更多的公共设施和公共空间为前提，鼓励物业权利人按规划进行更新改造。同时，推出一系列适应市场的政策，鼓励更多的开发主体共同参与滨水建设。

三是在管理层面引导共建、共治、共享的公众参与机制。黄浦江、苏州河更新实践的过程，也是一个城市治理的过程。在规划和实施过程中，我们积极统筹政府、市场、市民三大主体，建立了贯穿全过程的公众参与机制，引导全社会共建、共治、共享。在参与深度上，不再仅限于规划草案的公示，而是贯穿项目规划实施全过程。在参与广度上，公众参与的形式也多种多样，包括举办城市更新空间艺术季和城市设计挑战赛、行走上海等多种活动，发动全民为上海的滨水区发展建言献策。比如，2017 年发起的"上海城市设计挑战赛"，选择了黄浦江畔的浦东民生码头 8 万吨筒仓周边地区和苏州河畔的嘉定吴淞江"南四块"地区作为设计对象，通过网络公开向全球征集方案和创意，为"一江一河"沿岸地区的转型提供创新性设计思路。

上海因水而生，因水而兴。在"上海 2035"总体规划的目标引领下，我们将向着卓越全球城市的世界级滨水区不断迈进，令上海的母亲河散发出更加耀眼的光芒。

第二章

共建滨水空间

Joint Construction of Waterfront Spaces

漫步在浦东滨江，你可以看到跑道上三五成群的跑步爱好者、步道上悠然自得散步的老人、骑行道上孩子在前父母殿后的家庭自行车小分队；

漫步在杨浦滨江 5.5 公里不间断的工业遗存博览带，你仿佛穿越回百年前机器声轰鸣、欣欣向荣的生产现场；

漫步在徐汇滨江，你可以参观前身为北票码头的龙美术馆、由龙华机场大机库改建而成的余德耀美术馆、原来是上海飞机制造厂的西岸文化艺术示范区，还有由废弃的五个机场储油罐改造而成的油罐艺术中心；

漫步在苏州河岸，你可以看到百年学府华东政法大学错落有致的历史建筑群，别具一格又功能升级的中环桥下空间，兼具历史感与艺术气息的 M50 创意园区。

2017 年底，黄浦江 45 公里公共空间贯通；2020 年底，苏州河 42 公里公共空间贯通工程基本完成。

贯通后的"一江一河"公共空间，已经成为上海市民、全球各地游客的网红打卡地。这是因为"一江一河"公共空间建设始终围绕"人"而展开，秉持"还江于民""还河于民""把最好的资源留给人民"的理念，明确"以发展为要、人民为本、生态为基、文化为魂"四项原则，鼓励公众参与，以满足人民群众对美好生活的新期待为目标。

在"一江一河"滨水空间，每一个区段的设计，每一个街区的打造，每一个历史建筑的更新，都各具特点，但又不偏离以人为本的初心。位于虹口北外滩的城市新地标"世界会客厅"将"新老融合共生"作为设计理念，在设计中与外滩万国建筑保持统一，同时融入了新技术，将立面石材与通透的玻璃幕墙结合，延续滨江历史风貌。在浦东滨江，你可以一路骑行，欣赏沿江的优美景致：云桥、绿地、美术馆……当你累了，不妨停下来，每公里都有一个驿站，可以休憩。

"申"江水，"沪"城河——城市的"项链"正愈发耀眼。在它们"发光"的背后，有市、区政府的联手努力，多方主体的大局意识，社会公众的积极参与。

徐汇滨江通过土地腾让和集中建设，建管并举，为市民提供了高品质的公共空间。浦东滨江历时两年，集 8000 多建设者之力，最终成功实现了浦东滨江 22 公里贯通目标。

黄浦江公共空间连通得到了央企、市属国企等沿线企事业单位的支持和配合，在黄浦江两岸贯通过程中，3400 多家企业完成了搬迁。作为贯通主力军，在滨江公共空间建设中，地产集团承接 15 个项目，累计投资 17 亿元。上海建工发挥"大兵团"整体作战优势，确保城市新地标"世界会客厅"项目如期完工。华东政法大学通过统筹教育教学、建筑保护和向社会开放三者关系，打开校门，积极融入城市空间，让市民更便捷地领略圣约翰大学建筑群的历史风貌。

苏州河沿线居民积极参与属地街道和居委会的协商，以大局为重，平衡小区业主需求和公共需求之间的权益。

无论是沿线企事业单位，还是小区居民，亦或是参与滨水空间建设的主体，都坚持公共利益与局部利益兼顾共赢，秉持公共利益最大公约数原则，这是"一江一河"公共空间能够顺利贯通的关键所在。而"市区联动、以区为主"的制度设计则为"一江一河"公共空间建设提供了制度保障。"一江一河"公共空间的建设，离不开市场主体的支持，离不开一线建设者的奋战，离不开沿线居民的配合。

沐浴在清晨阳光中的跑者，休憩于绿地树荫中的老人，驻足于落日余晖打卡留恋的游客……每一个定格的瞬间，都是上海成为人民城市的注脚。

Take a walk along the waterfront in Pudong, and you'll see small groups of amateur joggers getting exercise on the running track, elderly people going for leisurely strolls on the pedestrian trail, and families enjoying bike rides together on the cycling path.

Should you extend your perambulations to Yangpu District, you'll find a 5.5 km belt of uninterrupted waterfront industrial heritage. There, you'll be transported 100 years back, to the clamor and rumble of China's early industrial age.

Not far away, along the riverside in Xuhui, you can visit the Long Museum — formerly known as Beipiao Wharf — the Yuz Museum of Art in the converted Longhua Airport hangar, the West Bund Cultural and Artistic Demonstration Zone in what used to be the Shanghai Aircraft Factory, and the Oil Tank Art Center, which was built from five airport oil storage tanks.

On the banks of Suzhou Creek, meanwhile, you'll find the grand old buildings of the East China University of Political Science and Law, unique and freshly renovated spaces under the Central Ring Bridge, and the M50 Creative Park, with its mix of history and artistic innovation.

As of late 2017, 45 km of public space along Huangpu River had successfully been connected into one continuous corridor; by the end of 2020, work on 42 km of new public spaces along Suzhou Creek had also essentially been completed.

Now that they have been interconnected, the public spaces along the "One River and One Creek" waterfront have become must-visit destinations for Shanghai residents and international tourists alike. The reason for their popularity is simple: The city's "One River and One Creek" initiative has always been people-centric, with planners taking their missions to "return the river to the people" and "reserve the best resources for the people" seriously. Meanwhile, they abided by the principle of "goal-oriented development and people-oriented design with an ecological foundation and a cultural soul". At every step, the public has been encouraged to participate, thereby allowing them to realize their hopes for a better future.

In the course of planning and developing the "One River and One Creek" area, the design of every area, the construction of every street block, and the renewal of every historical building have all presented unique challenges, yet planners never once deviated from their original vision of "people-oriented development". One of Shanghai's newest landmarks, the Global Reception Hall, is located on the North Bund in Hongkou District. Designed as "an innovative fusion of old and new", it both blends in with the Bund's quintessential mix of Western and Eastern architecture while also incorporating a number of new technologies, such as a mix of stone façades with transparent glass curtain walls. In Pudong District, you can ride for kilometers along the waterfront, taking in beautiful scenery including cloud bridges, luxuriant greenery, and art galleries. And if you're feeling tired, why not take a rest? At every kilometer mark, there is a posthouse where you can sit down and enjoy a breather.

Huangpu River and Suzhou Creek ornament Shanghai like necklaces. If they glisten brightly today, it's thanks to the combined efforts of various municipal government departments, the shared vision of multiple developers, as well as the active participation of the public. And, as time goes by, this combination will only make the area more and more dazzling.

Take Xuhui's waterfront for example. Through the re-appropriation of private lots and the simultaneous implementation of concentrated construction and management, the district's riverside areas have been transformed into a highly sophisticated public space. Meanwhile, in just two years, 22 km of riverside in Pudong District has been interconnected and opened to the public, which would have been impossible without the efforts of more than 8,000 construction workers.

The interconnection of public spaces along Huangpu River received the support and cooperation of establishments located in the construction zone, including state and municipally owned enterprises, bodies of the municipal government, as well as leasing units. Throughout the project, more than 3,500 companies were successfully relocated. As a key contractor, the Shanghai Land Group undertook 15 projects and invested a combined total of 1.7 billion yuan. The Shanghai Construction Group likewise took advantage of their scale as a major corporation in order to ensure the timely completion of the "Global Reception Hall" urban landmark project. Meanwhile, by willingly opening its doors to the public, whether via public education activities or simply contributing to architectural preservation, the East China University of Political Science and Law has helped Shanghai's citizens to develop a deeper appreciation of the history behind the buildings that make up the former St. John's University campus.

Residents along Suzhou Creek have actively participated in public consultation sessions held by neighborhood committees regarding streets located in the construction zone, helping developers strike a balance between the interests of the general public and those of local residents.

Shanghai has continually strived to achieve a mutually beneficial relationship between all parties involved in the "One River and One Creek" initiative — whether the enterprises and government organs located along the river, concerned members of the local community, or the developers involved in its development. Ensuring that public interest remains everyone's top priority has been the city's central concern. The construction of public spaces in the "One River and One Creek" area was made possible thanks to the support of market developers, the hard work of ground-level construction workers, as well as the cooperation of local residents. It also benefited from the city's underlying strategy of "district cooperation and differentiated district planning".

Runners soaking up the rays of the early morning sun, old people resting in the verdant shade, tourists mesmerized by romantic sunset views — everyone of these scenes is bound to become a postcard of Shanghai's new era as a city that is truly "for the people".

打造"以人为本"的滨水空间
Creating "People-Oriented" Waterfront Spaces

克里斯蒂安·维拉德森 / (丹麦)盖尔建筑事务所合伙人
Kristian Villadsen / Partner of Gehl Architects

"作为规划师和建筑师,我在全世界范围内都很少看到一个拥有如此多资源和话题的地方。上海正处于积极的循环反馈中,未来我们会在滨水区域看到更多、更大的事情发生。最终,这一切都指向一个更宜居的城市,并将形成更多健康、快乐的体验和社区。"

"As a planner and architect, I have rarely seen a place in the world that boasts so many resources and encompasses so many themes. Shanghai is currently in a positive cycle of feedback, and in the future we will see more and bigger things that take place along the waterfront. Ultimately, all of this will lead to a more livable city and will result in more healthy, happy experiences and communities."

浦东陆家嘴北滨江   Northern riverside of Lujiazui in Pudong District
图片来源:东岸集团   Image source: East Bund Investment (Group) Co., Ltd

2014 年，盖尔团队参与研究滨水公共空间的建设标准和策略，最终形成了贯通岸线、连接腹地、多元空间和活力界面四个顶层策略，对黄浦江 45 公里滨江岸线和苏州河 42 公里滨河岸线的公共空间建设发挥重要指引。2020 年，"回归的江河——让城市充满温情"项目入选了联合国人居署《上海手册——21 世纪城市可持续发展指南·2020 年度报告》绿色城市开发和建设的最佳案例之一。

吴英燕：是什么样的契机，让您参与到"一江一河"滨水公共空间建设的？

克里斯蒂安：我持续关注中国城市建设，回顾过去几十年，中国城市采取的是以硬件主导的发展模式，快速建设了大量房屋和基础设施。这推动了中国的经济增长，并为数亿从农村生活向城市生活迁移的人们提供了必要的生活空间。也正是这种可能是人类历史上最大规模的人口迁徙，塑造了我们今天所知的中国。随着中国政府设定的一系列雄心勃勃的可持续发展目标，我关注到中国城市建设的重点已从硬件和数量，转移到更为全面、综合的城市规划以及城市空间品质的提升中。

这种模式的改变给中国的城市提出了新的课题。"生态文明"概念的提出为中国城市应对城镇化提供了新的机遇，这也是以人为本理念的切入点。为了中国城市更健康，居民有幸福的生活方式，社会有可持续性和生产力，塑造优良的公共生活和公共空间变得至关重要。

2013 年开始，我们参与《上海市街道设计导则》等导则标准的制定工作，这有助于实现"上海 2035"总体规划目标。我们也是"上海2035"目标愿景和价值观的大力倡导者——从关注街区尺度的城市肌理，以确保城市设计所提供的品质的一致性，到更广泛的城市和区域尺度的指导，以确保跨地区和跨部门战略和愿景的一致性。

这一时期，作为上海市黄浦江两岸开发统筹协调部门的市浦江办也在关注并聚焦黄浦江两岸公共空间的综合改造提升，这表明政府层面正逐步将整个黄浦江沿线作为一个整体来看待，来思考黄浦江两岸的整体定位和未来的发展。在 2013 年，市浦江办启动了黄浦江沿岸连通工作的研究，进一步强调"还江于民"，要通过建设一系列公共空间，来实现黄浦江沿岸滨水空间的全面连通和品质提升。

作为规划师和建筑师，我在全世界范围内都很少看到一个拥有如此多资源和话题的地方。2014 年，我们有幸受市浦江办委托，研究滨水公共空间的建设标准和策略，用于指导黄浦江具体区段的公共空间建设。

吴英燕：你们做了哪些工作？

克里斯蒂安：受委托后，我们与能源基金会、宇恒可持续交通研究中心组成工作团队，与市浦江办经过多轮调研，发现当时黄浦江两岸的滨水空间存在两个问题。

首先，城市不同部门、不同区县之间不同的管理规定，使得滨河区域缺乏总体战略。打造一个整体的滨河空间在这种情况下是十分困难的。沿江的一系列短时、大规模规划及建设急需一套易贯彻、可共享的质量标准。

其次，黄浦江两岸已经建设了许多成功的场所，被认为是上海的宝贵财富，如外滩、陆家嘴、世博园等。这些公共空间和公园设计精美、维护良好，每个单体都有吸引使用者的潜力。但是，当我们用"以人为本"的视角观察这些场所时，会发现它们之间通常缺乏联系，以至于人们很难沿江步行或骑行。在很多地方，使用中或已关闭的区域（如游艇俱乐部、工业区、国际港口）和基础设施（如桥墩）等形成了物理障碍。还有一些区域，由于缺乏宜人的环境而人气不足。

针对以上问题，我们编制形成了公共空间建设的设计导则。

吴英燕：为什么用"设计导则"这种形式？

克里斯蒂安："设计导则"的概念在当下并不新鲜，但它们往往是被低估或忽略的、影响城市是否真正能够按照规划意图有效运行的基础。城市使用这些文件，将多重复合的理念、方法、限制因素、愿景和期望结合在一起——在作重要的规划和设计决策时参考。

吴英燕：设计导则的关注点是什么？

克里斯蒂安：主要关注点是我们希望滨水区域能够为人们提供最佳

生活体验，并成为他们日常生活中自然存在的一部分。我们称之为"人本方法"。对于上海来说，沿黄浦江两岸公共空间的全面建设，可以为在两岸15分钟步行可达范围内生活和工作的480万人提供一个连续的高品质公共空间。

为了实现这些目标，导则形成了四项顶层策略：

贯通岸线：沿滨水区至少留出10米宽的公共通道，建立一个公共交通网络，以确保有良好的环境开放给行人和骑行者；

连接腹地：确保社区和河滨之间的高质量连接，每200米就在河流和社区之间建立通道；

多元空间：将滨河区域开发成一个全新的魅力城市空间，打造不同规模和特色的区域；

活力界面：建立能够将生活注入公共领域的滨水界面。

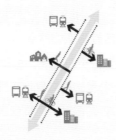

1. 贯通岸线

a. 修建连续的滨江步道

b. 保证滨江沿线至少10米范围对公众开放

c. 营造适宜步行和骑行的环境

d. 滨江空间对自行车开放

e. 建设一个通达的公共交通网络

2. 连接腹地

a. 确保滨江空间与周边社区有高品质联系

b. 在岸线与腹地间每200米建立一条通廊

c. 建造柔性防汛墙以提升与城市的联系

d. 提升连接滨江空间的街道品质——优化与公共交通和城市吸引点的联系

3. 多元空间

a. 将滨江空间打造成城市最有吸引力的地点

b. 吸引所有类型的用户群体

c. 打造规模不同且各具特色的公共空间

d. 为人们提供多种亲水方式

4. 活力界面

a. 构建有利于公共生活的建筑界面

b. 打造宜人的小尺度滨江环境

c. 创建活跃开放的建筑底层界面

设计导则的四项策略

图片来源：盖尔事务所

吴英燕："贯通岸线"为什么作为第一个策略？

　　克里斯蒂安：一个连续的滨水岸线是导则中的第一个也是最基本的策略。它的意图听起来很简单：在滨江区域创造了一个可达的、连续的带状公共空间。实际上，公共和私人设施、工业区和基础设施的混合，极大地限制了滨河区域的可达性，并导致人们尤其是行人和骑行者被迫绕道。导则指出了许多可以实现这一目标的具体方法和途径，包括滨水栈道、至少10米的公共开敞宽度、高品质的铺装、协调一致的标识标牌、平顺的自行车道、精心设计的照明以及与公共交通网络的整合。

吴英燕：您如何评价这一策略目标的实现效果？有哪些令您印象深刻的实践？

　　克里斯蒂安：导则出台以来，我们看到了巨大的开放力度——2017年，黄浦江两岸45公里连续滨水岸线开放，在如此短的时间内取得了如此巨大的成就。在此后的两年多时间里，我们看到许多原先因为各种原因封闭的区段陆续打开，虹口区北外滩滨江国客中心码头就是一个很好的例子。由于它是一个国际港口，涉及围网用地，因此滨江岸线打开的难度极大。而就在2021年7月，我们看到了此段岸线880米全面对公众开放的新闻。由此可见，随着浦江公共空间的影响力和认可度逐渐提高和稳固，其在城市中的优先级不断升高，引领带动作用也逐渐显现出来。此外，全线还增加了29公里的独立自行车道，大大改善了骑行者的体验，这也是为什么33%的访客在采访中提到来滨江区域的目的是为了促进他们的健康。

　　我印象特别深刻的是沿江修建的22座慢行桥梁。新建的这22座慢行桥梁将岸线连接起来，人们可以利用滨江区域通勤，也可以在健康的环境中散步或骑行。自行车道的一大亮点是在沿道路和进入建筑物的地方有带斜坡的通用入口，方便了所有人，特别是骑行者。此外，考虑到夜间安全，同时为了打造一个全天连续的滨水空间，我们提供了大量的新增或改进照明。这些设计不仅是出于安全的考虑，更是为了让公共生活能够延续到夜间。这些措施已经实施，并会在未来持续支持所有人在任何需要的时段使用滨水空间。

主要结论:

45km

连续贯通的滨江空间,吸引不同使用者在此进行步行、跑步和骑行等户外活动

22

座桥梁连通黄浦江沿线

将原先的工业用地转变成公共空间

工业用地将城市与滨江空间隔绝,使得沿江的大部分地区无法进入。通过开发这些区域,既能实现城市与河岸的连通,又能创造大面积的公共空间

"骑着自行车去江边看日出真是太好了"

对滨江区域的改造既连通了黄浦江和城市,又创造了新的公共空间

3

黄浦江南外滩改造前后对比

图片来源: 盖尔事务所

在黄浦江沿线公共空间当中,我非常喜欢老码头的改造。以前这个地方的公共空间质量差,没有可以通向外滩的通道,也没有连接黄浦江江岸的路线。区域改造之后,加入了座椅、树木、照明和柔性防汛墙等设计,并建设了多条通道,通往创意园区和外滩。此外,改造之后人们还可以很方便地乘渡轮前往浦东。老码头的改造的确为公共空间的提升补上了缺失的一块拼图!

吴英燕:第二个策略"连接腹地"具体指的是什么呢?

克里斯蒂安:一个通达的滨水区域描述了将其与城市现有功能和服务设施紧密结合的需求,加强黄浦江滨江区域与城市腹地的连接是一种方式。毕竟,如果人们不能轻易地走出地铁并很快走到江边,或者如果街道和小径不会自然而然地将人带到那些公共空间,那么创造一个连贯的滨江公共空间就没有什么用了。

在研究中我们发现,与腹地的连接是一个重大挑战。这同样是因为,要么是工业用地将黄浦江与城市隔开,要么是道路和高架桥充当了障碍,并且连通滨江区域的垂直通道上的行人设施状况较差。这一策略带来的最大改进之一是确保每 250 米就有一个通往滨江公共空间的入口,相当于步行 2 分钟的间距。

整个滨江区域拥有相对统一和均匀的出入口,意味着人们知道会发生什么,并且不必花费额外的精力去计划他们的路线。它可以是自发的和直观的,也是更可控的。我们也意识到,滨江公共空间不应该只是游客的目的地,同样重要甚至更重要的是服务本地居民。因此,在著名景点之外的那些区段,到达滨江区域的联系路径更加重要。此外,黄浦江有着千年一遇的防洪标准,因此防汛墙的形式尤其值得关注,将其融入公共空间的设计——如柔化、景观化的防汛墙——是确保这些区域空间品质的重要一步。

经过我们的评估发现,只有 17% 的人开车到达滨江区,这显示了滨江区域公共交通服务水平的显著改善。三分之一的受访者乘坐公共交通工具到达,这表明人们认为这是一个便捷可达的目的地。

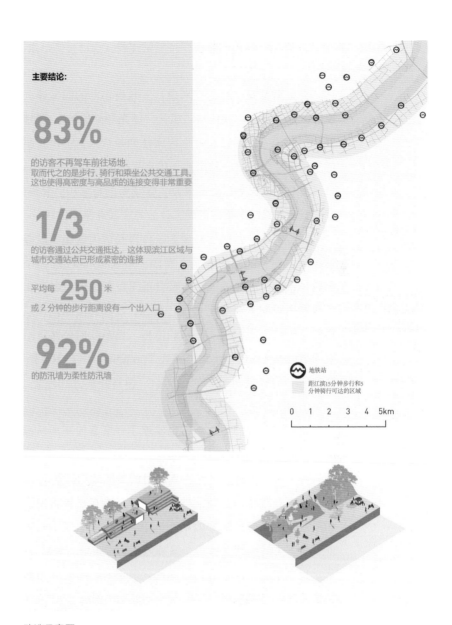

主要结论:

83%

的访客不再驾车前往场地,
取而代之的是步行、骑行和乘坐公共交通工具。
这也使得高密度与高品质的连接变得非常重要

1/3

的访客通过公共交通抵达,这体现滨江区域与
城市交通站点已形成紧密的连接

平均每 **250** 米

或 2 分钟的步行距离设有一个出入口

92%

的防汛墙为柔性防汛墙

地铁站

距江滨15分钟步行和5
分钟骑行可达的区域

0　1　2　3　4　5km

改造示意图

图片来源: 盖尔事务所

吴英燕："多元化"在当代城市的特质中经常被提及。设计导则推崇多元的滨河空间，其背后的考虑是什么？

克里斯蒂安：对我们来说，多元是包容的同义词，包容性是可持续发展的核心支柱。我们将"多元"作为导则的第三个策略，其意图在于，我们认为公共空间在设计上应该能为每个人都提供一些东西。单一功能的空间可能会吸引一种用途，或者受一类人的偏爱。当这种情况发生时，就会潜在地损失更广泛的受众，该场所的定位和声誉也会很快固化下来。我们在这个策略中提出的是，让公共空间能够提供许多不同的可能。

以旅游为中心的便利设施、体育和休闲设施、以游戏和儿童为中心的设计、便于活动的铺装、绿地、柔性和可渗透的区域、商业、餐饮、照明、景观、声音……都在吸引不同类型的使用者方面发挥了作用。我们很高兴看到上海实现了这一目标，让我们为满足这些灵活的需要，提供了与传统不同的规划方法和流程。黄浦江的公共空间和景观设计毫无疑问是世界一流的。上海外滩在 TripAdvisor 的 1345 处景点中排名第一，这是一个很能说明问题的指标。只有当许多人在那里感到惬意与享受，才会出现这样的评级！

我们在后续的评估中，也发现了一些其他非常积极的数据支撑。首先，滨江区域 78% 的到访者都住在附近。上海可以为此感到自豪，因为它表明了黄浦江滨江区作为本地目的地的成功。其次，28% 的人到这里来是因为有孩子们玩耍的地方。我们一直在世界各地提倡：儿童友好的场所就是对所有人友好的场所，所以这是一个了不起的统计数据，也是滨江公共生活不断发展和充满活力的重要指征。最后，62% 的受访者表示，现在在滨江区停留的时间比以前更长，同时休闲和锻炼是最常见的到访目的。 这些都是滨江公共空间成功的例证。

改造示意图

图片来源：盖尔事务所

吴英燕：第四个策略关注"活力界面"，为什么它对黄浦江沿岸如此重要？

克里斯蒂安：当我们谈论"界面"时，我们指的是建筑物的边界，即建筑物与周围公共空间的交汇处。提升界面的活跃度十分重要，尤其是首层和二层界面，因为这对于营造我们所说的"人本尺度"尤为关键。

无论建筑物体量大小，它的界面都可以使它开放、热情、安全和熟悉，同样也可以造成封闭、冷漠、高高在上和陌生。因此，当我们谈到活跃时，我们想要说的主要是激活建筑物的边缘，这对于为人们创造一个场所的多样性和宜居性至关重要。

在上海，过去由于缺乏必要的设施，公共活动很难在滨江区域开展。黄浦江两岸有很多闲置的建筑物，虽然已经不具备任何功能，但存在感较强。很多承载功能的建筑，朝向水面的边界却是封闭的，不能对公共生活提供支持。此外，为了防止房地产过度开发，保障社会公平，黄浦江滨江范围内建筑覆盖率不得高于6%。

为了解决这些问题，导则明确提出建议，将封闭的建筑物打开，这首先要在政策法规层面减少对新建筑的限制，进而激发滨江区域的活力。设计师们运用不同的手法和材料，创造了风格各异的设计，提供了多样的体验。有些新设计极具创造性，还有些则通过翻新和改造来实现新功能。这些设计提高了滨江空间的品质，创造了更为舒适的尺度和环境，让这些场地重新焕发生机，促进了沿江区域历史的保护和传承。

我比较喜欢徐汇西岸地区的激活过程。我记得这块场地主要是因为2013年这里举办了西岸艺术与建筑博览会。众多设计团队在这里建造了临时性的展棚。现在，这里持续打造文化艺术空间，一些临时性的展棚被重新建设成永久性的建筑，人们可以感受到艺博会留下的充满活力的气氛。一些工业遗迹，比如油罐艺术中心等，被改造、开放，同时新建筑与工业遗产相呼应，增加了滨江区域设计和功能的多样性，激发了该区域的活力，鼓励了公共生活。

吴英燕：您认为"一江一河"公共空间建设的意义和价值是什么？

　　克里斯蒂安：根据上海新一轮城市总体规划，上海将建设成为卓越的全球城市，令人向往的创新之城、人文之城、生态之城。公共空间是上海市建设"人民城市"的重要方面。建设连续的公共空间，将造福全体上海市民。在上海市的 16 个区中，黄浦江流经 10 个区，苏州河流经 9 个区。在"一江一河"建设连续的公共空间，将变成令人向往的充满活力的滨水区域。我们认为这些工作代表了上海的决心：上海是一座有雄心的全球城市，关注并重视为全市的社区开发配套的高品质公共空间。

　　"一江一河"的公共空间建设与"15 分钟社区生活圈"建设两者之间也有直接的联系。比如，黄浦江滨江区域毫无疑问是城市级，甚至世界级的目的地，但根据现场调查的结果，我们发现，高达 78% 的访客仍然是住在附近的市民，且有 62% 的访客反映，滨江贯通后，他们的每日外出活动时间提高了半小时以上。沿黄浦江两岸的公共空间，为在两岸 15 分钟步行可达范围内生活和工作的 480 万人提供了一个连续的高品质公共空间。

　　随着滨江公共空间的影响力和认可度、知名度和使用度的提高，进一步提升空间的动力和优先级越来越高。上海正处于积极的循环反馈中，未来我们会在滨水区域看到更多、更大的事情发生。最终，这一切都指向一个更宜居的城市，并将形成更多健康、快乐的体验和社区。

共建共治共享，"一江一河"加快建设世界级滨水区

Joint Construction and Governance for Shared Benefits, Accelerating the Construction of a World-Class "One River and One Creek" Waterfront

朱剑豪 / 上海市住房和城乡建设管理委员会副主任

Zhu Jianhao, Deputy Director of the Shanghai Municipal Commission of Housing, Urban-Rural Development and Management

"在'一江一河'公共空间建设中，解决困难的核心就是切切实实地从有利于上海城市的发展，从有利于城市生态建设，从有利于上海市民的生活需求出发，去设想和构建真实反映人民心声的美好愿景，来打动、说服涉及的方方面面。"

"Throughout the construction process, the key to resolving difficulties has been conceiving visions that truly address the people's desires for a better future. Then it is about making sure they are also beneficial to Shanghai's overall development, to the construction of ecological urban spaces, and to the pragmatic needs of local residents."

江河交汇处　Confluence of the Huangpu River and Suzhou Creek
图片来源：上海市住建委　Image source: Shanghai Municipal Commission of Housing, Urban-Rural Development and Management

黄浦江、苏州河是上海城市的"生命线"，承载着城市发展的核心功能，也承载着人民群众对美好生活的向往。上海市委、市政府深入践行"人民城市"重要理念，着眼于满足人民对美好生活的新期待，加快调整江河岸线的功能布局，大力推进沿岸的贯通开放，建设更高品质、更加丰富多样的公共空间，让人民群众拥有更多的获得感、幸福感、安全感。这一过程中，打通了一个个堵点，破解了一个个难题，把上海最精华、最核心的滨水岸线向全体市民开放，让滨水公共空间开放共享的理念深入人心，积极探索出城市空间共建、共治、共享的新模式。

吴英燕：黄浦江、苏州河的规划定位和自然禀赋差异都比较大，我们在推进"一江一河"公共空间建设的过程中，是如何来处理这种差异性的？

朱剑豪：继 2017 年底黄浦江核心段 45 公里岸线贯通开放之后，推进苏州河沿线公共空间建设也提上了日程。在充分借鉴黄浦江公共空间建设经验的基础上，我们分析了苏州河两岸公共空间现状及特点，对苏州河公共空间建设的阶段目标和任务进行了深入研究，形成了具有针对性的工作推进举措。

首先是空间尺度差异较大，苏州河沿线的空间形态不同于黄浦江的大空间、大尺度，因此不具备大拆大建的条件。其次，岸线功能不一样。黄浦江在转型之前以生产型岸线为主，苏州河两岸则为居住、商业、休闲的复合型生活岸线，沿岸承载了大量的历史风貌资源，苏州河两岸功能更集聚，更具有生活气息。最后，涉及公共空间断点类型不一样。黄浦江沿线以大型企事业单位为主，核心区域的苏州河两岸贯通范围并不小（外环线内总体贯通率达 63.8%），断点较多，除部分企事业单位外，很多岸线还涉及很多居民小区。

在此基础上，我们认为苏州河两岸公共空间建设将更加注重"功能提升、增强活力"，强调重塑功能、活化更新、提升品质，充分调动沿线区段的积极性和市民的支持力度。同时，结合苏州河的尺度优势，坚持两岸一体，整体贯通的理念，推动苏州河两岸地区公共空间的提升，营造"可漫步、可阅读、有温度、适合游憩"的魅力水岸空间。

结合苏州河滨水区域的功能现状，主要采用以重点开发更新项目带动，打通断点为切入点，按照点线及面、先易后难，实现总体提升的整体策略。具体从以下几个方面着手。

一是更新引领，不欠新账。根据城市总体规划和区域开发阶段，以苏州河两岸城市更新、旧区改造、微空间复兴、风貌保护、区域慢行系统建设等为抓手，重点推进若干个滨河功能提升区建设，树立成功滨水空间的典范以带动全线贯通提升，同时在新建滨水区不再留下断点或遗憾。

二是一河贯通，理清旧账。苏州河两岸空间资源有限，针对不同的断点性质和贯通条件理清旧账，分类施策。以漫步、跑步等休闲健身功能为主，通过辟建道路和绿化、新建跨苏州河人行桥梁、改造防汛墙和亲水平台等工程措施，逐步实现一河贯通，并在有条件的区域，最大限度地实现两岸连通。

三是水岸联动，同步提升。引入更丰富的文化、休闲、服务类功能，组织策划文化活动、节庆活动、体育赛事、展览等活动，实现滨水空间与腹地功能整体联动提升，为苏州河注入新的活力。同时对沿线桥下空间、临河道路、码头、防汛墙、绿化带、照明设施等进行整治和提升改造，塑造空间特色，提高环境品质。

四是两岸一体，远近结合。将苏州河两岸作为一个整体，不同行政区域间加强协同配合，在实施过程中充分调动各方对于苏州河公共空间建设的积极性，同时理清具体行动项目，整体把控、分期实施、系统推进。

吴英燕：苏州河沿线大多是居民小区，贯通难度肯定比黄浦江更大，当时是如何作出决策的？

朱剑豪：改革开放之后，苏州河沿岸地区旧貌换新颜，建设了一大批现代化的居民小区，为改善上海市民居住环境和条件作出了极大贡献。但是跟黄浦江沿岸相似，滨水空间被沿线单位、居民小区占据，成为"私家花园"，没有体现公共空间的属性和价值。

其实早在黄浦江45公里贯通推进过程中，相关部门已经开始研究

苏州河黄浦段
图片来源：黄浦区建委

苏州河黄浦段防汛墙亲水平台改造
图片来源：黄浦区建委

并提出苏州河贯通开放问题。2016 年，市政府发展研究中心就提交了一份关于挖掘苏州河沿岸历史人文资源、贯通开放苏州河滨水公共空间的研究报告，时任分管城建副市长的蒋卓庆同志把这份材料批转到市住建委（市浦江办），要求我们加强对苏州河的研究工作。2017 年底，黄浦江 45 公里岸线正式贯通开放，得到了全体上海市民的高度赞扬和肯定。市委、市政府从中看到了民心所向、大势所趋，决定要进一步扩大贯通红利，把黄浦江贯通经验复制到苏州河，让更多市民享受高品质的公共空间。2018 年 1 月底，在上海"两会"市政府记者招待会上，时任市长应勇同志回应了公众对于苏州河岸线贯通开放的强烈呼声，表示将启动实施苏州河环境综合整治四期工程，其中包括苏州河普陀段、长宁段、静安段等沿岸公共空间建设。之所以作为苏四期的分项工程，当时市委、市政府也是充分考虑了苏州河贯通工程存在更大难度和不确定性。为此，时任副市长时光辉同志非常睿智地提出"贯通＋连通"的应对措施，就是要尽最大努力贯通滨水空间，同时也要充分利用苏州河河面宽度有限、桥梁跨越便捷的优势，加密沿岸人行桥，实现两岸之间的便捷沟通，同时要逐步实现沿河道路"步行化""慢生活"，打造真正人性化的慢行空间。

　　2018 年 10 月，市委书记李强同志调研苏州河沿岸规划建设，实地查看静安区一河两岸、普陀区梦清园等区域，提出要全力推动苏州河两岸公共空间贯通工作，让市民享有更多水清岸绿、具有文化品质的城市滨水空间，使黄浦江、苏州河两条"母亲河"成为城市的"项链"、发展的名片、游憩的宝地。目标一旦确定，任务随即下达，2020 年 1 月，时任市长应勇同志在《2020 年上海市政府工作报告》中明确要求，年内实现苏州河中心城区 42 公里岸线的公共空间基本贯通开放，打造市民休闲健身、娱乐观光的"生活秀带"。所以，苏州河贯通工程不是市委、市政府从一开始就拍脑袋定下 2020 年基本贯通目标的，而是经历了一个由小做大、做全、做精的过程，是因势利导、结合实际情况作出的判断和决策。

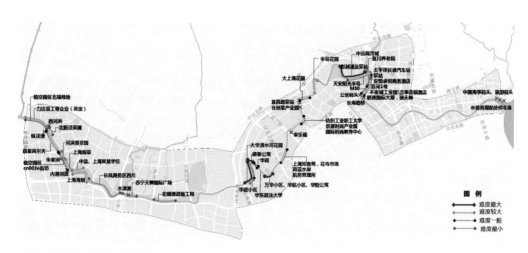

苏州河沿线待打通断点示意图
图片来源：上海市住建委

吴英燕：在黄浦江、苏州河贯通工程中我们碰到的最难处理的困难和问题有哪些？又是如何化解的？

朱剑豪：从 2013 年开始我们把工作重心转移到沿岸公共空间建设，市委、市政府给予了极大的支持，兄弟委办局和沿岸区都付出了极大的努力，尤其是沿岸的企事业单位、街道、居民小区都为贯通工程作出了极大的贡献。贯通工程最大的难点不是规划、不是资金、不是技术，而是土地和岸线的释放，如果没有方方面面的配合，在短短几年时间内是绝对没有把握完成的。滨水地区发生了巨大的变化，这种变化对经济层面有很大的影响，原先生产经营的企业需要转变经营方式，甚至关停并转。还有情感方面的影响，很多企业，还有在这块区域工作生活的市民，在这个区域奉献了一生，对黄浦江、苏州河是有感情的，还有些小区二十年来都是小区自己使用着沿河空间，要开放了，这对心理上也会造成很大的影响。如何让各个层面的组织、个人，形成对两岸开发开放

045

的统一认识，这是贯通开放过程中最难的一件事。在"一江一河"公共空间建设中，解决困难的核心就是切切实实地从有利于上海城市的发展、从有利于城市生态建设、从有利于上海市民的生活需求出发，去设想和构建真实反映人民心声的美好愿景，来打动、说服涉及的方方面面，这才形成了目前贯通工程如此良好的形势。

以黄浦江 45 公里贯通为例。自黄浦江两岸开发以来，历年来已经完成三千多家企事业单位动迁，保留在滨江地区的大多为功能性的大型国企或部队军事设施，涉及驻沪部队及中交、中燃、烟草、造币厂等央企单位，还有上港、锦江、交运、光明、百联、隧道、云峰、电气、城投及市供销社等众多市属国企单位，还有上海海事局等部门。2016 年贯通工程进入了紧锣密鼓的阶段，但是我们发现沿线企业如果按部就班进行协商谈判，不能按时腾让滨江土地，贯通就无法按时完成。在这种情况下，市浦江办、市重大办、市国资委、市发改委等部门通力合作，与沿岸区相关部门一起，根据贯通规划方案和贯通工程进度计划，划示了沿岸涉及企业必须腾让用地的边界范围和时间节点，在与企业进行充分沟通并确认不影响正常生产经营前提下，由常务副市长陈寅同志出面，两次召集各相关企业进行集中签约，企业承诺先腾地、后协商补偿，区政府承诺合法合规动迁安置，不让企业承受经济损失。通过两次集中签约，

改造提升后的普陀半岛花园小区滨水空间

图片来源：林同炎李国豪土建工程咨询有限公司

改造提升后的普陀河滨香景园小区滨水步道

图片来源：林同炎李国豪土建工程咨询有限公司

明确了目标任务，压缩了协商周期，提高了工作效率，为贯通工程创造了有利条件。从这个案例中，我们可以看到中国共产党强有力的领导，也是中国特色社会主义制度优越性的生动体现。

以黄浦江两岸的轮渡码头为例。沿岸大大小小几十个轮渡码头，滨江贯通都要碰到，否则就要到后方陆域绕行，滨水的体验就大大降低了。轮渡公司是交运集团下属国企，尽管依靠财政补贴，企业运营情况不尽如人意，但是轮渡公司仍然以大局为重，一方面配合相关区政府进行贯通方案研究，把大部分轮渡站的二层空间让渡出来，作为滨江贯通的公共空间、步行通道或服务设施，另一方面也借此机会对年老失修的轮渡站本体进行修缮和改造，实现公共利益和企业利益共同兼顾、共赢互利，成为贯通工程中具有借鉴推广意义的典型案例。

苏州河贯通中遇到的最大难题是住宅小区让渡滨水空间。由于改革开放初期政府在土地批租、规划控制等方面缺乏经验，加上苏州河沿岸用地空间相对较局促，因此在早期出让的部分住宅用地中，没有对滨水公共空间进行用地控制，而是随同住宅用地一同出让给开发商，最具代表性的是普陀区中远两湾城以及大华清水湾、康泰公寓。在实施推进过程中，我们始终坚持公共利益和局部利益兼顾共赢原则，坚持以改善人民群众生活环境品质为出发点，通过与小区居民协商贯通方案、优化提升小区环境面貌、升级改造小区安保设施系统、解决小区加装电梯、缓解停车矛盾等一系列综合方法，尽管过程有波折、有反复，但是最终获得了大多数人的认同。从改造完成后的实际效果来看，小区滨河空间环境品质得到提升，小区居民获得感更强烈，同时实现了共享开放，同样是多方共赢的局面。

吴英燕：贯通工程推进过程中，采取了哪些工作举措来打造更高品质的公共空间？

朱剑豪：除了在保障质量安全前提下抓推进、保进度，确保贯通工程按计划顺利建成外，我们重点围绕高品质的体验、有序的运行和功能的注入等方面下功夫。

首先是强化标准，提升贯通体验品质。不断推进公共空间建设和管理标准规范的优化完善工作，贯彻"三性统一"，就是在整体性、协调性中体现特色性，力争达到更好的贯通体验。坚持"统一规划、统一公布、统一指导"，通过制定《黄浦江两岸地区公共空间建设设计导则》《苏州河两岸（中心城区）公共空间贯通提升建设导则》，在总体设计、生态景观、活动场所、交通设施、安全保障、配套设施等多个方面，明确统一的建设设计要求。"一江一河"公共空间建设严格按照设计导则实施，强化整体性、协调性。同时，各区段结合自身优势，因地制宜、突出特色，打造各区亮点。

其次加强"管建并举"、确保公共空间运行安全有序。加大贯通开放区域的管理力度，确保公共空间安全、整洁、有序。市级层面出台《关于加强黄浦江两岸滨江公共空间综合管理工作的指导意见》，界定公共空间的管理范围，明确了以属地化管理为主的职责分工原则，在公共秩序、社会秩序、交通秩序、公共活动、商业活动等方面坚持了从严管理的指导思想。根据属地化原则，各区都制定了公共空间管理实施细则，建立了区级政府分管部门加专业建设管理公司的体制框架和工作机制，确保已建成开放的公共空间安全有序运行。

同时，注重"功能注入"，进一步提升滨江区域活力。"一江一河"公共空间的建设为体育、文化、旅游等功能进一步积聚创造条件。滨江五区健身大联动、上海马拉松、上海杯帆船赛、龙舟国际邀请赛等重大体育活动在滨江滨河区域举行，篮球场、小型足球场等一系列体育设施实现沿线布局。浦东老白渡艺仓美术馆、民生筒仓、徐汇美术馆大道和西岸美术馆、普陀 M50 创意园区等文化空间积聚人气，长宁华东政法大学、杨浦烟草仓库、永安栈房和虹口邮政博物馆、河滨大楼等一批历史建筑和风貌区启动保护设计，静安总商会旧址、福新面粉厂等重要节点也以崭新的面貌重新亮相。徐汇滨江传媒港、虹口白玉兰广场、国际航运和金融服务中心及黄浦十六铺二期等功能项目进展顺利。"一江一河"实现岸线贯通与功能提升同步推进，不断提升开放空间品质。

总体设想
OVERALL VISION

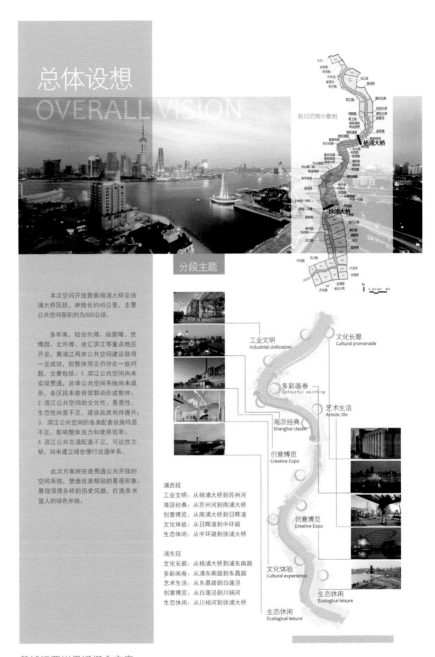

本次空间开放聚焦杨浦大桥至徐浦大桥区段，岸线长约45公里，主要公共空间面积约为500公顷。

多年来，结合外滩、陆家嘴、世博园、北外滩、徐汇滨江等重点地区开发，黄浦江两岸公共空间建设取得一定成效，但整体而言仍存在一些问题，主要包括：1. 滨江公共空间尚未实现贯通，总体公共空间系统尚未成形，各区段未能有效联动形成整体；2. 滨江公共空间的文化性、景观性、生态性尚显不足，建设品质有待提升；3. 滨江公共空间的各类配套设施均显不足，影响整体活力和使用效率；4. 滨江公共交通配套不足，可达性欠缺，尚未建立绿色慢行交通体系。

此次方案将完善贯通公共开放的空间系统，塑造优美靓丽的景观形象，展现深厚多样的历史风貌，打造亲水宜人的绿色岸线。

规划范围图示意图

杨浦大桥

徐浦大桥

分段主题

工业文明
Industrial civilization

文化长廊
Cultural promenade

多彩画卷
Colourful painting

海派经典
Shanghai classic

艺术生活
Artistic life

创意博览
Creative Expo

创意博览
Creative Expo

文化体验
Cultural experience

生态休闲
Ecological leisure

生态休闲
Ecological leisure

浦西段
工业文明：从杨浦大桥到苏州河
海派经典：从苏州河到南浦大桥
创意博览：从南浦大桥到日晖港
文化体验：从日晖港到中环路
生态休闲：从中环路到徐浦大桥

浦东段
文化长廊：从杨浦大桥到浦东南路
多彩画卷：从浦东南路到白昌路
艺术生活：从东昌路到白莲泾
创意博览：从白莲泾到川杨河
生态休闲：从川杨河到徐浦大桥

黄浦江两岸贯通概念方案
图片来源：上海市规划资源局

吴英燕：不同区段滨江滨河各自的定位和特色是什么？

朱剑豪：黄浦江、苏州河两岸重点推进完成的公共空间建设涉及多个区段，各自的空间定位也有明确的规划。

黄浦江浦西段：杨浦大桥至苏州河定位为"工业文明"；苏州河至南浦大桥定位为"海派经典"；南浦大桥至日晖港是"创意博览"；日晖港到中环线是"文化体验"；再到徐浦大桥是"生态休闲"。

黄浦江浦东段：杨浦大桥到浦东南路定位为"文化长廊"；浦东南路到东昌路是"多彩画卷"；东昌路到白莲泾是"艺术生活"；白莲泾到川杨河是"创意博览"；再到徐浦大桥是"生态休闲"。

与黄浦江两岸各区段相比，苏州河两岸则更有江南婉约气质。其中：

黄浦段主导理念是"上海辰光，风情长卷"，突出老上海特色，外白渡桥到乍浦路桥将恢复划船俱乐部原建筑形制和材质肌理。

静安段设计将"苏河舞台、水岸花园"作为理念，利用多维的故事脉络串联城市水岸画卷、展现苏河立体剧场、深耕人文历史记忆，助力城市百年记忆的黄金水岸滨水复兴与城市新发展。

虹口段以"最美上海滩河畔会客厅"为目标，打造具有历史文化魅力的高品质滨水公共空间。规划依托沿岸优秀历史建筑丰富的历史文化资源，分别打造河滨大楼特色风情段、邮政大楼风貌展示段、宝丽嘉酒店休憩观景段与上海大厦活力花园段，展现北苏州路深厚的历史文化底蕴与风貌特色。

普陀段有苏河十八湾的美誉，采用"一点一策"的设计方法，构建滨河"活力秀带"，形成"摩登伊始，海派艺韵""工业记忆，活力复兴""生态水湾，商埠游驿""乐享水岸，烂漫苏河"四大区段，树立苏州河花样水岸新标杆。

长宁段以"趋苏州河、品海派文化、集人文雅趣、美健康身心"为理念，结合贯通工程串联起沿线临空一号公园、临空二号公园、滑板公园、中山公园、华政公共开放空间等10个公园绿地，着力打造"乐健"长宁的高品质"漫"生活。

嘉定段本次贯通约600米，规划形成"两心双道三区"的规划结构，充分贯彻"绿色、开放、共享"的整治理念，结合苏州河沿岸城市更新及用地转型，依托腹地整体转型和城市更新，打造"复合型水岸空间"。

吴英燕："一江一河"公共空间建设中有哪些具体的亮点？

朱剑豪："贯通并开放"是本次贯通最大的亮点，"还江还河于民"，将上海最精华、最核心的岸线资源还给全体市民。结合贯通工程，黄浦江滨江公共空间建设取得显著成效，建成约 1200 公顷绿色生态开放空间，核心段 45 公里公共空间基本贯通；苏州河贯通工程启动之初，中心城区未贯通岸线约 15.3 公里，63 处断点，除个别节点因重大工程施工影响等原因外，基本都实现了断点打通。在此基础上，"一江一河"坚持打造统一的贯通体验，成了全市人民共享的高品质公共空间，受到了市民和国内外游客的欢迎。2019 年国庆长假的旅游统计数据，黄浦江 45 公里滨江岸线累计接待游客达 553.95 万人次，成为上海旅游一道靓丽的风景线。

同时，在公共空间设计建设过程中，各区段都花了很多心思，有很多广受市民欢迎的创新。比如三条慢行通道（漫步、跑步、骑行）的设置，增加了公共绿地的活动属性。浦东新区结合滨江区域特点，最早提出了三道的设想，形成三根完整的通道，有利于滨江整体性的打造，也将贯通更加具象。于是，各区都积极吸收采纳。我们在设计导则中就对"漫步、跑步、骑行"三根道的设计尺寸、铺装材质、面层色彩、施工工艺和标识系统等进行了规范和细化，形成了统一的要求。比如滨水驿站系统性的设置，最早在设计导则中，我们是从集约化利用资源的角度，鼓励将卫生、休憩、服务等多个功能统筹设置，形成综合服务设施点。各区在此指导下，探索综合服务设施的设计和建设，一系列驿站品牌相继亮相，习近平总书记在杨浦滨江视察的"人人屋"就是杨浦滨江杨树浦驿站中的一个，在浦东滨江布局 22 处"望江驿"后，1 公里 1 处综合服务点成为设置原则，徐汇滨江"水岸汇"也在 2020 年整体完成改造，苏州河普陀段计划打造 20 余处苏河驿站。黄浦江两岸驿站数计划达到约 50 处，苏州河沿线规划驿站总数达到 42 处，这些驿站解决了市民休息、

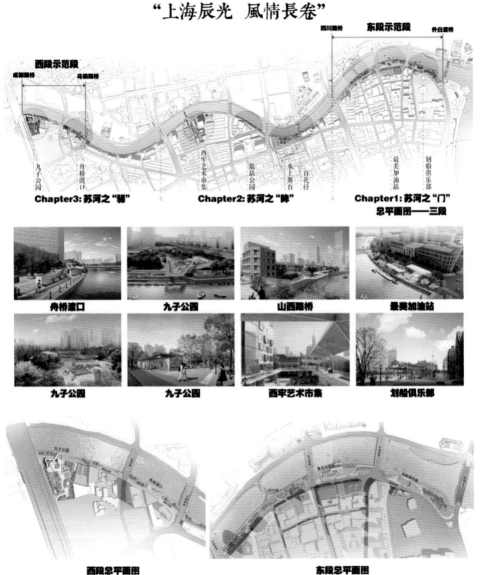

苏州河黄浦段贯通方案总图

图片来源：黄浦区建委

苏州河静安段贯通方案总图
图片来源：静安区建委

苏州河虹口段贯通方案总图
图片来源：虹口区建委

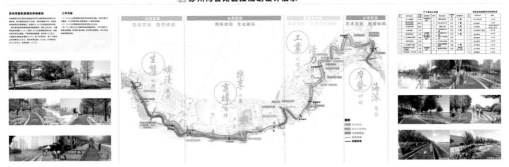

苏州河普陀段贯通方案总图

图片来源：普陀区建委

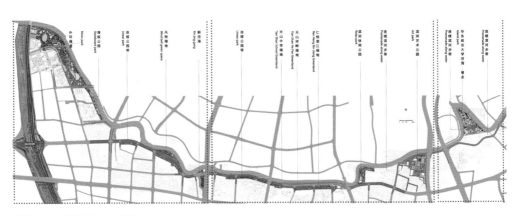

苏州河长宁段贯通方案总图

图片来源：长宁区建委

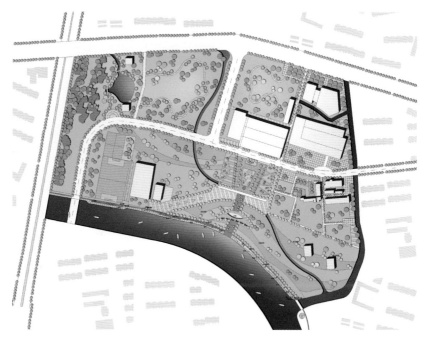

嘉定区苏州河中心城区贯通总平面
图片来源：嘉定区水务局

喝水、用厕等基本需求难以满足的问题，更是成为"一江一河"广受欢迎的沿线新景观。

"一江一河"沿线老厂房、老建筑等工业遗存的改造利用也是一大亮点。沿岸的历史建筑、工业遗产既是承载城市发展历史的重要标志，也是重要的历史文化资源和空间环境重要的构成要素，是上海独一无二的珍稀资源，无疑是滨江开发的重点和亮点。在滨江、滨河公共空间建设中，非常注重营造体现历史积淀的人文水岸。杨浦滨江、浦东民生码头、艺仓美术馆、徐汇龙美术馆、油罐公园、普陀 M50 等都通过大型历史遗产的更新利用设立了水岸特色地标。比如杨浦滨江沿江保留的 7 处、12 栋、近 7 万平方米工业建筑和遗存，浓缩了上海百年工业的历史，经过更新改造注入了新的功能和活力，实现了从"工业锈带"到"生活秀带"的华丽转身。在公共空间建设中，将老码头上遗留的工业构筑物、刮痕、肌理作为最真实、最生动、最敏感的记忆映射进行保留。比如徐汇滨江开发时，原样保留了码头 4 万平方米、历史建构筑物 33 处、系缆桩近 100 个、铁轨 2.5 公里、枕木 1200 根、石材 1800 平方米、吊车 4 台，为滨江开放空间保留了丰富的历史、人文和载体资源。在"一江一河"两岸公共空间内，城市文化在这样的时间厚度中得以延续。不仅让市民们感受到改革开放取得的巨大成就，还进一步提升了获得感和幸福感。

吴英燕："一江一河"贯通开放只是沿岸地区发展的一个组成部分，未来还有很长的路要走、很多的事要做，在体制机制方面是如何设置进行保障的？

朱剑豪："一江一河"工作前途光明，但也任重道远。市委、市政府一直以来高度重视，2019 年在原黄浦江两岸开发工作领导小组基础上，重新扩容组建了"上海市一江一河工作领导小组"，由市长、分管城建副市长分别担任正、副组长，小组成员包括市发展改革委、市住房城乡建设管理委、市经济信息化委、市财政局、市规划资源局、市生态环境局、市交通委、市水务局、市文化旅游局、市国资委、市体育局、市绿化市容局、上海海事局以及地产集团、久事集团。领导小组下设办公室（简称"市一江一河"办），设在市住房城乡建设管理委，住建委主任兼任办公室主任，并设一名常务副主任，委内增设黄浦江苏州河发展协调处，承担办公室日常工作。领导小组是市政府非常设议事协调机构，由办公室负责落实市委、市政府的工作部署和要求，组织、协调、督促、检查"一江一河"沿岸地区发展各相关工作。

上海全市 16 个区，黄浦江、苏州河沿线就有 13 个区，松江段属于黄浦江生态涵养范围，如果算上就有 14 个区，可见"一江一河"对上海城市影响力之大。"市区联手、以区为主"，这是上海一直以来在沿岸地区发展上采用的制度设计，能更好地体现市级层面加强顶层设计、区级层面强化推进落实的职责分工。目前黄浦江沿岸各区大多与市级领导小组相呼应，成立了区领导小组和办公室，同时组建专业公司承担滨水区公共空间建设、运营、管理等一系列工作。

吴英燕：短短几年时间就实现了"一江一河"贯通开放实在是很不容易的。现在很多城市也在推行贯通工程，您认为上海有哪些经验或者教训可以供大家参考借鉴？

朱剑豪：滨水公共空间建设是一项系统工程，还是要结合各地实际情况作出评估和决策。如果让我归纳总结这些年的经验或教训，我觉得至少有这么几个方面，挂一漏万，未必全面。

一是领导重视。黄浦江、苏州河两轮贯通工程是在韩正同志、李强同志两位市委书记以及杨雄同志、应勇同志、龚正同志的亲自谋划、亲自推动下取得的成果。黄浦江贯通工程启动之前，韩正同志专门安排了一场规划设计方案的汇报会，请沿江五个区分别介绍各自规划理念和方案，实际上是一场方案 PK，大家取长补短，力求把方案做到极致，好中选优。市领导经常到贯通工程实地进行检查，对一些创新设计、创新技术、创新理念进行鼓励，对存在的不足问题及时提醒改正。正是在市领导的关心下，沿岸各区不甘落伍，比学赶超，形成了一种良性竞争的工作氛围，方案越做越精，工作越做越细，效果自然越来越好。

二是部门合力。前面已经提到，市级层面建立统筹协调的领导小组，市政府主要领导亲自抓，十多个相关部门依托领导小组平台，既有职责分工，更多的则是联手合作，大家消除部门界限，为实现一个目标共同出谋划策，协调和解决问题。以最复杂困难的动迁腾地为例，针对不同主体情况，由领导小组办公室统筹，不同的市级部门牵头负责，沿岸区托底支持。比如碰到军产，由市发展改革委牵头，协调基层部队、战区一直到军委；碰到在沪央企，由市经济信息化委牵头，市属国企由市国资委牵头，区属企业自然由所在区政府负责；碰到住宅小区则由属地政府牵头，发挥街道、居委会等机构的共同作用。总之，不打破原有的部门职责，发挥各自强项和优势，形成合力，助推贯通。

三是规划引领。规划是龙头，这句话不是空话，项目最终能否取得成功，好的规划是前提基础条件。黄浦江贯通目标确定之后，沿线五个区分别开展了国际方案征集、规划方案优化、青年设计师方案竞赛、社会公众意见征集调查等一系列工作。以浦东滨江为例，2016 年浦东新区开展了东岸公共空间贯通概念方案国际征集，荷兰、法国、澳大利亚、

夕阳映照下的北外滩滨江

图片来源：上海市滨水区开发建设服务中心

浦东民生码头

图片来源：东岸集团

徐汇滨江樱花下的龙美术馆
图片来源：西岸集团

浦东艺仓美术馆
图片来源：东岸集团

浦东滨江驿站
图片来源：东岸集团

浦东上海船厂绿地
图片来源：鲍伶俐

杨浦滨江水厂栈桥保留的靠船墩
图片来源：杨浦区滨江办

美国等五家国际知名设计机构参与竞标，最终法国 AGENCE TER 设计事务所以"挖掘和激发具有上海特色的生活方式"空间理念，以"河岸＝天际线＋水际线"上海式生活方式为出发点的分区段方案，赢得更多专家和市民群众认可。通过方案征集，浦东首次引入并确立了滨江公共空间漫步道、跑步道、骑行道等"三道"贯通总体构想，这一做法取得共识后在浦西各区也得以采用。中国有句话叫作"谋定而后动"，超前的规划不仅仅是一张挂在墙上的图纸，还是引领城市空间发展和生活方式转变的战略构想，影响是深远而重大的。

　　四是统筹建设。上海黄浦江、苏州河滨水公共空间的建设模式都是以属地化为主，就是说由区人民政府负责。黄浦江核心段 45 公里由五个区组成，苏州河中心城区 42 公里由六个区组成，如果每个区都各行其是，不加以统筹和规范，最终可能就会出现进度不衔接、空间不协调、"三道"不顺畅、标准不匹配等种种问题矛盾，因此建立统筹建设的工作机制是非常必要和重要的，"一江一河"工作领导小组办公室就是发挥统筹建设作用的主要平台。举个很简单的例子："三道"贯通是公共空间的重要组成部分，沿岸各区在组织实施中必须确保区界接口处"三道"线位、标高、宽度、路面材质、表层色彩、道面标识等方方面面衔接顺畅、统一、协调，这就需要市级部门统筹。近年来，办公室先后修订了黄浦江沿岸环境建设技术标准，编制了黄浦江、苏州河公共空间建设导则、公共空间管理指导意见，推动了"一江一河"滨水公共空间立法工作，在贯彻落实市委、市政府决策部署，协调解决涉及沿岸各区面上共性问题，补齐短板不足提升服务品质等方面发挥了很大作用。

五是共治共享。黄浦江、苏州河贯通开放，给全体上海市民带来了极大的获得感、幸福感、安全感，同时市民群众也非常珍惜来之不易的成果，积极参与到沿岸公共空间的环境保护、秩序维护等各方面工作之中。"从我做起，我爱我家"，在黄浦区、长宁区、普陀区等苏州河沿线地区，在街道、居委会的支持下，各单位、小区等普通市民群众自发组织了若干支"护河队"，定期开展生活垃圾清理等空间环境保养工作，对不文明、有危害的行为进行劝导，把对母亲河的呵护落实为每一个人的自觉行为。黄浦江沿岸基本上每隔 1 公里就有一座滨江驿站，浦东叫"望江驿"，浦西徐汇叫"水岸汇"，杨浦叫"杨树浦"，名称可能各不相同，但基本内容都是一致的，可以供市民休息、饮水、上厕所、看书、上网等，甚至还有紧急救护等特殊设备。除此之外，部分驿站还引入社会、企业等共同参与，通过植入特色功能并负责日常维护，打造成为品牌亮点，比如徐汇西岸滨江东安路驿站就引入了星巴克，企业承担了相关服务设施的日常维护工作，同时环境效应、品牌效应叠加，使得这个驿站成为黄浦江沿线人气最旺的网红打卡点，成为社会共治并最终实现全民共享美好成果的典型案例。

徐汇滨江鸟瞰

图片来源：西岸集团

共绘规划蓝图
Drawing a Blueprint Together

"一江一河"在新时代城市空间发展格局中的意义
The Significance of the "One River and One Creek" Initiative for Urban Planning in the New Era

郑时龄 / 中国科学院院士

Zheng Shiling / Academician at the Chinese Academy of Sciences

"黄浦江和苏州河滨水空间的定位是国际大都市发展能级的集中展示区和核心功能的空间载体、人文内涵丰富的城市公共客厅以及具有宏观尺度价值的生态廊道。"

"The waterfront spaces along the Huangpu River and Suzhou Creek have been marketed as showrooms. As important bases for key urban functions, shared living rooms with inherent cultural value for city dwellers, and ecological corridors that have broad significance for sustainable development, they demonstrate the development potential of international megacities."

流光溢彩的江河交汇处　The night scene at the confluence of the two waterways
图片来源：虹口区建委　Image source: Hongkou District Construction and Management Commission

"一江一河"见证了上海城市发展的历史，在新时代下，它对于上海建设社会主义现代化国际大都市具有更加重要的意义与作用。

吴英燕：党的十九大报告提出，中国特色社会主义进入新时代。在新时代背景下，"一江一河"在城市空间发展格局的地位发生了什么变化？

郑时龄：习近平总书记在 2019 年视察黄浦江杨浦滨江段时作出的指示"人民城市人民建，人民城市为人民"，成为城市规划和建设的根本指导思想。人民城市关注未来，关注宜居，关注生态，关注历史文化保护，关注公共空间，关注公共艺术。水是城市的生命和智慧的象征，是知识的源泉，是理解人类行为的准则，水培育了城市文化和城市精神。

"一江一河"见证了上海城市的历史，控江踞海的地理位置，优越的港口条件使上海不断发展繁荣，一跃而成全球城市。上海因水而更加卓越，因水而让人民更感幸福，"一江一河"已经成为有温度的人民共享空间。

浦东的开发开放、黄浦江滨江空间的开发以及郊区的发展成为上海未来发展的大格局，自 21 世纪以来，上海以宏大的城市空间理想开发滨水空间，2010 年世博会因此而在上海成功举办，也因此有 2017 年的黄浦江两岸 45 公里全线贯通，塑造了开放空间和城市绿道，2015 年、2017 年和 2019 年连续三届城市空间艺术季在黄浦江畔举办，黄浦江滨江成为人们工作、生活、游憩、交往、冥想和创造的城市会客厅。这里

黄浦江两岸夜色
图片来源：上海市滨水区建设服务中心

有工业遗产和国家级文物保护利用示范区，这里有世博文化公园、大歌剧院、温室花园、浦东美术馆，这里正在建设北外滩的国际顶级商务区和浦西最高的摩天大楼，而且今后还会有一系列焕发出无限魅力、让人们憧憬的创造和活动。

吴英燕：在新时代，"一江一河"公共空间建设有何新的意义？

郑时龄：黄浦江和苏州河的滨水空间开发显示了上海作为国际文化大都市的理想和价值取向，也体现了作为社会主义国际文化大都市的品质和空间格局。

为了重振城市发展的活力，世界上的众多城市在更新过程中都将滨水空间作为城市后工业时代的发展核心，将工业化时代形成的滨水地区的港口、工厂、仓库、船坞、码头、堆场等工业遗存加以改造和再利用，成功地修补了城市空间，将工业化时代的工业环境转换为城市的公共空间和地标。

黄浦江、苏州河是上海建设国际文化大都市的代表性空间和标志性载体，是城市更新的核心，面向 2035，展望 2050，推动城市空间的高质量发展，创造高品质生活。使"一江一河"成为具有全球影响力的世界级滨水区，城市之光在这里闪耀。

规划再审视，"一江一河"区域规划的创新实践
Innovative Planning for a New Waterfront

奚文沁 / 上海市城市规划设计研究院教授级高工
Xi Wenqin / Senior Engineer of the Shanghai Urban Planning and Design Institute

"在规划中，最需要关注的，是如何最大程度地发挥独特而宝贵的滨水资源价值，这种价值绝不仅仅是产业和景观的价值，也包含历史、人文、生态等价值。"

"In the planning stage, the most important thing to pay attention to was how best to spotlight the unique beauty and value of Shanghai's waterfront spaces. The value of the waterfront is measured not just by its scenery or industry, but also its history, culture, and unique ecologies."

改造提升后的苏州河黄浦段　Suzhou Creek as it passes through Huangpu District
图片来源：同济原作设计工作室　Image source: Original Design Studio

"上海 2035"城市总体规划对"一江一河"规划建设提出了更高的定位和要求。在此背景下，上海市城市规划设计研究院在前期现状评估和标准研究的基础上，开展了"一江一河"的功能、交通、公共空间、历史风貌、生态、天际线、色彩等专题研究，提出了"以发展为要、人民为本、生态为基、文化为魂"的规划理念和原则，确定了"一江一河"的总体发展定位，即将其打造成为具有全球影响力的世界级滨水区，成为城市功能的集聚带、城市文化的主阵地、公共活动的大舞台、生态文明的示范带、城市形象的展示区。其中，黄浦江定位为"国际大都市发展能级的集中展示区"，苏州河定位为"超大城市宜居生活的典型示范区"。

董怿翎："一江一河"开发开放建设成效十分显著，这一区域的规划理念作了哪些探索？

奚文沁："一江一河"沿线的建设发展经过了长期努力，而非一蹴而就。从黄浦江来看，和许多国际著名的滨水区一样，近现代时期，沿岸大量的工业、码头、仓储造就了城市的辉煌，而进入后工业时代后，随着城市的产业结构、功能布局调整而进入衰落期。因此，在 2002 年，上海市政府启动黄浦江两岸综合开发，提出"人民之江"的发展目标，实现其从生产型岸线向综合服务型岸线的转变。可以说黄浦江地区的变化发展是很快的，建设成效也是非常显著的。苏州河沿岸的建设，则已从单一的水质治理逐步走向全面的景观环境提升，沿岸贯通、产业转型、重点项目建设已在陆续推进实施。

从规划的角度来看，"一江一河"区域开发建设的历程，也是规划理念不断探索与提升的过程。

黄浦江综合开发之始，就编制了《黄浦江两岸地区规划优化方案》，提出"还江于民"的总体发展目标，要努力使浦江两岸从以交通运输、仓储码头、工厂企业为主，转换到以金融贸易、文化旅游、生态居住为主，让"滨江区域回归城市生活的核心"，并提出"重塑功能、公众江岸、生态优先、再现风貌、彰显景观"等理念和策略。这期间，规划聚焦于在浦江两岸建立综合功能区，激发滨水区活力；提升滨江区域的可达性与亲水性,增加滨水公共空间;依水复绿,设置滨江绿带;延续城市文脉,保护利用各类历史遗存;塑造空间形态的标志感与层次性,强化都市形象。特别是2017年底滨江贯通,标志着黄浦江的开发建设进入了更加关注卓越品质魅力与深度人文关怀的新阶段。

董怿翎:新时代背景下,上海城市发展对"一江一河"区域有怎样的新定位?

奚文沁:2017年获批的"上海2035"城市总体规划提出了建设"创新之城、人文之城、生态之城"三个发展目标。城市要转向更高质量发展、更高品质生活。在这样的新要求下,我们也在不断思考黄浦江、苏州河未来应该如何定位和发展。

最需要关注的,是如何最大程度地发挥独特而宝贵的滨水资源价值,这种价值绝不仅仅是产业和景观的价值,也包含历史、人文、生态等价值。

针对这些问题,我们进行了深入思考并开展扎实的研究。在前期现状评估和标准研究的基础上,开展了功能、交通、公共空间、历史风貌、

傍晚的苏州河河口段鸟瞰

图片来源:同济原作设计工作室

生态、天际线、色彩等八个专题研究。

我们提出了"一江一河"的总体发展定位，即打造成为具有全球影响力的世界级滨水区，成为城市功能的集聚带、城市文化的主阵地、公共活动的大舞台、生态文明的示范带、城市形象的展示区。

其中，黄浦江定位为"国际大都市发展能级的集中展示区"，苏州河定位为"超大城市宜居生活的典型示范区"。

黄浦江，是大气、开阔的，强调标志感和引领性，可以说是城市的"客厅"，而苏州河，是细腻、柔美、精致的，更强调生活气息，好像城市的"内院"。

当两者结合在一起，就形成真正能够代表城市魅力的"世界级滨水区"。

董怿翎：为了实现规划目标，有哪些具体的规划策略？

奚文沁：我们看到，对标更高要求，黄浦江、苏州河两岸滨水地区依然存在诸多问题。一是滨水地区产业能级未能充分体现全球竞争力，部分区段存在同质竞争情况；二是滨水与腹地联系较弱，公共空间网络化和精细化有待加强；三是滨水生态功能建设滞后，规划绿地的实施率偏低；四是滨水文化价值未充分体现，缺乏具有世界影响力的文化设施及文化品牌；五是整体形象协调性有待提升，重点区段缺乏空间尺度和景观色彩的精细化管控。

在理念和目标导引下，针对滨水地区现实存在的各类问题，我们提出功能、空间、文化、生态、景观五大方面策略与行动。

策略一：关于功能，"一江一河"要构建世界级的滨水复合功能带，成为城市中央活动区商务、商业、文化、游憩等核心功能的空间载体。总体上要强调功能的整体协同、错位互补、高效复合。

对于黄浦江，一是以创新引领产业转型与能级提升。大力拓展经济、金融贸易和航运产业，加快创新科研功能培育。二是塑造黄浦江滨水文化带。打造世博两岸、杨浦滨江南段、徐汇滨江三大文化集聚区，高密度布局文化设施，建立浦江文化品牌。三是打造"上海旅游经典品牌"，高标准建设世界级水岸游览项目。

对于苏州河,一是实现宜居宜业的复合功能。加快沿河各城市功能片区文化、创新、生活服务功能建设。二是优化滨水界面的公共性。中央活动区段形成连续活力界面,并打造活力节点。三是建设有水上生活的苏州河。强化水上旅游功能,新增多处旅游码头,开展龙舟赛、皮划艇等水上活动。

很多有基础的重点地区,要推进再升级,例如北外滩地区,与陆家嘴、外滩隔江相望,已经形成了商务、商业、游憩等功能基础,作为"上海 2035"总体规划中国际航运中心功能的核心承载区,未来通过强化金融、航运等核心功能,完善多元功能复合,增强产业吸引力,进一步提升,打造为新时期城市中央活动区的标杆。

策略二:塑造开放活力的公共空间体系。

黄浦江、苏州河核心段滨江公共空间已实现贯通,未来关键是要完善体系、提升品质。一是建立与城市相融的滨水公共空间网络。提升垂江道路和慢行通道密度,加强腹地与滨江联系,并且提升滨水活动节点布局密度。二是进一步提升和完善高品质服务设施体系。统筹设置便民服务、游憩服务等多类型服务设施,提供多元化的活动场所,提升公共空间的适用效率和价值发挥。

策略三:营造体现历史积淀的人文水岸。

一是推动历史遗产挖掘梳理,普查拓展保护对象,在加强遗产本体保护的同时,注重历史肌理和环境的协同保护。二是强化历史遗产活化利用,尤其是加强工业遗产更新利用,植入新功能;组织各具特色的文化探访线路,将风貌遗产展示与市民生活、公共空间网络紧密融合。

以杨树浦电厂更新改造为例。杨树浦电厂位于杨浦滨江,至今已有百余年历史。规划保留建筑的历史原貌和风格,如烟囱、厂房等体现电厂百年历史文化底蕴的要素,并注入新功能,打造文化创意、商务办公、商业休闲综合区。又例如浦东艺仓美术馆,把原来煤仓建筑改造为展览馆,并将煤仓传输构架改造为景观平台和服务设施,呈现出具有独特艺术感的滨水空间。

策略四：建设韧性平衡的滨水绿色廊道。

增量、联网、提质，强化生态效应。一是提升沿岸地区生态空间规模。增加规划公共绿地，战略预留区预控结构绿地。二是打造滨江互连互通生态网络。注重绿化系统性和多样性，完善绿网结构，布局重要生态空间。三是营造滨水绿色低碳的示范带。推进全流域水体治理，积极运用绿色建筑、海绵城市等低碳技术。

沿岸重点打造一些具有特色的规模生态空间。

例如世博文化公园，规划以"生态自然永续、文化融合创新、市民欢聚共享"为目标，配置大量乔木形成高密度中心城的绿色森林，并打造湖区、湿地、疏林草地、密林，营造多样生境，建设黄浦江生态廊道上的"都市绿肺"。又例如苏州河畔标志性绿地空间——苏河湾浙北绿地，面积近10公顷。绿地通过内部广场和地上地下连廊，塑造立体复合的慢行空间体系。绿地内复建历史建筑，注入文化功能，形成绿脉、水脉、人脉、文脉"四脉相承"的活力新地标。

策略五：打造特色鲜明的滨水空间景观。

一是塑造协调有序的天际轮廓序列。保护外滩、苏州河河口段等经典历史建筑群形象及天际轮廓线，强化经典视觉形象。加强新建建筑高度与形态管控，引导天际轮廓线序列。二是引导和谐宜人的建筑色彩与环境景观。构建分区分类的色彩管控体系。外滩等历史区段加强现状色彩保护及周边统筹协调；徐汇滨江、杨浦滨江等改造、新建区段在规划设计和建设管理阶段明确建筑色彩设计引导要求。

通过上述一系列的规划、建设方面的创新提升，黄浦江、苏州河滨水地区将实现两大转变：发展形态上，从工业时代以高能耗的制造业为主要职能的"工业锈带"，向提升城市能级、汇聚人气活力的"城市客厅"转变；开发模式上，从外延式扩张的"大拆大建"，向更加注重品质和文化内涵的城市更新转变。

此外，在黄浦江、苏州河的规划和实施过程中，我们希望实现政府、社会、市民三大主体的共同参与，构建全社会共建、共治、共享的平台。

国际征集，问计于民，共绘东岸一张蓝图

Soliciting Opinions from both International Agencies and Local Communities to Create a Joint Vision of the Eastern Shore

葛海沪 / 浦东新区浦江办常务副主任

Ge Haihu / Executive Deputy Director of the Pujiang Office, Pudong New Area

"回顾东岸贯通整个过程，已不仅局限于工程建设本身，而是以规划为引领，专家、设计师、市民公众共同参与、共同绘就的一张蓝图。广大民众以更为细节而生动的方式提出了自己的意见，可以说黄浦江东岸公共空间的建设成效是众望所归。"

"Looking back, the whole process of connecting the eastern shore was far greater than mere construction: It involved crafting an overall blueprint and getting the input of experts, designers, and the public. The general public put forward their opinions in a particularly detailed and heartfelt fashion, and it can be said that the results of the work on the eastern shore of Huangpu River have won favor with local residents."

浦东陆家嘴滨江　Riverside in Lujiazui, Pudong District
图片来源：东岸集团　Image source: East Bund Investment (Group) Co., Ltd

　　为落实"还江于民"的总目标，体现公共空间功能提升与市民需求相协调的理念，浦东滨江公共空间建设从工程伊始就坚持规划先行，确定了"开门规划、众创众规、集思广益、广泛参与"的规划工作原则，围绕"东岸漫步"主题，全面开展了东岸公共空间规划设计工作。

　　规划设计工作包括三个维度：概念方案通过国际征集吸收先进理念，体现"高度"；公众意见咨询和青年设计师竞赛面向社会公众和中青年设计师，体现"广度"；平行深化设计面向实施，体现"深度"，最终绘就了一张众创众规的美好蓝图。

吴英燕：国际征集中最重要的设计内容是什么？国际团队对此提出了哪些创新设计？

　　葛海沪：市浦江办发布的《黄浦江两岸公共空间建设三年行动计划（2015 年—2017 年）》反复强调不同区段的贯通，对于"贯通"二字的理解，浦东最早提出了"三道（漫步道、跑步道和骑行道）连续贯通"的概念。"三道连续贯通"自然成为本次征集最重要的设计内容。荷兰 West8 公司和 KCAP 公司、法国 TER 公司、美国 Terrain 公司和澳大利亚 Hassell 公司这五家境外设计团队均提出了漫步道、跑步道和骑行道与整体公共空间塑造的关系以及具体设计策略。

　　TER 团队方案以人的速度（漫步时速 5 公里、跑步时速 10 公里、骑

TER 优胜方案点亮浦江东岸 22 公里

图片来源：东岸集团

国际征集评审会现场
图片来源：东岸集团

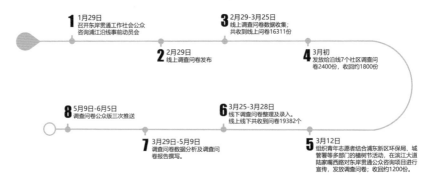

公众意见咨询历程
图片来源：东岸集团

行时速 15 公里）来组织空间布局。沿江区域人的活动丰富多样，速度较低，靠近市政道路一侧的活动则相对单一且更有目的性。所以从亲水滨江到市政道路，依次布置漫步道、跑步道和骑行道，这一设计策略被我们所采纳，经不断深化后最终实景呈现。

另外，部分团队也提出多种形式的越江方案，以及悬吊单轨公交、轻轨街、叮叮电车等交通联系方案以增加滨江的可达性。这些具有前瞻性的贯通设想，虽然在整个 2017 年两岸 45 公里公共空间建设中因时间、规范标准和技术难度等因素未被采纳，但相信在不远的未来定能实现。

吴英燕：国际征集过程中，印象最深刻的是什么？

葛海沪：除了五家国际知名设计事务所的五个优秀征集方案外，给我留下印象最深刻的就是征集过程的公开性和时效性，做到了"当天评

公众意见咨询海报
图片来源：东岸集团

以浦东滨江公共空间为主题的明信片
图片来源：东岸集团

审、当天公告、后续公开"。

2016 年 2 月 29 日,"黄浦江东岸公共空间贯通概念方案国际征集"启动。同年 5 月 18 日,方案终期评审会召开。当晚 17 点,经过一天的方案汇报和评审讨论,由郑时龄院士领衔的专家团队投票,法国 TER 团队脱颖而出,获得优胜。根据以往经验,专家意见只是决策的参考,最终优胜方案需请示领导后方可公布。但在评审现场,我们得到的指令是"听专家的,当天公布结果。"于是当晚 18 点,"东岸贯通国际征集优胜方案出炉啦!!!"的微信推文便出现在了"浦江东岸"微信公众号上。

后续三周内,我们也没对各家方案有隐瞒,而是让他们将各自方案理念、设计亮点和具体方案等分五期向社会公众一一呈现。连续六期对概念方案国际征集相关消息的推送,也创下了当时"浦江东岸"微信公众号点击量的高峰。

吴英燕:在规划设计中,如何实现公众的广泛参与?

葛海沪:"东岸公众意见咨询,问计于民,面向上海及其他城市的公众听取广大市民对东岸贯通的意见和建议,为下一步贯通工作的规划设计、改造实施提供参考依据,使东岸贯通深入人心。调查问卷共收回 19382 份有效问卷,其中线上问卷 16294 份,占问卷总数的 84%。"这是经常出现在各类工作报告中的关于东岸公众意见咨询的总结,但实际我们做得更深入、更广泛。总结下来就是要回答好三个问题。

问题 1:我们需要倾听谁的意见?

东岸 22 公里涉及新区 8 个街镇,现状沿线已有公园和开放绿地。一方面,我们聚焦本土,通过组织调研座谈会和线下问卷,广泛听取沿线街镇居民、滨江游客和周边工作人群的意见和建议;另一方面,我们瞄准专业,把问卷发放到上海各大跑团、骑行俱乐部手中,倾听这些专业跑友、骑友对慢行步道及配套设施的意见。值得一提的是,这些人中有相当一部分在工程实施阶段继续献计献策,也有设计师通过东岸贯通工程,自己成了跑友、骑友,他们无一例外地在东岸贯通后,或骑行或跑步或漫步东岸,感受着自己当年的设计成果。

问题 2：怎么获取他们的意见？

除了传统的访谈和现场问卷，我们充分发挥线上网络平台的力量，通过微信、微博、网页、手机 App 等多渠道宣传推广，收集广大网民对黄浦江东岸公共空间贯通规划设计的意见。同时，在阿基米德社区等 App 应用及线下沙龙上，以留言和观点互动的方式，形成了一系列使用体验、问题分析、愿景畅想等方面的深度讨论。

问题 3：他们最关注的是什么？

（1）最需要提升优美的自然环境与亲水体验；

（2）最需要增加丰富多元的活动场所，而不仅仅是单一绿地；

（3）最需要加强独特的历史文化氛围，增加滨江公共艺术。

针对公众对这三项诉求的完成程度，当年我们用了"基本建成""初步形成"和"尚未塑造"三个词语总结。五年后的今日，可以说是"已经建成""基本形成"和"正在塑造"。总而言之，公众需要的是更为立体的"能跑、能骑、能漫步、能体验"的滨水公共空间，从散步、跑步等传统休闲功能的承载，到观光骑行、工业遗存展示、家庭亲子等多元化场景的叠合，滨江绿地与城市中的传统公园绿地相比，被打上了更多个性化的标签，而不仅仅是功能单一的生态绿地，这也是未来东岸要着力提升的。

吴英燕：另一个体现广度的措施是开展了青年设计师竞赛单元，具体开展了哪些工作？

葛海沪：相较于概念方案国际征集的整体性，青年设计师竞赛从"活力滨江""文化滨江""生态滨江""智慧滨江"四个分主题，聚焦贯通重要节点，立足高校、面向社会，锁定 45 岁以下中青年设计师，吸纳新锐设计师的创新思想，以此作为国际征集的有益补充。

此次竞赛受到景观设计师、建筑设计师和城市规划师等的热烈欢迎和积极响应。不少公共艺术、雕塑、美术、人文地理、市政等各个专业设计师也共同参与。报名参赛者年轻化，35 岁及以下的参赛者占到报名总数的 96%。竞赛最终共收到 89 份作品，参与设计师 330 位，其中包含来自西班牙、澳大利亚、印度、法国、美国、英国等国家的青年设计师。

2016 年 3 月末，我们组织了两次现场踏勘，参与踏勘的设计师达百

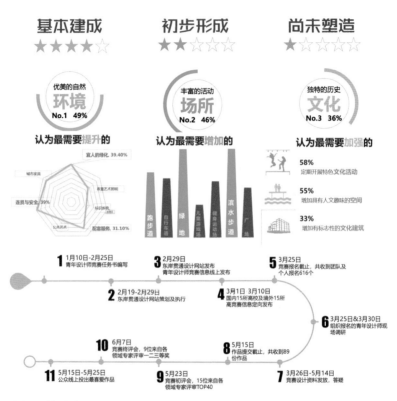

青年设计师竞赛历程

图片来源：东岸集团

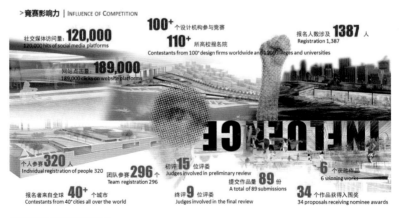

青年设计师竞赛影响力

图片来源：东岸集团

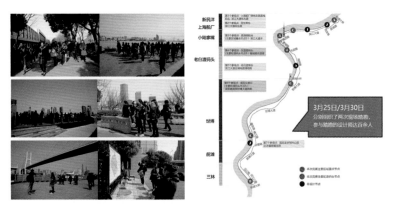

组织的两次现场踏勘，让更多设计师认识了东岸

图片来源：东岸集团

余人。这是贯通前期最大规模的发动公众行走东岸了，当时戏称"到滨江散个步，再出个方案"。

青年设计师面对当时的一个个堵点和断点，只能绕行、采取其他交通方式，甚至是爬墙张望。这些青年人或许不会想到，仅仅一年多后的2017年底，曾经的堵点都已彻底打通、断点已完全连上，他们也共同成为东岸贯通的亲历者。

吴英燕：为确保概念方案的落地，还做了哪些事情？

葛海沪：在充分吸纳概念方案国际征集、社会公众参与和青年设计师竞赛的工作成果上，上海市规划院牵头开展方案深化设计和法定规划调整工作，作为滨水公共空间的法定规划，创新性地落实了包括"三道"、重要节点和通廊、公共服务配套设施、标高和断面、建筑和桥梁、高桩码头和水岸线、防汛墙、地下空间、浚浦线等控制和引导要素，于2016年12月底形成了众创众规的东岸贯通的"一张蓝图"并获得市政府批复。这一张众创众规的蓝图，也成为2017年东岸各段贯通工程审批和实施的依据。

"共同的浦江，共享的未来！"这个经常出现在当年汇报 ppt 末页的结语也同样用来结语此文。回顾东岸贯通整个过程，已不仅局限于工程建设本身，而是以规划为引领，专家、设计师、市民公众共同参与、共同绘就的一张蓝图。广大民众以更为细节而生动的方式提出了自己的意见，可以说黄浦江东岸公共空间的建设成效是众望所归。

创新设计理念
Innovative Design Concepts

新老共生，"世界会客厅"成为城市新地标
The Global Reception Hall: A New Urban Landmark with Old-Fashioned Charm

张俊杰 / 华东建筑设计总院院长、总建筑师
Zhang Junjie / Chief Architect and Dean of the East China Architectural Design & Research Institute

"挖掘和传承项目独有的历史底蕴，将'世界会客厅'作为外滩的延伸，展现庄重的国家形象和上海独特的城市魅力。"

"(It was about) delving into and carrying on the unique historical heritage of the area, turning the 'Global Reception Hall' into an extension of the Bund, and reflecting both the dignified image of our nation and the unique urban charms of Shanghai."

"世界会客厅"夜景　The "Global Reception Hall"
图片来源：上海久事集团　Image source: Shanghai Jiushi Group

　　"世界会客厅"项目按照"中国故事、上海表达、世界客厅、共筑辉煌"的设计目标,在满足国际级重大会议文化中心的功能基础上,挖掘和传承项目独有的历史底蕴,以"新老融合共生"作为设计理念,打造国家级大型公共文化与会议活动的滨江建筑,成为"一江一河"新的城市地标。

沈健文:为什么选择北外滩打造"世界会客厅"项目?

　　张俊杰:北外滩位于苏州河和黄浦江的交汇口,区位条件独特,是上海城市中心与外滩、陆家嘴构成"黄金三角"的一个重要支点,拥有丰富的外交与港口文化资源以及深厚的历史积淀。这里曾是上海的"东交民巷",开埠以来汇聚了十余家外国使领馆;这里也是青年毛泽东送别留法青年之地和聂耳《码头工人歌》的创作地;这里还是小平同志视察

"世界会客厅"项目远眺

图片来源:玉龙光碧

浦江，商议浦东开放开发的启航地。

　　最终确定的工程范围东至虹口港、西至黄浦路上的海鸥饭店，北至黄浦路、南至黄浦江，是扬子江码头区域，原为上海日本邮船株式会社三菱码头，上海解放后由人民解放军接管，见证了上海解放后、改革开放后党和国家领导人视察上海、关心浦江两岸建设开发的历史，也是中国海军军事外交的重要场所。

　　整个项目包括陆域和水域两方面内容，是陆域与水域联动的工程。在陆域上，我们通过甄别、评估，拆除了原港务办公楼及扬子江码头1号仓库，新建了1号新楼，并将有着百年历史的2号、3号仓库进行了改造更新，将三栋楼整体改建成为具有国际重大会议接待功能的会议中心"世界会客厅"。同时，我们也改造更新了海鸥饭店，并对优秀历史建筑——原日本领事馆（红楼、灰楼）进行了保护更新。在滨江层面，我们沿黄浦江设置

了二层平台，9 米滨江礼宾平台可以作为重大国事活动的室外迎宾场所，5 米滨水层平台则设置为漫步道、亲水平台，实现滨水公共空间的开放。

沈健文："世界会客厅"处于这样一个特殊的区域，整体设计理念是什么样的？

张俊杰：在工程实施前，设计团队开展了大量而丰富的历史和现状研究，在此基础上对项目的价值有了全新认知，设计团队按照"中国故事、上海表达、世界客厅、共筑辉煌"的设计目标，在满足国际级重大会议文化中心的功能基础上，挖掘和传承项目独有的历史底蕴，以"新老融合共生"作为设计理念，将"世界会客厅"作为外滩的延伸，在设计中与外滩万国建筑群保持协调统一，同时融入运用了新理念、新模式和新技术，满足核心使用功能，展现庄重的国家形象和上海独特的城市魅力。

以外立面造型为例，"世界会客厅"建筑立面设计借鉴了传统建筑的尺度与比例，采取相似的三段式经典立面处理方式，呈现方正大气的全新建筑形象。立面石材与通透的玻璃幕墙相结合，延续滨江历史风貌的同时兼顾最大化的景观视野。

新建筑 1 号楼为与保留的 2、3 号楼的清水砖墙形成协调，立面材料经多轮比选，最终采用了金山石和光泽红两种石材。金山石是外滩近代建筑常用的石材，与外滩 12 号汇丰银行、外滩 15 号、工部局大楼等一脉相承，本次还采用了传统的镶子面工艺，成为外滩建筑的延续。同时，新建筑的壁柱考虑使用与清水红砖相似的红色花岗石，远看与清水红砖色泽相似，近看又有花岗石特有的质感和整体性。庄重典雅的石材幕墙包裹内部高大空间，将厚重历史底蕴和现代城市客厅完美融合，并与外滩周边建筑风貌相协调。

沈健文：在本次工程中，如何做好历史建筑的保护和利用？

张俊杰：工程开始前，扬子江码头遗留下的建筑已经过多次改建和翻建，历史风貌几乎丧失。经过严谨的现场甄别和调研，我们挖掘出 2 号和 3 号仓库两座建筑为 1902 年始建，由美昌洋行建筑师施美德利设计。两栋建筑虽然并未列入历史保护建筑，但是基于历史调研和价值评估，设计团队仍然参照历史保护建筑修缮的相关要求，从历史风貌恢复、墙体保护和特色构件保留等方面着手修缮，完整保留了它们的历史、科学和艺术价值。

两栋建筑在工程前已被水泥抹灰覆盖外墙，且立面遭到了较大破坏。在建筑立面的恢复上，工程队先通过手工剥除历史建筑后期外墙添加的水泥抹灰饰面，恢复青砖与红砖混合砌筑的清水砖墙外立面，后进行三维激光扫描测绘和复原设计。建筑的细节按照图纸修复原有线脚及山花装饰，拆卸并保留了具有特色的钢柱等构件，作为部分室内外空间的特色建筑元素予以再利用，以承载建筑的历史记忆。在内部结构改造方面，我们采用了"留皮去胆"的方式，将原砖木结构置换为钢结构，提升历史建筑的防火等级和耐火极限时间，并根据整体规划，将两栋建筑整体抬升至新的贯通平台高度，成为新的会议中心 2 号、3 号楼。

杨浦滨江以工业传承为核，打造不间断的工业博览带

Along the Yangpu Waterfront, Monuments to Shanghai's Industrial History

章明 / 同济大学建筑与城市规划学院教授

Zhang Ming / Professor at the School of Architecture and Urban Planning, Tongji University

"滨江公共空间建设'功在当下，利在千秋'，它对于上海整个城市公共空间格局的改变贡献巨大。对于依水而建的城市而言，滨水空间是城市建成环境中最重要的部分之一，它不仅在整个公共空间体系中有着举足轻重的作用、关乎市民日常生活体验，还体现着城市治理与精细化管理的现代化水平。这也是上海在追求实现全球卓越城市的发展中注重强调'一江一河'滨水空间复兴的原因之一。"

"The construction of public spaces along the waterfront is an effort that will benefit countless generations to come. Already, it has drastically transformed the layout of public spaces throughout the city. The government has invested a lot of money in this initiative — not out of the simple desire to make a profit, but rather to create public spaces that genuinely benefit those who use them. The considerations extended to residents, reflecting the progress that Shanghai and China have made in terms of urban governance and refined urban management."

改造提升后杨浦南段滨江鸟瞰　Aerial view of the Yangpu District waterfront
图片来源：杨浦区滨江办　Image source: Yangpu District Riverside Office

杨浦滨江南段公共空间，有大量的工业遗产，项目设计师和他的团队在这个 5.5 公里的距离上，实现了历史感、生活化、生态性和智慧型的滨江公共空间设计，从对工业遗存全面的甄别、保留与改造，到现代技术与材料的探索、再到水岸生态系统的修复、基础设施的复合化利用与景观化提升，将工业区原有的特色空间和场所特质重新融入城市日常生活之中。

董怿翎：能否谈谈您关注滨水公共空间设计的出发点和兴趣来源？

章明：1998—1999 年，我在法国访学期间，曾考察了 10 多个国家的 50 多座城市，当时感触最深的是，欧洲的这些城市经历长期发展后，是"在城市上建造城市"，他们注重文脉传承，所以城市就像一个历史的积层，丰富而多样。而当时国内还处在简单的、拆旧建新的旧城改造模式中，尚没有城市有机更新这样的理念。

欧洲的经历让我坚定了回国之后的一个主攻方向，就是既有建筑的改造和再利用。回国最早参与的一个项目就是新天地的"屋里厢博物馆"，从那之后，我们就开始持续性地关注这个领域。2008 年我们接手了南市发电厂的改造，也就是后来的上海当代艺术博物馆，这是在世博会这样一个宏大事件下，对工业遗产再利用的一次全面而系统的思考。再后来，我们也逐步涉足一些优秀历史建筑相关的修缮和改扩建工程，如严同春宅（解放日报社）、复旦大学相辉堂等，进一步探索新老建筑结合的方法。

经过多年对既有建筑再利用的实践总结与研究积累，我们开始越来越多地把注意力从建筑单体转移到建成环境中。建成环境是一个多要素的系统，需要打破专业壁垒，将城市设计、建筑、景观、市政、水工甚至艺术设计等要素整合为一个系统来考虑。

对于依水而建的城市来说，滨水空间是城市建成环境中最重要的部分之一，它在整个公共空间体系中有着举足轻重的作用，也和市民日常生活的品质紧密相关。从工业城市到后工业城市、从生产型岸线转变为生活型岸线，大量滨水工业遗产亟待新一轮转型。怎样"还江于民"，使建筑遗产能够真正融入当代生活、传承历史、彰显文化，提升整个城市的公共空间品质，是滨水空间设计的重点，也是原作设计工作室多年来致力于城市有机更新的一个重要探索方向。

董怿翎：从您的角度，如何理解公共空间对于上海城市空间的意义？

章明："上海 2017—2035 年城市总体规划"提出要打造全球卓越城市的目标。我觉得，当前上海对标纽约、东京、巴黎这样的全球卓越城市时，主要缺乏的就是公共空间品质的提升。对现在的上海来说，经济条件可能不再是最紧迫的问题，提高公共空间的品质才是进一步提升市民生活幸福感和获得感的关键要素。

我在巴黎的时候喜欢步行，因为地铁很发达，不需要开车，下了公共交通，人就可以自由地游走。中国的城市还很难做到这点。我相信，上海打造全球卓越城市的关键之一，就是要努力提升公共空间品质。早在 2002 年，上海市政府就提出黄浦江两岸综合开发规划，到 2017 年底实现杨浦大桥到徐浦大桥段公共空间的 45 公里岸线贯通，历时 15 年，得之不易。

我一直讲，滨江公共空间建设"功在当下，利在千秋"，它对于上海整个城市公共空间格局的改变贡献巨大。政府投入了大量的资金，并不是简单地获取商业回报，而是用以打造普惠于民的公共空间。这体现了城市的进步，也反映了城市治理及精细化管理的现代化水平。

董怿翎：您主导杨浦滨江南段设计时，遇到了怎样的困难？

章明：当介入到建成环境的整体设计，建筑师势必将面临更加复杂的项目条件和更加频繁的多专业协调配合。建筑师在其中的价值体现，恰恰是一种综合、平衡的思维，也就是说他要担当一个协调者的角色，使团队形成一致的价值观念。

我们是在 2015 年夏天开始介入杨浦滨江项目的，当时滨江示范段其实已经开工了。因为 2016 年 6 月份必须完成贯通。由于设计与施工几乎同时展开，场地上几乎每一处特征物的留存都面临巨大的阻力与时间压力，有些特征物几乎是在拆除的前一刻被"抢救"式地保留下来。

在这样一个状态下，我们认为最重要的在于价值观的重构——设计应打破模式化，并保有在地性和场所精神。于是我们提出了要以工业传承为核，打造历史感、生活化、生态性和智慧型的滨江公共空间，打造具有全球影响力的 5.5 公里不间断的工业博览带。

作为整个杨浦滨江南段的总设计师团队，我们将一个雄心勃勃的构想分解在每一处挖掘和设计中，消化于江边的每块碎石和每株草木里。这种宏大与细微并存的思考方式促成了一个不断成长的场所，成就了锚固于场所的物质留存与游离于场所的诗意呈现。回首既往，从最初公共空间示范段的艰难尝试，到 5.5 公里总体概念方案的一气呵成，再到 2.8 公里公共空间的全新亮相，直至 5.5 公里公共空间全面开放；从对工业遗存全面的甄别、保留与改造，到现代技术与材料的探索、再到水岸生态系统的修复、基础设施的复合化利用与景观化提升，杨浦滨江正是通过公共空间的复兴，将工业区原有的特色空间和场所特质重新融入城市日常生活之中，而从人们记忆中的"大杨浦"印象中蜕变而出，迎来新的身份认同。

芦苇丛的自然野趣
图片来源：苏圣亮

董怿翎：杨浦滨江示范段的设计，有哪些经验可以分享？

章明：首先，示范段的开放真正做到了"还江于民"，改变了曾经"临江不见江"的城市空间结构。19 世纪末 20 世纪初，上海黄浦江的杨浦滨江区域逐渐聚集了大量的工厂，沿江边形成宽窄不一、条带状的独立用地与特殊的城市肌理，同时也在黄浦江同城市生活空间之间建起了一道"隔离墙"，以至于大多数当地人都已经忘却了这片资源丰沛的滨江岸线。随着城市产业结构的调整，工厂陆续迁出，滨江空间迎来了更新发展的重大转机。在具有百年工业背景的历史区域开辟出与城市生活密切相连的滨水公共空间，是这个项目的重要价值之所在。

其次，示范段对场地上工业遗存的抢救性保留、对各厂区历史故事的挖掘，振兴了工业文化遗产，使其重新融入城市日常生活。我们将江边近百年的工业历程连通实体空间一同归还市民，让工业文明的记忆以具有时间厚度和空间深度的城市景观的方式丰富城市文化和融入城市生活。设计改变了人们对于工业遗存的旧有观念，项目的落成让以往被忽视、被拆除的工业遗存重新回到了公众的视野中。

水厂栈桥
图片来源：同济原作设计工作室

　　再次，示范段的建设激发了城市更新，改善了城市公共服务、修复了城市生态、促进了周边区域发展产业升级。公共空间建设使得工业遗产焕发生机，随着城市生态的修复和城市更新的进行，公共服务也得到大幅度提升，杨浦滨江地区的产业形态也在悄然发生深刻变化，新的办公商业在逐渐生长，住区在逐步升级，城市焕发出新的活力和机遇。

　　最后，也是示范段最具社会意义的方面，在于它是滨江公共空间转型的先行者与示范者，为后续工程提供了借鉴价值。杨浦滨江示范段于2016年7月正式对公众开放，整个黄浦江两岸45公里以慢行系统贯通为基本要求的贯通工程随即展开。在流线整合、可达性提升以及城市文化传承等方面，杨浦滨江示范段对于其他各区的建设起到了重要的示范作用。同时，对于全中国范围内的大量产业转型期的滨水工业遗产地，杨浦滨江示范段在城市更新方面所作的探索具有引领和示范作用。

1、2号码头间搭建的钢栈桥
图片来源：苏圣亮

苏州河黄浦段中石化第一加油站
图片来源：同济原作设计工作室

董怿翎：您也主导了苏州河黄浦段的公共空间设计，与杨浦滨江相比，苏州河设计有哪些亮点和特点？

章明：有别于黄浦江两岸的开阔性和城市性，苏州河的滨水空间较为逼仄，但其尺度更为宜人。

面对这条具有百年历史与丰富内涵的滨水公共空间，我们希望设计既能够"眷顾历史"又可以映射未来，提出"上海辰光，风情长卷"的总体定位，综合考虑历史、城市功能、城市肌理、特征性要素，让苏州河黄浦段形成具有差异性的水岸空间，展现"典雅精致的，有内容的，有记忆的，有活力的'海派风情博览带'"。

虽然苏州河黄浦段整体的腹地宽度有限，但在设计中，我们还是希望公共空间的步行体系、绿化体系、亲水体系等系统可以贯通或提升，故提出了五体系协调共荣的策略，包括两岸联动的漫步道、多元的绿化带、因地制宜的驿站建构筑物、连续的"马赛克"铺装艺术带、高水平的多艺术展呈带，这五个系统成为苏州河滨河空间整体性的基础。

3公里的滨水岸线以河南路桥和乌镇路桥为界，划分为东段、中段、西段三个段落。每个段落都依据空间特征强化对历史遗存进行活化利用改造的节点：比如以历史回溯和景观一体化两种策略设计通透轻盈的绿化棚架构筑物来活化原本的划船俱乐部，利用原吴淞路闸桥桥墩建构一座钢质长亭"介亭"，利用原半地下倒班房墙体，打造多层次立体观景活动空间"樱花谷"；通过建筑改造的趣味化以及开放边界等方式营造共享的城市公园"九子公园"；将加油站与咖啡厅进行叠合再生的中石化第一加油站等。

在苏州河全段贯通中，为了释放更多高品质的滨水公共空间，我们在满足安全性的前提下根据空间的需要针对防汛墙作了多种亲水化改造：例如利用两级防汛墙形成亲水平台，通过打开防汛闸门的方式增加连通性，抑或利用插板式防汛墙使得狭窄空间段拥有亲水可能等。防汛墙的处理其实体现的是滨水空间设计从"挡水"到"亲水"的思路转变，这使得城市空间呈现出更多的人性关怀与城市内涵。

苏州河黄浦段九子公园鸟瞰
图片来源：同济原作设计工作室

浦东望江驿，承载温暖和诗意的闪亮窗口
The Pudong East Bund Pavilion: Warm Memories and Picturesque Views

张斌 / 致正建筑工作室主持建筑师
Zhang Bin / Architect in Chief at ARCHINA

"（望江驿）这样的非消费性、独立自主的公共空间是颇具'上海性'的城市空间类型，我们在望江驿中看到了上海市民的主体意识、公共意识和参与意识，看到了多元并置、包容开放的现代性。"

"Non-commercial, autonomous public spaces like East Bund Pavilion are quite representative of Shanghai. At this posthouse, we can witness the shared vision and collective spirit of the city's residents, as well as a diverse and open-minded form of modernity."

浦东滨江 6 号驿站夜景　Night view of Pudong East Bund Pavilion No. 6
图片来源：吴庆东　Image source: Wu Qingdong

东岸望江驿是位于上海黄浦江贯通工程东岸滨江公共空间内的一系列服务驿站之一，为市民提供休憩停留空间和公共卫生间，广受市民好评。在"望江驿"项目设计团队的创新下，"驿站"被打造成了浦东滨江公共空间内必不可少的基础设施，并摆脱了基础设施曾经隐匿、冷峻、严肃的形象，通过与景观、地形的多维整合，形成了日常、自主、有活力的公共空间。

吴英燕：为什么将浦东滨江的驿站命名为"望江驿"？

张斌：我们希望驿站能以平易近人的氛围为市民提供支持和服务，同时更能够强化场地自身的特性，让建筑有机会成为风景的放大器。"望江驿"这一命名也是由此而来，凸显了驿站的双重诉求。

我们将每一个望江驿设计成了由两部分构成：一侧是相对封闭的公共卫生间，另一侧则是布置有信息导览和发布、阅读书架等服务设施的开放、通透的公共休息室。

当这两部分空间形成左右布局时，我们首先要考虑驿站休息室的开放性与面江视线的最大化，其次则是在宏观尺度上考虑休息室的对外视线对于小陆家嘴中心区的关照。

对于这两部分之间，穿越建筑的有顶通廊，要连接背江一侧的骑行道和面江一侧的跑步道和漫步道，在其中考虑布置自动售卖机、储物柜、冷热直饮水、共享雨伞机等便民设施。

而整个沿江一侧包括休息室的侧面都是深广的檐下平台空间，靠墙设有坐凳供市民小坐，无形中增加了市民的观江休憩空间。

吴英燕：在设计过程中，如何考虑望江驿与滨水公共空间的关系？

张斌：在黄浦江两岸打造世界级水岸空间的进程中，我们将目光投在与公众生活联系最为紧密的小型公共设施上，关注其对公共交流的触发、对城市活力的唤醒，关注建筑空间与各类人地要素相互联系、作用、耦合后涌现出的新内涵、新结构、新功能。

两岸贯通以"还江于民"为宗旨，体现出城市的开放姿态和人性关怀。沿江漫步道、跑步道和骑行道的"三道"贯通，通过路径系统将滨江开放空间串联起来，形成沿江展开的空间引导，同时通过一系列向城市内部延伸的空间脉络形成垂直于江的空间引导。

线性的贯通"运动"空间增加了事件发生和公众互动的可能性，而22个点状的望江驿则为其补充了"停留"的休憩空间。望江驿作为贯通工程中必不可少的城市基础设施，我们希望摆脱基础设施历来隐匿、冷峻、严肃的形象，通过与景观、地形的多维整合，形成了日常、自主、有活力的公共空间，增强了浦江贯通的场所体验。

这一系列位于上海中心最具有公共性的滨江空间的微小驿站给了我们机会来探讨建筑与风景的关系，以及微观场地与宏观公共空间及城市标志物的关系。

我们希望望江驿能够形成对公众的行为引导和对空间自由使用的鼓励。人们可以随着三角天窗光亮的指引，穿过低矮亲切的通廊走向江岸，屋顶配合身体的运动渐次升高，通廊尽端外的江景在视野中缓缓显现，冲破高敞的屋檐；来到望江檐廊上，豁然开朗，视线向下，江面在粼粼波光中水平展开，与江边或散步或奔跑的人影共同构成流动的风景。两侧廊下的长凳会吸引人们安坐下来，悠闲地观赏江景。

隔着闪烁的江面，对岸的城市或隐或现，在树丛之后，或在人们面前水平展开，有一种特别的宁静之感。当人们走下檐廊，来到漫步道或

浦东滨江 6 号驿站室内
图片来源：吴庆东

亲水平台，浦江两岸壮丽的城市天际线一览无余。

吴英燕：望江驿从设计到完成建设，面临的最大挑战是什么？

　　张斌：2017 年 9 月，我们在陆家嘴北滨江完成了第一个望江驿，同年 11 月在前滩休闲公园我们完成了第二个望江驿的改造设计，2018 年浦东新区将望江驿作为东岸贯通的标准配套设施。

　　前两个望江驿从设计到完工都分别只有 1 个半月左右的时间。而后 20 个望江驿的总设计施工周期更是仅有 2 个月时间，以常规设计及建造的程序几乎无法完成。这也是我们面临的最大挑战。

　　为了平衡极短工期与我们对于完成品质、空间体验的最大诉求之间的矛盾，我们设计了一个标准统一的建筑形制。同时，根据不同的场地条件和地形特征，归纳了数种有差异的落地类型，在基础结构形式和场地标高关系上各不相同。建造上采用以胶合木结构为主的钢木混合体系，来实现质量可控的超快速建造。

　　我们利用当代施工企业在施工组织、结构优化及细节处理上具有的自我协调能力，通过设计与施工的高度整合和合理切分，来达成极短工期内空间品质及综合效应的最大化。最终，在极其紧张的设计和施工周期内，我们完成了从杨浦大桥到徐浦大桥的整个东岸贯通带共 22 个驿站的布局，每公里一个，沿江排布，为市民提供休憩、停留的空间和公共卫生间。

吴英燕：现在望江驿已全部投入使用，看着它们伫立在东岸边，您的心情如何？

　　张斌：作为联结宏大抽象的城市空间和细小俗常的日常空间的重要节点，在滨江公共空间中的望江驿成了观察市民公共生活的生动场所。通过对此类空间的自由享用，人们确认了闲暇和娱乐并非必须和消费关联，感到自己和这个城市的密切联系。

　　这样的非消费性、独立自主的公共空间是颇具"上海性"的城市空间类型，我们在望江驿中看到了上海市民的主体意识、公共意识和参与意识，看到了多元并置、包容开放的现代性。

　　作为建筑师，我是感到喜悦的。

浦东滨江鳗鲡嘴儿童乐园 19 号驿站

图片来源：东岸集团

静安苏河湾，海派城市人文水岸带
Winding Through Jing'an: A Waterfront's International Past

钟律 / 上海市政总院专业总工程师
Zhong Lü / Professional Chief Engineer of Shanghai Municipal Engineering Design Institute

"我的工作就是把过去的故事和现在的创造结合，思考时间轴线和空间形态所留下的不同维度的复杂肌理，让人们可以停下脚步，阅读城市。"

"My job is to combine stories of the past with creation in the present, to consider the complex legacy of different eras and spatial layouts, and to give people a chance to slow down and 'read' their city."

苏州河静安段总商会旧址　Site of the former Chamber of Commerce in Jing'an
图片来源：澎湃新闻　Image source: The Paper

苏州河静安段以"阅读静安·诗话苏河"为设计理念，以"整体、典雅、人文、精致"的原则，扎实推进"静安苏河湾"公共空间提升工程，用人文生态文化景观全力打造人民城市的温情岸线和国际滨水商务活力承载地，艺术化定制公共空间，并全方位、全覆盖地实现精细化建设要求，塑造"可骑行、可游憩、有历史、有故事，诗意栖居"的静安苏河湾。设计团队通过"阅读静安""穿梭·畅想""诗话苏河""苏河之声""马路印记"等亮点为漫步苏州河静安段的市民营造出全新的滨河体验。

沈健文：当参与苏州河两岸（静安段）公共空间设计时，您有哪些思考？

钟律：上海"一江一河"承载着城市的历史文脉，是城市发展的重要轴线。苏州河沿岸公共空间整治工程作为"上海2035"城市总体规划的重要一环，此次苏州河两岸（静安段）公共空间贯通工程不仅仅是一项单纯的建设工程，还是民心工程、社会治理，我们所表达的，更像是一次城市空间的文化回应。

我们正处在一个设计变革的时代，融合创新，既是机遇也是挑战，"跨界杂糅"是设计打破传统的方式。作为城市空间更新的介入者，重拾并观察这些城市碎片，对于在大规模的更新过程中保留城市的历史足迹有着重要的意义。

城市文化地景将城市建成环境看作一个系统的复合体，通过历史文化保护、地域特征保留、特色空间营造、日常生活优化、生态环境治理等手段，将城市空间视作生态连续、多元复合、场所绵延的完整景观体系，使之成为与人类社会共同演进的、具有很高自然和人文价值的、可表达及可阅读的"文化意象"。

沈健文：苏州河静安段的设计定位是如何形成的？

钟律：我们希望在空间的局限里寻找无限的可能以景观叙事"链接"美好生活，用创意传承"场所精神"。

多年来，在大量实践案例积累中，我一直思考着，如何以文化韧性融入精细化设计角度，践行原创的"景感空间"理论，将人文、社会、生态三者高度融合，打通各个专业之间的界限，构成平衡的"景感"空间。

我的工作就是把过去的故事和现在的创造结合，思考时间轴线和空间形态留下的不同维度的复杂肌理，让人们可以停下脚步，阅读城市。景观叙事跨越了永恒与瞬间、群体与个人、秩序与无序的边界，在其原本的空间中类叠着新的故事线与逻辑线，同时也启迪着我们寻找超越传统的增量发展以外的文化韧性力量。

在接到设计任务之初，我带着设计团队在苏州河静安段公共空间区段拍照采风，边拍边和团队分享"观看之道"，通过多次现场实地踏勘、海量资料搜索、在头脑风暴中碰撞出创意与亮点。通过多元跨界，专业融合，共同探讨设计方案的可行性，最终为静安段苏州河打造了诗意栖居的"花园式街区"水岸，通过纳入时间要素、文化认同、情感共鸣，搭建"与城市共情"的文化水岸，链接人与人之间的心灵交流，触发群体的城市记忆。

设计团队充分利用该区段滨水空间与周边地块结合渗透，重点打造"花园式街区"的水岸节点。溯源周边建筑历史文脉，塑造新老时空对话场景，赋予苏州河静安段滨水景观独特的品质与底蕴。

沈健文：改造后的苏州河静安段滨水公共空间有哪些特点或亮点？

钟律：我们在一些细节上下了很多功夫，希望公众可以体会到我们的小心思。

一个是"阅读静安"——提炼苏州河沿岸建筑符号，镌刻在河畔凭栏。我们将城市记忆雕琢在防汛墙的侧线条上，局部选用老上海的 ART DECO 建筑装饰符号，并镶嵌复古马赛克。防汛墙运用了预制混凝土定制样式，艺术化呈现了材料的质感，传承历史厚重，并与环境融合。晚间还

苏州河静安段设计细节
图片来源：澎湃新闻

能透光的混凝土与灯带形成星光墙体，呈现浪漫风情。

第二个创意点是"触摸苏河"，我们在防汛墙部分顶面上镌刻了建筑故事铭牌，让建筑可阅读，同时配了盲文版本，建筑符号的刻度深浅按照盲人可触摸的标准定制，将文字化为盲文，盲人能感知建筑的形态与故事。让城市诗意飘荡在苏河水岸，塑造可倚靠、可触摸、可阅读的凭栏滨水空间。

另一个有意思的设计叫"穿梭·畅想"。在河南路桥下，我们充分转化消极空间，以连环画、摄影作品的方式，表现"静安穿梭"的意境，步移景异，给人一种视觉体验，展现静安的城市变迁。

我们提炼了1921至2021静安百年间的时光，融合生活场景与城市风貌的画墙，贯穿在桥廊之间。桥廊处，运用锈色耐候钢板剪影装置，再现老上海的车水马龙，定格中国民族工商业繁荣的时空场景。剪影元素取材于1935年《商业月报》杂志封面上的总商会建筑样式。

再一个亮点，我们称之为"诗话苏河"。我们联合《新民晚报》面向全国征集静安苏河诗歌，共获得1403首，评出得奖作品21首，将获奖作品镌刻于滨水栏杆上。并与作家赵丽宏先生的《苏河夜航》《童年的河》进行文学对话，为城市取样。我们希望构建场所精神，共谱人民书写的水岸，人文阅读的河流，城市关怀的滨水。

还有"苏河之声"，上述诗篇由《新民晚报》甄选佳作一百首，以供游人聆听的方式散落于静安苏河湾近百处停留休憩空间，我们将之转化为二维码镌刻在座椅上。游人轻扫，即刻跨越时空，触摸城市温情，耳畔独享，聆听滨水诗篇。我们还邀请了过传忠、曹雷、刘家祯等艺术大家，潘涛、吴斐儿、尹红、李元、赵覃等播音大拿以及"夏青杯"朗诵大赛获奖残障人士团队为诗词赋声，并请东亚语言文化学者王彦之担纲诗词的中英文翻译。

最后值得一提的是"马路印记"，我们挖掘了区域历史底蕴，将周边商贸特色历史街区的版图，与历史建筑符号转化为地刻线条，融入滨水景观。于步道方寸间勾勒苏河记忆，行走间感知时光交错的城市意象。将消逝的"路名"镶嵌在70余米长的景观墙上，留下了静安时代变迁的市民情感。

协同多方主体
Cooperating with Multiple Parties

开阔背后的故事：沿线企事业单位支持滨江贯通

The Story Behind the Wide, Open Spaces: How Companies Supported the Connection of the Riverside Corridor

姜澳米 / 黄浦区滨江办副主任

Jiang Aomi / Vice Director of the Huangpu District Riverside Office

"在贯通推进过程中，沿线单位及央企、市级各大企业集团，不回避、不退缩，以敢啃硬骨头的韧劲，克服困难，打通了全部断点，为贯通工程顺利进行提供了良好条件。"

"Throughout the process of connecting public spaces along the river, entities in the construction zone — including state-owned and municipally owned companies, as well as private groups of different sizes — agreed without any objections or reluctance to relocate from the area. Their willingness to face the challenge head-on created the conditions for the smooth implementation of the interconnection."

黄浦滨江世博段　Expo site along the Huangpu riverfront
图片来源：黄浦区滨江办　Image source: Huangpu District Riverside Office

黄浦滨江岸线总长约 8.3 公里，集中承载了上海开埠后历史文化的发展和传承。沿线主要包括老外滩万国建筑博览群、老码头、南外滩金融集聚带、原世博浦西段、江南造船厂原址等重要区域。针对原世博浦西段和南外滩段新一轮的公共空间建设的难点区域，如：世博段土地权属仍存在争议，需要跟原权属单位充分协调；南外滩段存留大量需要继续使用的市政码头设施，需要统筹考虑。因此，黄浦滨江公共空间建设离不开沿线企事业单位的大力支持和配合。

董怿翎：世博浦西段的重新开放是如何得到沿线企事业单位的支持和配合的？

姜澳米：世博浦西段是黄浦滨江贯通过程中最难啃的硬骨头，包括南浦大桥下空间开放、绕行远望 1 号及三个船坞方案、卢浦大桥下泵站等多个难点问题。

在世博区域，我们最多的时候有三套管理团队。一个是江南造船厂的，这片区域大部分的土地权属还是他们的，他们自己有个管理团队。另一个是地产（世博）集团的，作为市里明确的世博区域管理主体，既要承担本集团土地的管理，也要统筹江南厂来管理整个区域。最后就是我们黄浦区的。要贯通这个区域，就要统筹协调好这三家单位。

那时候，由于整体收储没有完成，这个区域自世博会后就一直封闭着。要打开、要建设，都是要到人家的土地上，建设的程序、路径上有难度，各家也有自己的想法，对贯通建设和后续管理多少有点避难情绪。我们多次协调，不停地讲"还江于民"的理念，明确这是一个民心、民生项目，代表着全市人民对美好生活的向往和期盼。

央企及沿线的企事业单位最后都高度认可我们的贯通理念，其实黄浦世博区域的公共空间都不是区里的土地，但在他们的支持下，完成土地谈判前就先通过"借地"来实现"临时"腾让，让我们来做贯通。

最终，在市住建委、市"一江一河"办的具体指导下，在市规资局、路政局、水务局、海事局等相关行业部门的关心支持下，在地产（世博）集团、江南造船集团等企业单位的大力配合下，我们集中精力打赢了一个又一个攻坚战，顺利打通了沿线断点，实现了黄浦滨江 2017 年 6 月底率先基本贯通。

董怿翎：重新开放后的滨江世博园区有哪些亮点？

姜澳米：世博浦西园区自 2010 年世博会结束后就关闭了，一直都处于封闭状态，所以，第一个亮点就是把它贯通开放。这当中主要是在南浦大桥跟卢浦大桥之间，将外马路与苗江路辟通，把卢浦大桥下方的空间打开。

另外，我们充分利用世博会原有建筑与场地，因地制宜，形成"一带三道七园"景观（"一带"即指滨江岸线绿带，形成连绵起伏的林冠线景观；"三道"即指由漫步道、跑步道、骑行道构成的绿道景观；"七园"即指因地制宜形成的杜鹃园、月季园、岩石园、琴键春园、秋园、草药园、草趣园）；整修开放了 11 个观景平台，供市民一路亲水观赏；完善配置公厕、饮水点、轻餐饮、停车场、市民驿站等服务设施。对于市民来说最有感受的就是 56 盏火焰灯，我们通过修复把它们重新点燃，把世博会的一些标志性的符号保留下来，同时这些火焰灯也成为整个黄浦滨江的一大特色。

黄浦滨江不断推动文旅、体育等设施的规划布局和投入，显著提升空间品质和活力，为广大市民健身休闲创造良好条件。充满文化韵味也是黄浦滨江的一大特色，这里沿线有当代艺术博物馆、世博会博物馆等多个文化休闲的场所，充分挖掘资源为市民和游客提供文化艺术的享受。

在确保防汛安全的基础上，我们在防汛墙上逐步探索了艺术墙、文化墙处理，因地制宜地把黄浦滨江沿线的一些历史文化在防汛墙上呈现出来。另外，沿线已经设置了 5 处小品雕塑，兼具象征性和艺术性。同时，我们合理利用公共空间，由区文旅局牵头举行文化周周演活动，已开展了包括"一带一路"国家风情舞蹈、"三毛哈哈秀"等多场活动，来自美国林肯爵士乐中心的爵士乐队也在黄浦滨江献演爵士乐专场秀。我们希望市民在享受黄浦"三道"贯通过程中，能够享受更多的文化大餐，同时也能有绿化、景色呈现给市民。

开展休闲体育健身活动也是黄浦滨江的一大特色。"三道"贯通开放以来，黄浦滨江世博浦西段已然成为周边市民休闲散步的必选之地，不少游客也慕名前来打卡，该段被评为"上海最美健身步道"。自开放以来，黄浦滨江世博浦西段成为上海国际马拉松的必经之地，中国高校百英里接力赛总决赛、元旦迎新跑、七一跑、八一跑等重大活动也在这里举办。结合滨江公共空间，我们因地制宜推进嵌入式体育设施建设，新增足球、篮球、羽毛球、网球、轮滑等运动场所，陆续开展各类小型、多样的全民健身活动。

未来，我们还将结合市民的实际需求，进一步健全配套服务设施，重点提升品质、文化、体育内涵和功能，全面实现休憩、观光、健身、交往等户外公共活动功能。

董怿翎：与世博浦西段相比，南外滩段公共空间建设面临的难点问题有什么不同？在建设过程中，是如何克服的？

姜澳米：南外滩滨水岸线长约 2.2 公里，与世博浦西段不同，南外滩的沿线原设有 4 处渡口、3 处市政设施码头、黄浦海事局码头和多个经营性码头，经营性岸线、市政设施多，清退工作是最大难点。

在交运集团（轮渡公司）支持下，东门路、复兴路、董家渡路、陆家浜路四处轮渡站实现了二层平台贯通。结合滨江公共空间建设，统一设计，合并实施，同步竣工，实现了跨轮渡站的空间开放、景观提升。

环卫码头、污泥码头、城投作业码头等市政设施码头也实现了搬迁。原环卫码头和污泥码头承接着黄浦区粪便中转、生活垃圾渗滤液排放、湿垃圾处置、车辆清洗、渣土垃圾中转等职能。区政府多次研究，收购腹地地块建筑（中山南路 1157 号摩登假日酒店）用于新建环卫设施综合楼，解决环卫粪便和市政污泥等中转作业以及环卫作业车辆停车需要。同时，运输方式也有转变。我们采用陆运代替水运的方式，关闭了环卫码头和市政污泥码头；城投作业码头承担着黄浦江水上漂浮物打捞清理的职能，在市交通委、城投集团支持下，整合了沿江岸线作业码头，实现了搬迁，同时进一步增强了黄浦江水域打捞清理的能力建设，确立长效机制，维护了黄浦江核心段的环境卫生整洁。

黄浦海事局码头是通过安置过渡实现了贯通。黄浦海事局承担黄浦江核心区段的水上安全监管，为支持滨江改造，黄浦区政府提供岸线周边且满足海事局管理职能的办公用房，作为安置用房，实现海事局码头临时过渡。

专用岸线经营性功能也做了调整工作。南外滩 2.2 公里涉及一批经营性项目，如希仕会游艇码头、浩圣游艇会、巴富仕游艇俱乐部、浦江游览龙船、帝龙海鲜舫、老码头阳光沙滩等。市、区各部门合力推进，全面完成沿线用作经营性项目的专用岸线清退，实现了 2.2 公里的"还江于民"。

在贯通推进过程中，南外滩沿线单位及央企、市级各大企业集团，不回避、不退缩，以敢啃硬骨头的韧劲，克服困难，打通了全部断点，为贯通工程顺利进行提供了良好条件。

董怿翎：黄浦滨江南外滩段建设和贯通后有哪些亮点？

姜澳米：在南外滩滨水区，我们通过几个重点项目来提升滨江品质。

一是南外滩滨水区 2.2 公里综合改造工程。项目北起复兴东路，南至陆家浜路，将建成波浪形亲水平台岸线。其创意起源于将上海老城厢鱼骨形的城市结构在黄浦江边汇合，让城市敞开，吸引人群回到水边。在鱼骨形的城市老街道和江边相交接的滨江地区拓展出一个弧形观景平台，设置与防汛功能结合的滨江平台入口，升高筑台形式的观景平台，有透光顶棚，保证视觉通透，同时也提供遮风避雨的平台入口。并与老码头风景区、董家渡金融城、岸线贯通配套项目（南浦地块）形成联动。

二是南外滩滨水区董家渡景观花桥工程。项目北起万豫码头街，南至利川码头街，创造性地将滨江平台在该段予以抬升。借助景观连接通道的构建，跨越现有轮渡站、防汛墙、外马路和中山南路，形成衔接周边的滨江岸线。未来新金融区将在董家渡拔地而起，鳞次栉比的高楼大厦将在南外滩滨水区打造出一道美丽的风景线。在场地中形成连贯、便捷的交通系统，在满足滨江贯通的同时，宽敞整体的景观平台提供了充分的活动空间，形成与世界级滨水岸线相匹配的观景平台、活动中心。从浦江中正在行驶的船只或停靠在董家渡轮渡码头的渡船望去，整体景观平台的立面看起来像是一道斜坡状的、曲线柔和起伏的立面。

三是外马路品质提升工程。其中包括复兴东路人行天桥改造工程、复兴 1—5 库整治工程、沿线绿地工程、南浦地块房屋征收开发项目等。

黄浦滨江南外滩夜景
图片来源：黄浦区滨江办

沿线主体积极配合，腾让徐汇滨江千余亩公共空间

Freeing up More than 67 hm² of Public Space on the Riverside in Xuhui District

叶可央 / 上海西岸开发（集团）有限公司副总经理

Ye Keyang / Vice General Manager of the West Bund Development (Group) Co., Ltd

"希望你能支持我们，我们现在和你们一样，就是打仗，没有理由可以讲，贯通工程不讲理由，只讲目标。"

"I hope you can support us. We're now just like you: we're fighting alongside each other."

徐汇滨江公共空间　Public spaces along the riverside in Xuhui District

图片来源：西岸集团　Image source: West Bund Development (Group) Co., Ltd

这一轮公共空间建设期间，徐汇滨江涉及 11 家单位的动迁。在各单位的理解和支持下，先行腾让土地，通过约 500 天的工程推进，完成了动迁、建设任务，最终实现 1000 余亩滨江一线空间的腾让，实现新建道路 5 公里、5 座桥梁、建成开放 50 万平方米开放空间。

吴英燕：这一轮公共空间建设和提升主要的范围是什么？

叶可央：从徐汇和黄浦的区界（日晖港）一直到徐浦大桥，这段岸线约 8.4 公里，在本轮贯通工程中，要新建道路 5 公里、有 5 座桥梁、建成开放 50 万平方米开放空间。不仅仅是跑步道、漫步道、骑行道的贯通，也要完成市政道路和桥梁的全部贯通。

吴英燕：在徐汇滨江贯通过程中，面临的难点是什么？

叶可央：一个是时间紧、任务重。徐汇段贯通一共用了 500 天的时间，倒推一下，2016 年七八月份接到市里通知，到 2017 年 12 月 31 日全部贯通。标志性的节点就是 5 座桥梁（日晖港桥、龙华港桥、张家塘港桥、春申港桥、淀浦河桥）全部建成，因为桥梁建设还涉及汛期、水上运输等条件限制，特别是淀浦河桥，建设周期是最长的。

另一个就是土地腾让。徐汇滨江的动迁量占到了本轮黄浦江贯通工程动迁量的 80%，涉及 11 家单位的动迁，需要腾让出 1000 亩（1 亩≈ 666.67 平方米）的土地空间。主要涉及云峰油库、某部队用地、林产品公司、锦江集团、城建集团、电气集团、市划船俱乐部、长桥水厂、交运轮渡站、白猫集团、良友集团，特别是"两管两库"，就是水管和油管，粮库和油库。

"两管"：一个是长桥水厂水管，是给整个浦西地区居民生活用水供应非常重要的一个站点。另一个是云峰油库的油管，这根油管经龙水南路到徐浦大桥，一直给虹桥机场供油，它的供油量占虹桥机场总量的 60%～70%。

"两库"：油库是云峰油库，云峰油库里还有中航油，中航油是给浦西 100 个加油站点保障能源供应的。粮库是上粮六库，这个历史更久，最早是军事管辖区，属于粮食保障地，腾让后还保留着站岗的堡垒。

徐汇滨江中航油油库段前后对比

图片来源：西岸集团

　　上粮六库里有 10 万吨左右的粮食，这个粮库也非常有意思，分三种仓型，平层仓、楼层仓和筒仓。平层仓特别有意义，我们把这个平层仓基本都保留下来了，这是 1958 年东德援建中国造的。粮库冬暖夏凉，通风非常好。20 世纪 70 年代，我们造了很多楼层仓和筒仓。上粮六库动迁以后，我们也尽量把这样的元素保留下来。

所以当时动迁的包括"两管两库",从启动全面动迁和完成贯通,也就一年多的时间,往往是边谈判、边做设计方案,还要倒排时间,希望沿线的企业按照我们工程时间来完成交地。

吴英燕:这么短的时间,一共有 11 家单位完成了动迁,你们是如何做到的?

叶可央:这一轮公共空间建设是市委、市政府的重点工程,更是民生、民心工程,市级层面给予了大量的支持,也获得了沿线企事业单位的理解和支持,区级层面在市里的指导下做了大量协调工作。特别是 2017 年 11 月 4 日,时任副市长的陈寅同志在龙美术馆开了一个先行腾地的会议,要求市属单位支持贯通工程先行腾地。各家单位也都按照要求,充分理解,先行腾让了涉及公共空间但还在谈判过程中的土地。因为有这样的支持力度,我们才能用一年不到的时间把这些土地腾让出来。

吴英燕:在与所涉单位沟通中,有印象比较深的事情吗?

叶可央:从徐浦到卢浦,两桥之间全线贯通了。这与世博时的改造有同样的特点,就是工期太紧。我记得很清楚,我们为云峰油库腾地跟部队打交道。这个部队的一部分地交给云峰油库经营,给虹桥机场供油。当时集团领导带我跟他们谈判,需要占用中午休息时间,我们确实没有时间,因为我们的时间是倒推的。我记得被带到他们一个处长办公室,强行打扰他们,说要他们支持,地给我们腾出来。

我们去了好几趟,在第二趟的时候,他跟我们领导讲了一句话,他说你们这样不累吗?我们说没办法,我们工作必须这样。第二句话他说,你们做每件事都这么急吗?我们说我们确实做每件事都很急,希望你能支持我们,我们现在和你们一样,就是打仗,没有理由可以讲,贯通工程不讲理由,只讲目标。我记得市里领导讲得很清楚,"不打折扣,不降标准,不搞变通",没有理由,必须完成,这是给全市人民的一个承诺。

搭建三级协商平台，苏州河岸线"断点"变"亮点"

Building a Three-Level Consultation Platform and Connecting the Dots Along Suzhou Creek's Shoreline

王庆滨 / 普陀区建设和管理委员会主任

Wang Qingbin / Director of the Construction and Management Commission in Putuo District

"苏州河普陀段获得了沿线居民和各单位的大力支持，因为我们在推进岸线贯通的同时，多措并举'切实提高老百姓家门口的滨河空间品质'，让市民享受更多、更高品质的滨水公共空间。"

"The Putuo District stretch of Suzhou Creek has received strong support from residents and other organs located in the construction zone. In addition to connecting the shoreline, we also adopted multiple measures to 'effectively improve the quality of riverside space at the doorsteps of ordinary citizens', so that the public can enjoy a larger and higher quality waterfront public space."

普陀区相关职能部门与居民沟通协商　Communication and negotiation between residents and relevant departments in Putuo District

图片来源：普陀区宜川街道　Image source: Yichuan Sub-District Office of Putuo District

苏州河普陀段流经 18 个弯道，两岸大量的工业文化遗产、特色学院建筑群、历史底蕴桥梁等是一笔丰富的文化遗产和资源。普陀区积极对标黄浦江贯通典范，"一点一案"有序推进，协调从居民到企业的公共空间腾让，完成 21 公里岸线公共空间的贯通开放，最大程度还河于民、还景于民、还绿于民。

吴英燕：普陀区苏州河所占岸线长度为全市之最，贯通推进的整个过程是怎么一步一步走过来的？

王庆滨：普陀区于 2018 年 10 月全面启动苏州河普陀段综合整治工程，经过两年多的重点建设，从拆除违建，打通围墙，到辟通道路，最大限度地还河于民，还景于民，还绿于民，苏州河两岸公共空间绿地大幅增加，岸线开发品质显著提升。

2019 年，普陀区由区建管委牵头、协调各相关部门共同编制完成了《苏州河普陀段断点贯通计划任务书》，明确了全线 19 个断点的贯通方案、腾地需求、改造内容，针对南北岸 M50 创意园、天安阳光岸线、长风 1 号绿地、木渎港等重要点位和重点工作做了详细的实施方案。至 2019 年底，全区实现 17 个断点打通。

2020 年，普陀区进一步重点提升岸线景观品质，同时在工程推进过程中摸索出新的模式，通过搭建三级协商平台（即区级部门平台、街道居委会平台、居民区平台），多元联动推进贯通。2020 年 6 月，半岛花园小区岸线段实现提升。7 月，康泰公寓小区岸线段作为全市首个小区权属岸线段实现提升，提升工程结合老旧小区修缮同步推进。8 月，大华清水湾二、三期岸线实现提升。此外，大华清水湾一期、中远两湾城 2 个"硬骨头"都实现了重要突破，2020 年底前均启动施工。

至 2020 年底，苏州河普陀段岸线 19 处断点均实现贯通，近 10 公里防汛墙完成"一改二"，91.2% 的苏州河水岸完成提升工程，滨水空间品质大幅提升。

苏州河普陀段重点提升了岸线景观品质，加强了腹地渗透，推进了滨水区域与沿线公园、绿地、园区的连通，丰富了两岸公共空间功能和内涵。

吴英燕：在这个过程中，有哪些难点？

王庆滨：苏州河普陀段岸线全长 21 公里，占中心城区岸线长度的 50%。由于历史原因，综合整治前，河岸公共空间被沿线居民小区、企事业单位等设立围墙、门等隔断，隔断岸线长 6.05 公里，涉及居民小区、中央企业、院校等权属单位，断点 19 处，占普陀区岸线总长度的 28.8%，不利于系统发挥作用，也影响市民的贯通体验。

吴英燕：如何让沿线居民小区的业主有意愿让出公共空间？

王庆滨：涉及居民小区段岸线的贯通工程，需要小区居民"让"出岸线。启动初期，因一些市民担心贯通后小区安全问题而几度引起争议。为此，普陀区坚持居民的事情商量着办、企业的事情合作着办，将协商贯穿于贯通工程的全过程，通过搭建三级协商平台，突出多方联动，充分重视不同个体的需求，最终达到认同和共赢。

吴英燕：哪些部门参与了和居民的协商过程？

王庆滨：一是区级部门平台，针对居民的顾虑，由区建管委牵头联合区内相关职能部门开展多轮沟通，就居民关心的权属问题、贯通后物业管理范围以及小区安防措施提升等进行沟通和解答。

二是街道居委会平台，针对居民担心的问题，属地街道和居委会积极发挥作用，通过例会制度，协调小区业主需要和公共需求之间的平衡。

三是居民区平台，通过红色议事厅，由党建引领"三驾马车"（居委会、业委会、物业公司）共同推进，向居民展示改造后的效果图，收集居民需求和意见。通过优化安全设计方案、加装电子围栏，打消居民对贯通后小区安全的顾虑。同时对小区沿河门禁进行系统提升，实现从小区直接进入沿河绿地的可能。半岛花园、苏堤春晓等 14 个小区，以及 M50 艺术产业园、创享塔等数个园区分别从河岸一线退让，腾出南北岸公共空间。

吴英燕：除了居民小区外，还有哪些单位配合了岸线贯通？

王庆滨：结合苏州河沿岸丰富的工业文明记忆和普陀区特色文化，

普陀区大力推进涉及院校、中央企业、商业地块等岸线的贯通工作，上海印钞有限公司、华东政法大学、上海汽车集团股份有限公司、上海烟草储运公司、中国盐业集团有限公司、上海贸易学校、江南场创意园、上海园林（集团）有限公司等8家单位都对各自围墙进行不同程度的退让，对苏州河贯通工程给予极大支持，体现企业担当和社会责任。

苏州河普陀段获得了沿线居民和各单位的大力支持，因为我们在推进岸线贯通的同时，多措并举"切实提高老百姓家门口的滨河空间品质"，让市民享受更多、更高品质的滨水公共空间。

吴英燕：在公共空间建设中，如何切实提高了老百姓家门口的滨河空间品质？

王庆滨：具体来说，首先用"铺绿"手法，依托自然本底，构建亲水宜人的绿色岸线，集中增加绿地公园和开放公共空间。其次用"穿线"手法，推进综合慢行系统建设，设置漫步道、跑步道、骑行道，在全程贯通的同时，让市民享受一线滨水优先权。东段（安远路—曹杨路桥）以漫步道为主；中段（曹杨路桥—内环线）局部有腹地空间，除漫步道外，增设中线跑步道；西段（内环线—泾阳路）空间开阔，结合岸线公园建设，设置漫步道、跑步道、骑行道。

再次是"缝合"手法，架设"百禧云桥"等跨河慢行桥梁，衔接两岸滨水空间。还有"镶嵌"手法，结合沿线历史建筑，打造重要节点，在保留原有工业文化元素的同时，融入现代特色，让老建筑焕发新生机。

"覆盖"手法用于设置"苏河水岸驿站"，提供更多的便民服务设施，丰富岸线功能，提升滨水活力。而"流淌"手法将串联水上码头，重启水上游览观光，增加水上观光线，形成水路联动的商业综合业态。

最后，我们用"激活"手法完善滨水街区功能规划，通过环境塑造，完善街区功能，提升滨水街区品质，激发街区活力；用"点亮"手法集中打造全线滨水特色主题空间。

至2020年底，苏州河普陀段岸线初步形成包括健身跑道、半岛花园段绿道、"百禧云桥"跨河慢行桥梁、长风大悦城、梦清馆、上海纺织博物馆、上海造币博物馆、创享塔、M50艺术产业园等在内的活力空间示范区。

百年校园融入滨河景观，
"苏河明珠"呈现"最上海"城市文脉

Integrating a 100-Year-Old Campus Into the Riverside to Create a Cultural Landmark

郭为禄 / 华东政法大学党委书记

Guo Weilu / Party Committee Secretary for the East China University of Political Science and Law

"坚持校园全面开放，融入城市发展，是我们学校对上海这座城市的应有担当和社会责任。同时，长宁校园的改造提升关系到广大师生切身重大利益，我们会以开放心态来充分展示一流政法大学的风采。"

"Our decision to open up the campus and integrate it into the city was based on a sense of social responsibility toward Shanghai. At the same time, the transformation and enhancement of the Changning campus is also in the interests of teachers and students. In the spirit of open-mindedness, we will continue to share the beauty of this top-ranked Chinese university with the people of the city."

华东政法大学长宁校区鸟瞰图　Aerial view of the East China University of Political Science and Law in Changning District

图片来源：华东政法大学　Image source: East China University of Political Science and Law

华东政法大学作为苏州河畔的百年学府，积极推动开放共享，将支持苏州河岸线公共空间贯通与校园整体改造提升作为学校新时代重要的社会责任，将百年学府打造成为苏州河上最璀璨的"明珠"。

沈健文：苏州河畔的华东政法大学长宁校区，有着怎样的深厚历史底蕴？

郭为禄：华东政法大学长宁校区位于万航渡路 1575 号。苏州河在这里拐了一个近 180° 的弯，将百年校园紧紧环绕；而庄重典雅、幽静迷人的校园，又成为苏州河这条"城市项链"上的璀璨"明珠"。"苏河明珠"历史底蕴深厚，拥有全国重点文物保护单位——圣约翰大学近代建筑，蕴含以"解放上海第一宿营地"为代表的红色文化，深深镌刻着百年近代高等教育和七十年新中国法学教育的历史印记。

上海开埠之后，长期领中国开放风气之先，体现着海纳百川、兼容并蓄的海派文化特色。1879 年，在这片土地上，诞生了中国现代意义上的第一所高等学府——圣约翰大学。其独特的办学模式、鲜明的办学特色，在诸多方面开创了中国新式高等教育之先河，例如成立了中国第一个研究生院，兴建了中国最早的自然科学专用校舍，开设了中国最早的新闻学、心理学课程等。学校培育出一大批声名显赫的校友，在中西文化的交流与沟通中起到积极作用。可以说，百年校园是近代高等教育发展史书。

上海是中国共产党的诞生地和初心始发地。从五四运动开始，万航渡路的这片土地上，就活跃着一批积极投身于爱国民主运动的青年学生。1938 年，这里成立了圣约翰大学第一个党支部；1945 年，圣约翰大学成立上海高校第一个党总支；1949 年 5 月 26 日，迎接上海解放，交谊楼成为解放上海第一宿营地。可以说，百年校园是红色故事宝库。

1952 年，新中国创办的第一批高等政法院校之一——华东政法学院（今华东政法大学）在圣约翰大学原址成立。近 70 年的办学历程中，华政人遵循"笃行致知，明德崇法"的校训，为党育人、为国育才，被誉为"法学教育的东方明珠"。华东政法大学的发展史与新中国法治建设进程同频共振、同向而行。在民族复兴的道路上，在法治建设的进程中，一代又一代华政人秉承法治中国梦想、扎根法治建设沃土，为推进全面依法治国和建设社会主义现代化国家贡献智慧与力量。可以说，百年校园是新中国法治建设和法学教育的缩影。

此外，百年校园里还蕴藏着源远而璀璨的体育文化，主要体现在三个方面。首先，圣约翰大学被称为上海近代体育运动的先驱，拥有中国第一个现代化大学体育馆，是当时中国唯一拥有高尔夫球场的大学；不仅是中国高校和校际运动会的发源地，而且在全国甚至国际性运动会上取得了令人瞩目的成绩。其次，中国奥林匹克委员会前身——中华全国体育协进会的办公旧址就在圣约翰大学校园内（今华东政法大学长宁校区 26、27 号楼），可以说，这里是中国奥委会的"发源地"。第三，华东政法大学（以下简称"华政"）的体育教育和体育文化在全国高校也是可圈可点，近年来华政的学子在全国大学生棒垒球联赛、板球锦标赛、足球锦标赛等各类比赛中成绩斐然，2016 年建成的体育文化博物馆使校园充满浓厚的体育文化意蕴。

沈健文：将大学融入苏州河沿线滨水空间，打造开放共享型的校园，这对于华东政法大学的发展来说将具有深远而重大的意义，但是当前的校园建设和管理应该都会面临很多挑战，学校下定决心全力推进开放共享，是基于怎样的考虑，有着怎样的背景？

郭为禄：2021 年 6 月，上海市委第十一次全会审议通过了《中共上海市委关于厚植城市精神彰显城市品格全面提升上海城市软实力的意见》。该意见提出，要着力打造最佳人居环境，彰显城市软实力的生活体验，塑造注重人情味、体现高颜值、充满亲近感、洋溢文化味的"城市表情"，让城市更有温度、更为雅致、更有韵味，营造更多让人看一眼就喜欢、越细品越有味道的城市意境。我们认为，苏州河贯通工程和华政段滨水景观提升，正是这一理念和思路的生动实践。

意义深远的"开放"背后，凝结着无数次顶层谋划、协调推进。2020 年元旦过后首个工作日，市委书记李强同志实地调研"一江一河"两岸公共空间贯通提升工作，指出要坚持以人为本，因地制宜、想方设法拓展优化空间布局，更好展示沿线优秀历史建筑风貌，真正让城市历史文脉与河滨风光相得益彰。11 月 14 日，市委副书记、市长龚正同志来到苏州河华政段，提出要把最好的岸线资源留给市民，不断提升人民群众的获得感和幸福感。一年多来，副市长陈群同志、汤志平同志多次调研华政并召开市政府专题会议研究推进相关工作，市政府副秘书长王为人同志、黄永平同志定期召开现场会解决难点问题，市委市政府、相关委办局及区校召开数十次不同范围的专题会议，研究讨论并切实推动长宁校区校园规划提升工作。2021年9月17日，李强书记调研苏州河两岸公共空间提升情况，对学校滨河空间改造提升与长宁校区整体规划提升工作给予肯定，希望学校更好发挥特色优势，使岸线高品质开放与学校高质量发展相得益彰。全校师生备受鼓舞、倍感振奋、倍增干劲。

学校深入践行"人民城市人民建，人民城市为人民"的重要理念，坚决贯彻市委市政府决策部署，推进长宁校区校园整体景观和滨河空间品质的优化与提升，将校园整体风貌融入苏州河滨水景观。在推进实施过程中，学校发扬"以教学为中心、以教师为第一、以学生为根本"的优良办学传统，多次邀请离退休老同志、在校师生、党外干部、校友代表等座谈交流、实地参观，听取意见、完善方案，统一思想、凝聚共识。如今，华东政法大学长宁校区成为上海第一个全面开放的历史风貌校园，学校也正积极打造最开放的公共空间、最高雅的历史建筑、最美丽的校园景观、最高端的法治教育基地，打造闪亮的城市文化名片"苏河明珠"。

沈健文：校方是如何在保证正常教学管理的基础上同步推动校园开放的？

郭为禄：习近平总书记强调，要妥善处理好保护和发展的关系，注重延续城市历史文脉，像对待"老人"一样尊重和善待城市中的老建筑，保留城市历史文化记忆，让人们记得住历史、记得住乡愁，坚定文化自信，增强家国情怀。

滨水空间提升和校区整体优化关系到华政一流政法大学建设和广大师生切身利益，学校坚持将事业发展与建筑文物保护、"一江一河"两岸贯通工程结合起来，遵循"整体谋划、分步实施"原则，坚持校园全面开放，厚植城市精神，重塑校园形态，重点处理好三个方面的关系：一是文物修缮与文脉传承的关系，秉承珍爱尊崇之心，守护历史文脉。主动传承城市精神，在保留保护、新建改建中下足"绣花"功夫，对校园的一砖一瓦、一草一木心怀珍爱与尊崇之心，聚焦提升学校整体服务效能，充分彰显人文关怀。二是教学功能优化与提升的关系，深挖校史文化资源，提升育人能级。恢复建筑历史风貌，深入挖掘文化资源，实现"建筑可阅读、校园讲故事"。努力讲好校园的红色文化、教育文化、法治文化、体育文化故事，举办"苏河明珠"历史文化展，努力把百年校园打造成"党史学习教育大课堂""法治教育文化大课堂"，让师生成长和教育发展成为百年建筑群"最美的风景"。三是校园开放与安全管理的关系，创新平安模式，保障校园安全。完善校园"一网通办"建设，提升楼宇管理智能化水平；建立信息安全管理体系，健全技防安保系统，探索校园全周期生命体建设；加强区校联动，构建多方安全稳定工作体系；畅通沟通渠道，形成与市民良好互动的新模式。

沈健文：2021 年国庆期间，华东政法大学滨水区域的"一带十点"新景观和修缮一新的历史建筑对公众进行开放，成为苏州河沿线广受关注的地标性景观，校方在推动校园开放的过程中有碰到什么困难，又是如何克服的？

郭为禄：国庆期间，市教委、长宁区政府、公安文保分局等协同支持，结合疫情防控相关要求，多方联动确保长宁校区开放平稳运行。据统计，10 月 1 日至 7 日，单日进入步道的最大客流量 5461 人次，日均

改造提升后的滨水空间思孟园
图片来源：华东政法大学

改造提升后的滨水空间格致园
图片来源：华东政法大学

4835 人次；单日进入校园的最大客流量是 1590 人次，日均 1246 人次。有序开放苏州河华政段滨河空间，展现上海独特的历史风貌，是市委市政府的民心工程，是广大师生和市民的殷切期盼，也是华政校方和长宁区的工作目标，我们把师生和市民的殷切期盼变成幸福现实。

较之黄浦江，苏州河沿线的滨水空间尺度较小，可以全新塑造的空间较少，有些部位受传统空间所限，最窄处甚至仅能容纳 1~2 人通过。在"小尺度"上做文章，一如过去上海人常说的"螺蛳壳里做道场"，考验着规划、设计、治理水平。这种"小尺度"对应着更为复杂、更需细致的工作。学校在落实过程中明确了"四个尽量"——"能搬尽搬、能让尽让、能拆尽拆，能开尽开"，即搬迁沿河住宿的所有学生，拆除滨河全部围墙和隔离栏，拆除建筑 18 处 3056 平方米。滨河开放空间是原来的 9 倍，原来最宽 4.5 米，现在最窄 4.5 米，最宽达到 98 米，从而让这片已经伫立在苏州河畔百余年的历史建筑群，与今天的人们重新建立连接，将最好的岸线资源留给市民。同时，华政也积极探索更有创意的"打开方式"——位于校园腹地的韬奋楼展露新颜，校园内凝结中西文明精华的建筑群，都将陆续以"修旧如故"的崭新形象迎接师生、市民，以滨河步道为线的"一带十景""串珠、成线、连片"打造出多元共享的苏河活力空间。这份"开阔"得来不易，每一寸空间背后都是一份协力同心，各级领导关心备至，学校师生热心支持，设计团队和施工人员的精心打造，使这一工程成为"开心工程""暖心工程"。校园的开放，打开了"围墙"，师生的心、市民的心，都更敞亮了。

当然，开放只是第一步，作为上海第一个全面开放的历史风貌校园，学校还会面临很多新情况、新挑战，华政的师生一定会以更大格局、更高标准、更广视野、更优品质实施滨水空间提升、文保建筑修缮、绿化改造升级、校园区域功能调整以及文化传承创新；以更加开放、更加友好的姿态展示校园风貌，以更多耐心、更多细心改进工作、细化管理、优化服务，最大限度让市民享受大学开放空间，最大限度展现大学文化气质，做上海城市文明的参与者、建设者、推动者、引领者，使大学文明成为引领城市文明的典范。

勇担国企社会责任，
"百年轮渡"助力滨江公共空间建设

Bravely Shouldering the Social Responsibility That State-Owned Enterprises Must Bear: How the "Centennial Ferries" Lent Their Support

冯海平 / 轮渡公司副总经理

Feng Haiping / Vice Director of the Shanghai Ferry Company

"轮渡贯通项目中的各项软件升级，既是轮渡自身的完善与跨越，更是'百年轮渡'融入城市建设、契合城市精神的发展需要。"

"The various software upgrades that took place as part of this ferry connection project not only served to enhance the ferries themselves — they were also essential to integrating the 'Centennial Ferries' into urban construction and bringing them in sync with the spirit of the city."

贯通后新建的港口渡口   Newly constructed ferry crossing after the interconnection of the riverside

图片来源：上海市轮渡公司   Image source: Shanghai Ferry Company

上海轮渡历经百年演变，至今仍是城市公共交通系统的重要组成部分。黄浦江两岸公共空间建设涉及轮渡公司下属 10 条航线、17 个节点。市轮渡公司勇担社会责任，全力支持，为黄浦江两岸圆满完成贯通任务作出了应有贡献。

吴英燕：黄浦江公共空间建设过程中，轮渡公司承担了怎样的任务？

冯海平：轮渡公司作为黄浦江水上客运功能的主力军，见证了浦江两岸经济发展，并在此期间发挥了重要功能作用。在贯通工程推进中，轮渡公司发扬国企勇担社会责任的精神，以"撸起袖子加油干"的劲头，综合规划、统筹协调、排除困难，确保轮渡滨江贯通项目有条不紊顺利实施。

此次贯通工程涉及轮渡公司下属 10 条航线、17 个节点，其中杨浦区范围内有宁国路渡口、秦皇岛路渡口；虹口区范围内有公平路渡口；黄浦区范围内有复兴东路渡口（杨复线、东复线浦西）、董家渡渡口、陆家浜路渡口；徐汇区有港口渡口；浦东新区共涉及歇浦路渡口、民生路渡口、其昌栈渡口、泰同栈渡口、东昌路渡口（杨复线、东复线浦东）、杨家渡渡口、塘桥渡口、南码头渡口、三林渡口；另外还有外马路 1333 号的帝龙码头。这些渡口站点都要结合所在区段的贯通要求，实施程度不一的改造任务。

吴英燕：为推动各渡口节点的贯通，轮渡方面采取了哪些工作举措？

冯海平：2016 年 5 月，公司就成立了轮渡滨江开发项目办公室（以下简称滨江办），全力配合滨江贯通工程。

当时，我受公司任命，担任轮渡滨江办副主任职务，具体负责与各区的沟通协调。滨江办成立后，公司强化顶层设计、夯实基础、创新载体，定期召开专题会、工作会等，制定轮渡"迎贯通、换新颜"工作方案，明确提出"两个百分百"目标（贯通范围内所有轮渡站点引桥、码头、船舶整新率达到 100%、轮渡站点站房整新率达到 100%），拟抓住贯通工程契机，通过全面整新、优化设施、丰富功能，从而升级水上公共交通越江环境。

在贯通项目推进过程中，我们坚持强化问题导向，聚焦"先腾地、后施工"等难点问题，主动与各区及相关单位建立了信息互通机制，确保公司能够及时掌握贯通工程最新信息，及时作出相关工作部署。

在贯通工程推进过程中，我们始终坚持因地施策，就各渡口贯通方案等事宜与各区滨江贯通相关单位进行了多次沟通和协商，并结合公司实际，做到了"一渡口一方案"。对于整体条件成熟的渡口，如公平路渡口，通过外围环境整治就能完成贯通；对于房屋结构较好的渡口，我们经过与相关政府部门沟通，采取将部分办公用房、职工休息区域等房屋面积腾让出来改为滨江步道，完成贯通；对于房屋结构老旧的渡口，如港口渡口等，则在原址拆除再重建。除此之外，我们在自行筹资建设渡口的过程中，如丹东路渡口，主动将后续滨江贯通因素等提前考虑进去，以支持后续工程。

吴英燕：为减少施工中对乘客和市民的影响，轮渡公司做了哪些工作？

冯海平：除了时间紧、任务重外，我们也遇到了一些具体问题和困难。譬如，在施工过程中遇到贯通方案大幅度调整（如宁国路渡口从开始改建步道，到后期调整为拆除设立临时渡口）、与施工队伍的协调沟通、施工期间的安全服务（如协调同一航线两个渡口同时施工、减少停航时间、实施运力调整等工作）、设置临时渡口（如港口渡口）、内部稳定工作等。尤其是部分渡口还遇到了边施工、边营运的情况。

由于准备充分、方案周全以及过程中措施得当，贯通工程最大限度地减少了施工给市民、乘客带来的影响。贯通期间，轮渡的乘客满意度指数得分一直没有下滑。在贯通施工集中开展的 2017 年，公司的乘客满意度指数平均分达到 88.53 分，比 2016 年全年平均分提高了 0.44 分，这些成绩来自广大职工的共同努力，也离不开乘客对贯通工程及轮渡的大力支持和理解。

吴英燕：除了配合公共空间建设，轮渡公司在哪些方面进行了自我提升？

冯海平：贯通工程的实施，也是轮渡公司整体形象和功能转型的契机。黄浦江两岸渡口曾经是全球最繁忙的航线之一，随着市区段黄浦江桥隧和轨道交通的不断完善，轮渡的客运压力大幅度缓解。在贯通过程中，我们也积极思考，主动将轮渡对标滨水城市建设要求，也期待将黄浦江两岸轮渡打造成为欣赏上海浦江两岸风景的最佳工具之一。

首先，我们结合贯通工程，实施了贯通范围内轮渡渡口硬件设施和整体形象的提升工作。在相关政府部门的大力支持下，从渡口站房外立面到候船室内部装饰，从浮桥码头的路面到遮风避雨的顶棚，从选材、用料再到光线、颜色，每个环节始终坚持"点缀滨江"的理念，确保市民眼中的轮渡统一闪亮。

同时，在软件更新方面，我们以提升乘（游）客幸福指数为目标，融合城市建设功能定位需求。在智能升级方面，我们升级了电子售票系统，引进了智能检票系统，新增了走字屏和语音宣传引导系统，启用了环保高清照明系统；在温馨服务方面，我们更新了各类引导宣传标识与警示标牌216块，增添了候船座椅150余座，还配备了爱心座椅50座，并更换了灯箱30个；在安全技防方面，我们增添了防滑材料，添置了服务设施156处，更新了监控设备220套。

轮渡贯通项目中的各项软件升级，既是轮渡自身的完善与跨越，更是"百年轮渡"融入城市建设、契合城市精神的发展需要。

在前阶段黄浦江两岸品质提升过程中，我们也积极配合并开展了相应的提升举措。比如，我们持续重视软件升级，紧密对接滨江贯通区域中的党建宣传、空间环境、历史文化、视觉艺术、游憩休闲等要求，支持杨浦区相关单位在秦皇岛路渡口二楼贯通步道区域设立党建服务驿站。2020年末，在黄浦区滨江部门的支持下，我们在陆家浜路渡口二层贯通了步道区域，推出了上海轮渡110年纪念文化墙，以四个主题展示了轮渡百年的历史缩影，配以灯光、巨幅"公安"号铜浮雕，展现了上海轮渡的百年历史和黄浦江两岸的岁月变迁。

塑造品质水岸
Shaping a Quality Waterfront

上海地产集团多区并进，
全过程参与滨江公共空间建设

The Shanghai Land Group Promoted the Initiative in Multiple Districts, Taking Part in the Entire Construction Process

徐孙庆 / 上海地产集团副总裁
Xu Sunqing / Vice President of Shanghai Land Group

"作为市属企业主体，上海地产集团总体协调、充分动员、多区并进，真正承担起了公共空间建设主力军的作用。"

"As a municipally owned enterprise, Shanghai Land Group simultaneously coordinated construction and mobilized workers in multiple districts, truly acting as the leading force in this initiative."

黄浦滨江十六铺二期　The second phase of the Shiliupu project in Huangpu District
图片来源：上海地产集团　Image source: Shanghai Land Group

133

上海地产集团自 2002 年以来参与到黄浦江两岸开发全过程，2016 年在集团内部正式启动了黄浦江两岸公共空间贯通工程的推进工作。在黄浦滨江公共空间建设过程中，集团承担 9.4 公里贯通任务，包含了 7 大区域，17 个项目，累计投资约 19 亿元。

吴英燕：上海地产集团在推动黄浦江公共空间建设中承担了怎样的角色？

徐孙庆：黄浦江两岸开发是集团的重要块板之一，我们以打造黄浦江两岸滨水区域城市更新基础性平台为己任，以滨水区域整体开发建设和公共资源运营管理服务为核心，一贯全力以赴完成好黄浦江两岸滨水区域实施城市更新的各项任务。应该讲，上海地产集团参与了自 2002 年以来的黄浦江两岸开发全过程。

上海地产集团本身作为国有功能性企业集团，始终坚持围绕中心、服务大局，当好市委、市政府重大战略决策的实施者、操作者、承担者，做好服务社会和发展自身两篇文章。因此面对市委、市政府部署的滨江公益性建设任务，地产集团坚持市区联手、以区为主、市场运作的开发机制，紧紧围绕黄浦江两岸公共空间开放做好文章，与各方齐心协力把黄浦江两岸建设成为服务于市民健身休闲、观光旅游的公共空间和生活岸线，全力做好公益性项目建设、公共开放空间运营和公共岸线码头管理服务。

整个公共空间建设涉及的内容十分繁杂，而且上海地产集团既是公益性建设任务的承担主体，也是所在区域的开发推进主体，涉及的区段又分属在不同的区域。因此首要任务就是总体协调，充分动员，真正承担起主力军的作用。在 2016 年，集团内部正式启动了黄浦江两岸公共空间贯通工程的推进工作。为了保质保量地推进并完成此次贯通工程，上海地产集团专门组织了以副总裁领衔的管理团队，来负责具体实施工作。在整个建设过程中，上海地产集团严格落实"不打折扣、不搞变通、不降标准"的要求，圆满完成了贯通工程。

吴英燕：上海地产集团具体负责哪些区段的公共空间建设任务？

　　徐孙庆：滨江 45 公里贯通工作中，上海地产集团承担了 9.4 公里，涉及十六铺二期、洋泾、新华、中栈、南栈、耀华、三林这 7 大区域，包括公共绿地、防汛墙、道路、码头等 17 个各类公益性项目及环境综合改造整治项目，配合浦东新区完成了东昌滨江、白莲泾公园、民生码头、三林滨江、世博公园、后滩公园等区域，配合黄浦区、徐汇区完成南外滩波浪形岸线改造和日晖港桥贯通工程等，累计投资约 19 亿元，充分体现功能性国企的社会责任和担当。

吴英燕：上海地产集团的建设任务分布在不同的行政区段，是如何应对好各区不同的建设和进度要求的？

　　徐孙庆：因各区实际情况和具体条件不同，在规划阶段，各区设计方案各具特色、各显所长。上海地产集团在各区的统筹规划下，与各区主管部门共同商定各区段的设计方案和建设标准，明确立项、土地、规划、施工许可等关键审批路径。通过区政府定期例会和专题会议，出具会议纪要，快速、有效地推进和解决项目前期土地征收、审批阶段的困点、难点及堵点，并为后期验收提供依据。

　　同时上海地产集团与沿江各区进行整体计划统筹和进度的协调，统筹推进各区段整体建设进度，确保按既定目标实现统一贯通。在建设过程中，上海地产集团十分重视建设品质，设计阶段结合各区段实际，赋予不同设计理念和主题，形成各具特色的开放空间，同时结合统筹的慢行道系统、绿化种植、标识标牌、照明灯具、城市家具、游憩服务设施等专项要素，使各区段在保证个性的同时，形成相对统一的空间序列。

　　除了建设，公共空间的后续管理也面临不同区段的统筹。2018 年元旦集团承担的各区段公共空间对市民正式开放，在确保开放公共空间安全、有序的同时，上海地产集团与沿江各区共同着手研究开放后的管理提升和项目验收事项。为更好地提升管理品质、更好地服务市民，上海地产集团将各区段的管理权交由各区统一管理、整体统筹协调。

吴英燕：在推进过程中，遇到的难点有哪些？

徐孙庆：在整个贯通工程中，上海地产集团主要面临以下两项难点问题的破解。

一项是客商清退和岸线腾让。我们自己是开发企业，在全面推动公益性任务前，很多区域已经启动或策划了经营性的功能。为了圆满完成这项民心工程，我们积极推动十余家客商的清退工作。这的确是一项比较艰巨的任务，一方面要在很短的时间内达成清退补偿协议，让对方根据贯通节点要求退场，为后续的建设任务创造时间和空间的良好条件。而另一方面，清退金额又必须是合理、有依据并能让对方接受的。过程中，拉锯战式的价格谈判达到上百次，在长达半年的时间内，几乎每天都在和客商进行沟通、谈判，团队的工作人员也承受了比较大的精神压力。

另一项就是建设施工。由于时间紧、任务重、要求高，在建设过程中的很多项目都是边设计、边报批、边施工的，一旦遇到设计方案需要修改，那么相应的报批和施工进度都要受到很大影响。对我们来说，贯通工程涉及多个政府职能部门，因此协调的工作量非常大。我们自身又是企业，与其他区段的推进主体相比，与政府层面的协调难度更大。过程中，我们都以施工进度为主线，所有的协调和设计图纸，都争取在最短的时间内，加班加点完成，并提供给相关部门和单位，进行手续报批后施工。

可以说，在到 2017 年的近两年时间里，我们几乎没有周末和节假日，加班加点更是很平常的事情。我们也很荣幸能与沿江各区联手，政企合作，共同建设、共同实践，共同打造了市民所需的精品项目，将黄浦江两岸公共空间建设成为富有人情味，富有历史厚度、文化活力和城市魅力的城市会客厅，真正实现了"人民城市人民建、人民城市为人民"。

黄浦滨江十六铺段

图片来源：上海市滨水区开发建设服务中心

杨浦滨江工业遗产注入新功能，塑造城市文化新地标

Adding New Functionality to the Industrial Heritage Along the River in Yangpu District to Create New Cultural Landmarks

官远发／上海杨浦滨江综合开发管理指挥部办公室常务副主任

Guan Yuanfa / Executive Deputy Director of the Office of Comprehensive Development Management Headquarters of Shanghai Yangpu Riverside

"杨树浦水厂与滨江风貌交相辉映，水厂栈桥与水厂建筑比肩相望，昔日的'工业锈带'变成了'生活秀带'，为上海增添了一道靓丽的风景线。"

"The Yangshupu Waterworks and its adjacent landing stage complement one another well, and have already become a defining part of the riverside landscape. This former 'industrial rust belt' has become a 'lifestyle show belt', adding new beauty to the scenery of Shanghai."

杨浦滨江水厂栈桥　Landing stage of the waterworks in Yangpu District

图片来源：同济原作设计工作室　Image source: Original Design Studio

杨浦滨江几乎密布了近代以来各类型工业遗址，为杨树浦老工业区注入新活力、为工业建筑再利用、功能活化更新提供了载体和可能性。通过创新杨浦滨江的发展模式，全面启动滨江区域工业历史建筑的修缮，以此为基础举办空间艺术季等系列活动，并建设世界技能博物馆等一批文化地标项目，推动保留下来的各个老建筑、老厂房实现活化利用。

沈健文：杨浦滨江有大量的工业遗存，具体情况如何？

官远发：杨浦滨江拥有 15.5 公里长的黄浦江岸线，以其丰富的工业建筑遗存，记载了上海百年市政、百年工业的城市发展历史。本轮开展公共空间建设的杨浦滨江南段总长约 5.5 公里，几乎密布了近代以来各类型工业遗址，是上海起步最早、规模较大的工业区块。总的来看，杨浦段滨江的工业遗存有着三大特点。

首先是区域开发时间早、年代跨度大。杨树浦工业之发展始于 1869年杨树浦路之修筑，历时将近 150 年。从清末国内外资本争相在杨树浦扎根，到民族反抗意识逐日增加，本土工业自我奋发，再到新中国成立后，全国性工业转型的需求，增加了一系列重工业功能，丰富了杨树浦的工业类型。其步伐与中国近代工业之发展道路完全吻合，一步一脚印地见证了每一次的转折点。

其次是产业功能多、覆盖用途广。杨树浦路上相继诞生了中国第一家发电厂、第一家煤气厂、第一家水厂、第一家纺织厂，其规模在当时均号称远东第一。

最后，建筑风格多样、结构类型丰富。杨树浦路上的工厂类型多样，对建筑产生了不同的功能需求，促生了多样的建筑功能布局。而长期的历史发展，让这个片区遗了不同时期的建筑，独具其时的建筑结构特征与风格，是工业建筑发展的天然博物馆。

在杨浦南段滨江公共空间范围内，上位规划建议保护、保留历史建筑就有 24 处，共 66 幢，总面积 26.2 万平方米，此外还建议保护、保留了大量极具特色的工业遗存设备设施，在很大程度上为杨树浦老工业区注入新活力，为工业建筑再利用、功能活化更新提供了载体和可能性。

沈健文：杨浦滨江工业遗存的保护和利用是如何做的？

官远发：在杨浦滨江公共空间和综合环境规划建设中，结合区域"百年工业传承"的特色，通过在公共空间体现对应地块原来的工业产业、生产工艺的原状原位保留、抽象提炼展示等方式，体现场所精神，唤起人们对杨浦百年工业历史的记忆，在杨浦滨江公共空间形成"百年工业文明长廊"。

具体做法上，我们将这些工业记忆分为"有形的"和"无形的"记忆。

有形的记忆，就是这些保留下来的历史建筑、工业遗存、古树名木等，实现对应工业地块工业风貌的恢复，其中：

历史建筑方面，对杨浦滨江历史保护、保留建筑及建议保留建筑按照建筑分类和等级进行保护及修复，同时调研并挖掘现存历史价值，对于未被列入保护名单的工业建筑物、构筑物及工业码头，尽可能进行保护或保留，不要很简单地去拆。

工业遗存方面，对于曾经在工业生产中发挥过重要作用的废旧工业机械设备及机器零件进行收集，在工业展示馆或结合滨江公共空间的绿地、建构筑物墙体、广场等处，以工业雕塑等形式加以展示。

上海城市空间艺术季（原上海船厂船坞）
图片来源：同济原作设计工作室

古树名木方面，对场地内的高大乔木、成片成规模的绿化尽量采用原地保留的方式，在建筑景观规划设计中低调谦逊地予以避让，使新建建筑及景观与环境有机结合，融为一体。

无形的记忆，就是伴随着百年工业历史发展而来的产业文明和工业精神。我们是通过物化传承的方式，将历经百年形成的杨浦滨江产业文明和工业精神展示出来。

比如产业文明，我们通过建立产业文明主题花园、景观墙、浮雕、地雕等方式在对应的地块内进行展示，让每一块场地讲述自己的故事。主要是对不同厂区形成、发展、变迁的历史年代进行调研和梳理，让人们了解；将厂徽、厂标以图案的形式展示在对应地块的绿地或广场、墙面或地面上；将杨浦滨江曾经诞生过的大量产品品牌、商标等通过雕刻的方式展示在公共空间内；在公共空间内露天或在展示馆内展示收集来的工业产品，向人们传达这些优秀的民族品牌的自豪与自信。

比如工业精神，我们通过文字或图案的形式在展示馆、花园、设置铭牌、墙面雕刻、地面铺装等处展示工业文明在历史的跌宕起伏中孕育的无数可歌可泣的工人运动史、创业励志故事，以及大批具有代表性的历史人物。

沈健文：保留下来的建筑，是如何实现活化利用的？

官远发：杨浦滨江南段沿线工业和仓储功能的退出，一举为上海城市中心提供了约 1.8 平方公里的城市转型发展用地，它将成为上海进入城市更新阶段后最重要的转型发展区域之一。

我们积极推动杨浦滨江的发展模式创新，全面启动滨江区域工业历史建筑的修缮，加大功能注入力度，以此为基础举办空间艺术季等系列活动，并建设世界技能博物馆等一批文化地标项目，推动保留下来的各个老建筑、老厂房实现活化利用。

如 2019 上海城市空间艺术季主展就在原上海船厂旧址地区（包括船坞和毛麻仓库），该届艺术季将整个杨浦滨江南段 5.5 公里滨水公共空间作为户外公共艺术作品的延伸展场。约 80 天的活动，吸引了来自 10 个国家的 236 个团体及个人艺术家、设计师参展，实现主展场接待游客 32 万人次，毛麻仓库和船坞主展馆接待观众 5 万人次，成功地展现了杨浦滨江工业遗存的更新盛景。

又如世界技能博物馆选址于永安栈房，将成为第 46 届世界技能大赛的重要"文化遗产"。这是为工业遗存注入新活力，实现活化利用的生动案例。

沈健文：这些工业遗存中，最具标志性的是哪一个？

官远发：杨浦滨江历史建筑众多，各有特点，但最能体现滨江工业风貌的就是号称"活化石"的杨树浦水厂。

杨树浦水厂建成于 1883 年，位于杨树浦路 830 号，建成后就成为远东最大的自来水厂，是上海乃至全国历史最为悠久的现代化自来水厂。至今已有 130 多年历史，而且到目前仍承担着为上海市民供水的重任。

厂区内英国古典城堡式建筑群是上海市近代优秀建筑文物，建筑特色鲜明，并且保护完好，这在国内也不多见。水厂灰红相间的欧式建筑，

杨浦滨江水厂栈桥休息廊棚
图片来源：章勇

杨浦滨江水厂栈桥液铝码头
图片来源：同济原作设计工作室

清水砖墙，嵌以红砖腰线，同色围墙，周围墙身压顶雉堞缺口，连绵不绝数百米，如同一座英国中世纪城堡，映衬着里面大片碧绿的草坪，非常华丽壮观。建厂之初的杨树浦水厂，日均供水量只有 3698 立方米，伴随上海经济的繁荣和人口的增长，其供水面积不断扩大。到 20 世纪 30 年代末，达到创纪录的 40 万立方米，水厂的占地亦扩大至 386 亩，成为名副其实的远东第一大水厂。

如今，一个集工艺合理化、生产自动化和管理信息化的现代化杨树浦水厂已经展示在世人的眼前。历经 100 多年沧桑的杨树浦水厂仍承担着为上海市民供水的重任，年供水量超过 4 亿立方米，约占上海供水总量的四分之一。

拥有这样的"背景"，杨树浦水厂是"上海市文物保护单位"，城堡式厂房定为"上海市优秀历史建筑"。2013 年被列入第七批全国重点文物保护单位。2018 年 1 月 27 日入选中国工业遗产保护名录第一批名单。

沈健文：面对这样的"大咖"，我们是如何推动贯通的？

官远发：遍布在杨浦滨江的大工厂把岸线割裂，这是滨江长期难以贯通的原因，随着对这些工厂土地的腾让收储，使得杨浦滨江具备了推动高品质公共空间建设的条件。但是杨树浦水厂有着其特殊性，是杨浦滨江公共空间建设的一大难点。作为历史保护建筑和生产企业的杨树浦水厂是不能触碰的，怎么办？经过跟水厂协商，决定用一座535米的亲水栈桥来连通两头。

这个方案得到了城投水务集团的大力支持，杨树浦水厂主动将源水管保护距离向内移动了5米。为保护水厂建筑和生产安全，栈桥与厂区距离3.5米，设计以"舟"为原型，抽象演绎出格栅钢结构和整体木结构具有的漂浮感的形态单元。一座钢木结构栈桥悬浮于水面上，这同时也是水厂拦污设施的一部分。

杨树浦水厂岸线是杨浦滨江公共空间贯通工程中最长的断点，通过与作为基础设施的拦污网防撞柱的结合与利用，新建的水厂栈桥实现了这个断点的贯通。

杨浦滨江水厂栈桥全景
图片来源：杨浦区滨江办

沈健文：贯通的水厂栈桥有哪些特点？

官远发：贴近黄浦江的杨树浦水厂为公共空间的贯通提出了挑战也提供了机会。利用水中拦污设施的结构作为栈桥的结构基础，实现了断点的贯通。同时将正在工作的供水设施纳入景观设计的范畴，让人们可以欣赏到原来难得一见的角度和景象，也为景观设计和公共活动增添新的内涵。

栈桥设计以"舟"为原型，抽象演绎出格栅钢结构和整体木结构的具有漂浮感的形态单元，以木材的温润沉稳衬托水厂的历史，以钢构的简洁有力回应杨浦区的工业传统。整个舟桥贯穿途中保留了部分原有的靠船墩，与水厂的取水口等设施有机结合，让人们可以亲身感受、亲手抚摸历史，多维度欣赏黄浦江景，获得丰富的行进体验。

栈桥全长535米，总面积约2700平方米，结合江上原有的工业痕迹以及水厂的部分设施，设置了八个景点。与水厂最亲密的接触发生在"回廊高台"上，栈桥一处以坡道的形式与水厂原有的二层液铝码头结合，成为栈桥的制高点，迂回登高，一览江天。此时，身后传来哗哗水声，这是水厂每天不定时的泄水过程。潺潺流水飞流直下，形成一个人造的"小瀑布"。再往前，栈道开始变窄，水厂原有的六号取水口被整合到栈桥的界面中，水厂近在咫尺，从栈桥上走过，仿佛能感受到历史建筑的气息。

如今，杨树浦水厂与滨江风貌交相辉映，水厂栈桥与水厂建筑比肩相望，昔日的"工业锈带"变成了"生活秀带"，为上海增添了一道靓丽的风景线。

苏州河长宁段点亮华政"苏河明珠"，升级桥下空间功能

Changning District's "Pearls on Suzhou Creek"

邓大伟 / 长宁区建设和管理委员会主任

Deng Dawei, Director of the Changning District Construction and Management Commission

"从'基本贯通'到'品质提升'，从'消极空间'到'积极空间'，苏州河长宁段认真践行人民城市建设重要理念，处处闪现上海城市软实力的魅力。"

"Once a somber area from which citizens had no view of the water, the Changning section of Suzhou Creek has been radically transformed according to the important principle of building a 'people's city'. Now, it brims with Shanghai charm."

长宁中环桥下空间　Space under the Central Ring Bridge in Changning District
图片来源：山间影像　Image source: Shanjian Photo

近几年，长宁区积极推进具有长宁人文景观特色的苏州河健身步道建设，苏州河长宁段11.2公里实现了全线贯通。在此基础上，长宁段积极推进公共空间品质提升，打造亮点。重点聚焦华政长宁校区的公共空间品质提升和中环桥下空间功能注入，营造品质更佳、活力更强、魅力更高的苏州河长宁段景观空间。

沈健文：华政长宁校区是苏州河沿线重要节点区域，长宁区是如何进一步推动品质提升的？

邓大伟：苏州河华政段长约900米，是长宁苏州河城市项链十颗"明珠"中最璀璨的一颗。

在2019年已实现滨河步道贯通的基础上，2021年，长宁区将华政校园整体风貌作为苏州河沿线景观的一部分，着力打造"思孟园""格致园""倚竹苑""獬豸园""华政桥""桃李园""东风角""法剧场""银杏院"和"书香园"十个景观节点，以滨河慢行步道为连线，串联起多元、活力、共享的滨河公共空间，让华东政法大学这所"政法名校，苏河明珠"的校园空间成为苏河沿岸对市民开放共享的公共空间。

按照区委、区政府的工作要求，我们特别注重高品质打造，每一块弹格石、每一寸防汛墙都是手工打磨、精细精品，每一处景观节点、每一株花卉绿植都是精心打造、千挑万选，确保给市民群众提供高品质滨河空间。

沈健文：大家都很关注华政校园的改造和开放，在工程建设方面有什么具体考虑？

邓大伟：项目实施过程中，通过拆除、梳理、美化等手法，增加绿化面积，实现空间净化，确保视线通透，让滨河历史建筑的人文风貌尽收眼底，切实做到"彰显历史建筑风貌，提升滨河景观品质；挖掘校园人文元素，激活滨河公共空间"。施工中，运用缓坡草坪形成自然坡地景观，搭配精致"花境"，塑造出堤外有绿、堤内有花的景观，通过增植海棠、银杏等色叶乔木丰富四季景色。结合华政校园历史建筑的独特风貌，打造优雅别致、宁静古朴的人文环境氛围，提升苏河沿线的景观品质，为市民提供别样体验。

开放后的华东政法大学
图片来源：上海市住建委

沈健文：桥洞等桥下空间是传统意义上的消极空间，长宁区是如何推动苏州河中环桥下空间实现华丽转身的？

邓大伟：苏州河中环桥下空间更新项目涉及苏州河、新泾港、哈密路所围的约3.5公顷，按北翟路和中环线分为四个象限，我们采用三种动物形象作为主题展现，粉色的"火烈鸟"、深黄色的"猎豹"、黑白条纹的"斑马"，自2021年元旦开始逐段开放，实现了中环桥下从灰色到彩色的华丽转身。

粉色"火烈鸟"涵盖东北象限和西北象限。东北象限占地面积约3700平方米，突出沿河贯通、活动活力、休闲配套服务，项目内容将包含两条贯通道、800平方米的时尚篮球场、体操房、苏河驿站（公共厕所）、观景平台、绿化景观。西北象限面积约为3300平方米，包含滨河游憩通道、观河平台和景观绿化等工程。

西南象限是深黄色的"猎豹"，占地面积约为10400平方米，包括体育服务中心（一层）150平方米，带顶棚篮球场约1300平方米、室外篮球场 600 平方米、800 平方米五人制足球场、新泾港沿岸步道（含一座与北翟路相连钢楼梯）和猎豹景观绿化公园。靠近新泾港、观赏面良好的地方还设置了滨河座椅，市民可以休憩闲谈。

黑白条纹为主的"斑马"在东南象限，占地面积为 10770 平方米，有五人制足球场约 2900 平方米、市政绿化交通综合道班房约 2000 平方米、公共停车场 40 个泊位和斑马景观公园。东南象限营造了精致优雅的氛围，斑马纹铺装和粉红色的艺术步道贯穿了整个场地，漂浮廊架、轮滑区、足球场满足各种人群的休闲和运动需求。

沈健文：改造后的滨河空间使用情况怎么样？下一阶段的计划是什么？

邓大伟：苏河华政段自 2021 年 9 月下旬开放以来，日均人流量达到 5000 人次；中环桥下空间粉色"火烈鸟"篮球场入场日平均 115 人次。这些滨河空间俨然已成为长宁区火爆的网红打卡点。从"临河不见河"到"临河可见河"，从"消极空间"到"积极空间"，苏州河长宁段认真践行人民城市建设重要理念，处处闪现上海城市软实力的魅力。

下阶段，我们将按照"一江一河"重点区域深度开发的要求，继续推进苏州河滨河空间提升，使长宁区苏州河沿岸逐步成为具有世界影响力的国际精品城区的重要展示窗口，持续回应人民群众对美好生活的期盼。

由三种动物形象构成的长宁中环桥下空间
图片来源：潘山

虹口滨江提质增能，
引领全球的世界级会客厅逐步显现

Enhancing and Adding Functions Along the Riverside in Hongkou District: Showcasing the Global Reception Hall to the World

罗隽 / 虹口区建设和管理委员会主任
Luo Juan / Director of the Hongkou District Construction and Management Commission

"虹口滨江在新一轮的改造中，提出了很多新理念，有些甚至是上海首次。如，无车区和中央公园的建设、地下空间整体开发、二层连廊建设，以及打造双碳示范区。"

"In this round of renovation, a lot of new concepts were proposed—some of which were firsts for Shanghai. That includes the No-Car Zone and Central Park, the overall development of underground spaces, the two-tier interconnected corridor, and the creation of 'dual carbon' demonstration zones."

虹口滨江全景　Panorama of the Hongkou District waterfront
图片来源：虹口区建委　Image source: Hongkou District Construction and Management Commission

虹口区滨江岸线西起外白渡桥，东至秦皇岛路，全长2.5公里，主要分为扬子江码头段、国客中心段、置阳段和国航中心段。2016—2017年，虹口滨江按照"贯通断点、完善功能、提升品质"的工作思路，积极推进滨江公共空间的建设。

董怿翎：虹口滨江在新一轮的品质提升过程中，主要做了哪些工作，取得了哪些成效？

罗隽：位于扬子江码头的"世界会客厅"项目、虹口港东岸贯通提升工程和国客中心码头贯通提升工程都已于2021年6月建成。

6月16日中联部和上海市委共同主办的"中国共产党的故事——习近平新时代中国特色社会主义思想在上海的实践"特别对话会就在"世界会客厅"召开。"世界会客厅"在10月正式向社会开放。虹口港东岸贯通提升工程新增人行景观连廊一处（跨虹口港连廊），新增人行通道335米，新增及改建绿化面积3832平方米，新增滨江开放面积9900平

方米。国客中心码头贯通提升工程，打通了国客中心段880米岸线全面贯通，新增了8处5~23米宽的游客出入口，通过台阶、无障碍通道连接滨江绿地与码头。

2016—2021年，通过实施滨江贯通工程，虹口滨江建成各类步道（漫步道、跑步道）7.7公里、骑行道4公里，建成人行景观连廊两处（高阳路人行连廊、虹口港人行连廊），新增滨江一线景观亲水平台四处（置阳观景平台、国客中心码头平台、东岸新增码头平台、"世界会客厅"5米亲水平台）共约4万平方米，新建和提升滨江绿化总面积约14万平方米，滨江开放总面积达到约34万平方米。2021年10月，滨江（外白渡桥—虹口港）段约500米岸线实现开放（海鸥饭店观景平台于2017年实现贯通，后配合海鸥饭店改造封闭），这意味着，虹口滨江2.5公里岸线全面实现贯通开放。

董怿翎：国客中心段在2017年就实现了基本贯通，虹口滨江出于什么考虑对国客中心段开展了新一轮改造提升？

罗隽：虹口滨江2.5公里岸线在2017年实现基本贯通。当时，国客码头为外事码头，因码头作业需要，滨江沿线约有2万平方米的区域为封闭段。考虑到当时的条件限制，我们在国客绿地中建设步道实现了贯通，并协调将码头铁丝围栏改造成玻璃围栏，确保市民能够欣赏沿江景观。但亲水性确实有所欠缺。

改造提升后的虹口滨江国客中心段
图片来源：虹口区建委

国客邮轮码头
图片来源：虹口区建委

2021年，按照市委、市政府进一步提升黄浦江滨江品质的决策，国客中心码头功能进行了调整，原来停靠国客中心码头的中日班轮转移到了军工路码头停靠，国客中心码头局部岸段保留码头功能，供高端精品游轮错时停靠。在此基础上，虹口区会同国客中心对北外滩滨江区域进行整体提升改造，以"复合、人文、活力"为核心理念，实施了虹口港东岸工程、国客中心码头改造工程和国客段滨江绿地工程，全面提升滨江区域品质，丰富水岸功能。

2021年7月1日，焕然一新的国客中心段岸线全面对公众开放，提供了欣赏上海风光的黄金视角，这里正前方是代表上海城市天际线的陆家嘴，右边是雕刻了百年时光的外滩万国建筑群，市民可以漫步欣赏上海的美景，该段岸线也是受到了广大市民的热烈欢迎。

董怿翀：以前虹口滨江虽然贯通，但其实有部分区域需要绕行，比如国客码头。这次改造是如何解决这个问题的？

罗隽：这次改造我们做了这么几件事情：一是实现全面亲水。为了确保市民能够便捷到达滨江亲水平台，我们拆除原来的玻璃围栏，新增了8处5~23米宽的游客出入口，通过台阶、无障碍通道连接滨江绿地与码头。

二是增加垂直通廊。通过对滨江绿地的改造，我们新增了高阳路、新建路、东大名路、太平路四处垂直通廊，确保市民能从道路上直达滨江区域。比如，在东大名路主入口的垂江通廊，就是移植遮挡视线的乔木，全面打开滨江视线廊道，将封闭的大草坪变成可进入的花道。不仅如此，入口处的东大名路旅顺路公交站也进行了移位，并新增了人行过街系统，方便市民穿越东大名路，进一步强化滨江与腹地之间的垂直连接。

三是，实现东西向贯通开放。在原本封闭的码头作业区域向市民开放的基础上，这次，虹口区作了很多努力，也是得到部队的大力支持，解决了虹口港边的土地权属问题，进一步向西扩建了滨水平台，从而营造了更为宽阔的亲水公共空间，满足市民亲水需要。同时还新建了跨虹口港的人行连廊，向西与黄浦路相接。过去市民需要从东大名路绕行才能通过，现在市民可以一路沿江漫步，享受浦江美景。未来，"世界会客厅"前的 5 米亲水平台也将对外开放，这条连廊将是连接两个平台的重要通道。

董怿翎：很多市民提出，滨江虽美，但更希望能够留住人，虹口滨江的配套设施如何呢？

罗隽：除了推进滨江区域贯通开放，"还江还河于民"以外，我们也从"人民城市人民建，人民城市为人民"的要求出发，以功能齐备为标准，以特色功能为目标，以民主共享为宗旨，推进北外滩滨江公共空间设施的完善。

一是完善城市家具布置和慢行指示。为满足市民休憩需要，虹口滨江区域新增了各类座椅 26 个，并且在人流量较多的国客中心段区域，结合场地地形设置了多层阶梯式座椅，让市民能够坐下来欣赏浦江美景。同时为方便市民出行，滨江区域还新建了慢行指示系统，强化周边地标建筑、旅游景点、服务设施等信息指引。

二是完善厕所设施布置。北外滩滨江区域目前已建成公共厕所 3 处，分别位于国客绿地、置阳段驿站、国航段旅游咨询服务中心内。同时还有虹口港东岸二层观景平台下方和秦皇岛路码头西侧等 2 处公共厕所正在建设中。同时，为方便市民，虹口区积极协调滨江区域各业主单位开放共享厕所，目前已开放 4 处，分别位于上港邮轮城地下商业街、临江仙、渡边料理、金茂时尚生活中心内。

三是新建了滨江驿站。置阳段驿站提供"咨询、轮椅、热水、微波炉、针线包、WiFi、充电、雨伞、阅读、急救"等十类便民服务措施，并引入了"熊爪咖啡"，在满足市民购买饮品的需求同时，也助力残障人士就业，更是传递上海这座城市的温度。

董怿翎：2020 年虹口北外滩公布新一轮规划，受到了各方面的极大关注，市民对虹口北外滩的未来发展充满期待，具体有哪些规划呢？

罗隽：北外滩有以下几个特点。一是优越的地理位置，北外滩地处江河交汇处，与陆家嘴、外滩共同构成"黄金三角"。二是独特的历史底蕴，北外滩是近代上海公共、文化事业最发达的区域之一，保存有较为完整的成片里弄建筑，拥有 2 处历史文化风貌保护区（提篮桥历史文化风貌保护区、外滩历史文化风貌保护区）、30 处风貌保护街坊以及上海大厦、邮政大厦、下海庙等 48 处历史保护建筑。

结合北外滩的特点，我们提出了"一心两片、新旧融合"的总体格局，"一心"就是中部的核心商务区，核心区会采取高强度紧凑开发，围绕 480 米高的新地标以及 300～380 米、180～250 米高的两个层次建筑群，塑造富有韵律的最美天际线；"两片"就是两侧虹口港、提篮桥片区，这两个片区会保持低层高密度的空间尺度，按照严格的风貌保护要求，尽量修缮、复建或重建历史建筑，恢复历史肌理。

因而，北外滩的开发并不是从无到有式的开发，也不是大拆大建式的开发，而是一种修复式、更新式的开发。一方面，北外滩不是一张白纸开始的新城开发，我们的开发受到很多约束，要考虑已经建成的各种建筑、设施的影响。比如，我们有已建的外滩通道、新建路隧道、大连路隧道、轨道交通 12 号线，也有在建的北横通道，未来将建设的南北通道、轨道交通 19 号线，这些既是我们开发建设的机遇，也是挑战。另一方面，北外滩很多历史建筑都会予以保留，我们在开发时要考虑新建建筑与周边老建筑的衔接，不仅不能影响老建筑的使用，更需要考虑与老建筑相协调统一。这是我们北外滩开发的难点，也是北外滩开发的亮点。

徐汇滨江建管并举，打造国际大都市卓越水岸

Simultaneous Construction and Management of the Waterfront in Xuhui District to Create a World-Class Riverside

李飞宇 / 西岸集团董事长

Li Feiyu / Chairman of the Shanghai West Bund Development (Group) Co., Ltd

"（徐汇滨江）以'上海 CORNICHE'为理念，打造可以驱车看江景的林荫大道和充满活力的滨江开放空间。"

"In Xuhui District, we worked off the concept of 'Shanghai Corniche,' creating boulevards that offer citizens views of the river while driving as well as a number of riverside open spaces brimming with vitality."

徐汇滨江开放空间　Xuhui District waterfront

图片来源：西岸集团　Image source: Shanghai West Bund Development (Group) Co., Ltd

徐汇滨江是黄浦江滨江公共空间的重要组成部分，通过土地腾让和集中建设，实现了生产性岸线向生活性岸线的转变，打造迈向国际大都市的卓越水岸，提供服务市民休闲旅游观光的高品质公共空间，促进"水、绿、城、人、文"的融合发展。

董怿翎：徐汇滨江公共空间的规划定位是什么？

李飞宇：徐汇滨江在本轮公共空间建设推进的范围北起日晖港，南至徐浦大桥，涉及岸线 8.4 公里，共建成 8.4 公里景观大道、50 万平方米开放空间、5 座景观桥梁、8.4 公里防汛墙、10 万平方米亲水平台、3 万平方米配套建筑。

遵循"望得见江、触得到绿、品得到历史、享得到文化"的开放空间设计理念，目标是实现生产性岸线向生活性岸线的转变，努力打造迈向国际大都市的卓越水岸，提供服务市民休闲旅游观光的高品质公共空间，促进"水、绿、城、人、文"的融合发展。

借鉴国际一流滨水区开发理念，汇聚全球卓越水岸开发智慧，徐汇滨江以"上海 CORNICHE"（意为海滨大道）为理念，打造可以驱车看江景的林荫大道和充满活力的滨江开放空间，由北向南将依次塑造活力示范区、文化核心区、自然体验区、生态休闲区四个各具特质的主题区段。

董怿翎：徐汇滨江公共空间有哪些特色？

李飞宇：按照全市贯通工程建设要求，徐汇段严守"贯通为先、以绿为主、确保安全、控制规模"四条底线，形成景观特色鲜明、传承历史文脉、彰显文化品牌的活力公共空间，结合绿道系统和慢行系统，打造由沿江向腹地渗透的公共空间网络。获评 2015 年"中国人居环境范例奖"。建成后的徐汇滨江有以下特色：

首先是建设了驱车看江景的景观大道。抬升沿江道路至千年一遇防汛墙标高，将市政道路与开放空间结合一体化设计并建设，全线种植 5~6 排行道树，打造独具特色、驱车看江景的林荫大道。

第二是形成了多层次的立体活动空间。分级设置防汛墙，建设绿色堤防，由景观大道至沿江亲水平台形成阶梯式、多层次的活动空间，提供多样化的观江体验，同时全线确保无障碍通行，实现沿江空间最通透、最开放。

第三是活化了历史遗存，实现了有机更新。徐汇滨江曾经聚集"铁、煤、砂、油"等大工业厂区，是上海乃至中国近代工业的摇篮。随着岸线功能的转换，保留历史建（构）筑物被景观化改造并赋予新的功能，留住城市记忆，促进地区有机更新。

第四是打造"美术馆大道"，提升了空间活力。在满足公共服务的基础上融入文化设施和文化活动，形成西岸文化艺术季。

第五是辐射延伸，形成了区域公共空间网络。强化与腹地城市功能的联系，在路口节点集中设置配套服务设施和公共交通设施，形成有效的引导和集聚。结合跑道公园、龙耀路绿带等项目，系统化建立"一轴四环"城市绿道系统，优化城区绿色慢行空间，打造由沿江向腹地渗透的区域公共空间网络。

董怿翎：徐汇滨江公共空间建设主要涉及哪些方面？

李飞宇：滨江公共空间建设主要涉及以下内容。

首先是土地收储与腾让。经过八年多的开发建设，我们累计完成了近120家沿江单位、近3000户居民、300公顷土地的收储工作。

徐汇滨江活力水岸
图片来源：西岸集团

徐汇滨江景观大道
图片来源：西岸集团

　　贯通工程徐汇段涉及沿线 11 家企事业单位的土地动迁与腾让，占全市贯通工程总量的 80%。腾地、建设工程量均较大，社会面稳定任务也很重，其中涉及"水、煤、油、粮、砂"等与生产生活息息相关的重要功能性单位，如和黄白猫、云峰油库等，涉及近 400 名职工的分流安置。

　　前期，我们按照"先腾地、再收储"的推进原则，以"全市统筹、异地调整、升级改造、整体收储"为实施策略，2016 年 11 月 4 日与沿线单位集中签约，实现了大多数工程建设范围用地的先行腾让和封闭管理。在市政府统筹下，云峰油库段动迁腾地、上粮六库剩余储粮储油搬迁等难点问题，都在积极推进中得到解决。

　　其次是实施方案与工程建设。徐汇滨江按照规划设计，推动建成了四个极具特点的滨江区域。其中活力示范区公共开放空间被誉为"上海户外活动胜地"。文化核心区公共开放空间汇聚了梦中心、西岸美术馆、油罐艺术公园等集聚度高、规模大、具有全球影响的文化设施。自然体验区公共开放空间以田园、湿地、森林、草原主题分段呈现城市钢筋水泥丛林中的自然意趣。生态休闲区公共开放空间设置文体等设施场地，融合轮渡、浦江游览、公共服务等功能。其中淀浦河桥建设工程施工难度最大、最复杂、时间最紧，是贯通工程最关键节点、最重要的景观工程。

智慧水岸管理平台

图片来源：西岸集团

董怿翎：在公共空间的管理上，徐汇滨江有哪些探索？

李飞宇：我们坚持"建管并举"原则，在推进建设过程中，同步完善管理机制，加强管理力度，确保公共空间的安全有序。其中包含以下几个要点。

首先是形成高效运营管理机制。在滨江管委会决策、管委办（西岸集团）协调推进实施滨江开发的两级组织架构下，进一步探索赋予管委办区域内城管执法、市容管理、社会治安及市场监管等职能，加强市区联系、协调各方关系、整合各类资源，形成综合管理合力。

其次是高起点配置运营管理设施，8.4 公里岸线共设置了 1 个总控中心、4 个分控中心、20 个治安岗亭等三级安控管理体系，结合"智慧城市"信息技术手段，施行公共区域网格化管理，形成"化带为片、以点带面"的管理格局，做好区域协同联动，实现精准化、数字化、智能化管理全覆盖。

第三是高标准建立运营管理体系，建立与国际接轨的开放空间管理标准，规范设施养护、交通治理、社会治安、市场监管、信息发布等行为，打造高品质公共空间管理新标杆。

董怿翎：建设管理过程中，徐汇滨江有什么可分享的经验？

李飞宇：首先是建立了工作推进领导小组与协调机制。成立区贯通工程建设领导小组，党政"一把手"担任组长，分管副区长任副组长，全面负责推进落实；借力市浦江办、市重大办等协调平台，对于贯通工程涉及的重点难点，形成快报、专报机制，在市领导的关心和协调下，在相关部门支持下，攻坚克难、力保贯通。

在资金筹措与投资管理方面加大支持力度。贯通工程徐汇段涉及岸线 8.4 公里，涉及的资金总量较大。按照"保障供应、提高效率、方便使用、规范管理"的原则，我们积极争取市、区财力支持，力保资金筹措到位；同时，精细化做好项目投资控制，加强"三算"管理（匡算、概算、预算），落实设计变更、现场签证、材料核价等工程管理制度，确保建设资金的使用规范有序。

同时，加强宣传推广与维稳工作。通过技术平台和机制建设做好舆情管理，建立及时、准确、全面的舆情研判与报告机制，快速反馈贯通工程涉及的社会热点、公众意见，借助各类媒体向民众宣传贯通正能量；联勤联动做好区域维稳工作，针对贯通工程岸线长，建设工程量大，涉及街道、企业单位多等特点，管理各方通力配合，确保动迁企业员工与沿线居民情绪稳定。

此外，我们也做了贯通工程徐汇段开发建设的全程影像记录，为黄浦江两岸开发这一百年大计、世纪精品工程留存珍贵的档案资料。

美术馆大道（西岸美术馆）
图片来源：西岸集团

苏州河嘉定段加强联动，打通滨河岸线最后一段

Reinforcing Links Along the Jiading District Section to Interconnect the Last Part of the Bank

高建中 / 嘉定区水务局副局长
Gao Jianzhong / Vice Director of the Jiading District Water Affairs Bureau

"我们的主要设计思路是充分贯彻'绿色、开放、共享'的整治理念，依托'南四块'开发建设，打造'复合型水岸空间'。"

"Our main vision for this segment was to develop our four southern blocks into a 'composite waterfront space' and, when doing so, to fully implement the principles of 'greenery, openness and sharing'."

苏州河嘉定段西浜人行桥　Xibang Pedestrian Bridge on the Suzhou Greek in Jiading District
图片来源：嘉定区水务局　Image source: Jiading District Water Affairs Bureau

苏州河嘉定段岸线长度仅为 670 米，面积约 0.68 公顷。在充分贯彻"绿色、开放、共享"理念的前提下，该区域规划形成"两心双道三区"的空间结构，在推动岸线腾让、加强区区联动、充分利用产业遗存等方面形成了特色。

沈健文：苏州河嘉定段的总体情况是怎样的？

　　高建中：苏州河嘉定段的空间大致划分为"三段"：东段文化风貌区，中段的仓库创意区和西段的沪西工业带、文化教育区，本次建设范围位于沪西工业带。

　　本次嘉定段公共空间建设区域位于外环东侧、苏州河北侧，临空产业园对岸，具体为西至外环线东侧嘉定区界线、东至西浜西岸、南至苏州河北岸线、北至腹地延伸 10 米，面积约 0.68 公顷，岸线长度仅为670 米。

沈健文：嘉定段贯通区域的整体规划理念是怎样的？

　　高建中：该区域规划形成"两心双道三区"的空间结构。"两心"是瞭望塔与工业广场核心景观节点，"双道"是沿河漫步道与跑步道，"三区"是老码头遗存场景区、休闲运动绿坡河岸区、后工业人文景观区。

　　我们的主要设计思路是充分贯彻"绿色、开放、共享"的整治理念，结合苏州河沿岸城市更新及用地转型，依托"南四块"开发建设，贯通嘉定区苏州河沿岸岸线，打造"复合型水岸空间"。在后工业、人文、休闲、体育等主题之下，打造未来上海苏州河北岸最有温度的、可阅读、可漫步、可跑步、可游憩的水岸空间。

沈健文：这一段改造后的情况如何？

　　高建中：在建设范围内，现状场地基本可以给市民带来三段体验。第一段是老码头区域，保留着些许当年老码头的风貌。老码头见证了上海传统内河运输被效率更高的现代物流所取代的变迁，具备传承意义。第二段除了绿化以外，其他区域比较空旷，可以结合滨河区形成自然式公共空间。第三段则是原工业生产区，可以呼应周边区域的工业建筑风格形成工业景观。

沈健文：为改造岸线，嘉定段主要开展了哪些工作？

　　高建中：一是推进岸线腾让。贯通区域的工程范围属于"南四块"规划地块内，现状土地权属单位分别为上海纺织运输公司和上海交运集团。沿线为两家单位的有证码头，且分别租用给了国金体育中心和上海建丰混凝土制品厂。

　　项目实施前，真新街道组织拆除了沿河违法建筑 19700 平方米，拆除码头 1 座、传送带 2 套，保障了贯通工作实施的有效空间。区重大办、区水务局、区征收中心多次与两家土地权属单位协调沟通。2020 年 3 月，区水务局与纺织运输公司签订临时借地协议，纺织运输公司无偿提供土地用于贯通工程建设。2020 年 9 月，区水务局与交运集团下属上海交运

嘉定西浜人行桥
图片来源：嘉定区水务局

资产经营管理有限公司签订临时借地协议。两家土地权属单位积极配合岸线腾让，确保了贯通工作的及时推进。

二是加强区区联动。嘉定区贯通步道西至外环线，东至嘉定普陀界河西浜。为衔接嘉定、普陀两区滨河步道，充分发挥滨河空间的功能效益，在市"一江一河"办的指导下，嘉定、普陀两区相关部门协商后达成协议，在西浜上共建一座人行桥梁，将嘉定、普陀两区滨河步道串联起来，实现了区区滨河空间的有效衔接。

三是充分利用产业遗存。实施过程中，我们注重对老码头及工业产物遗存的更新和利用，设计出链接历史与艺术文化的都市滨水空间，将现有的建筑和开放空间重新组织起来，使其更紧密地接连为一体，跑步道与滨江漫步道贯穿滨河起始，形成统一的整体空间。

浦东滨江攻坚克难，贯通精神铸就东岸美丽新画卷

Overcoming Challenges and Channeling the Spirit of Connectedness to Create New Panoramas Along the Eastern Shore in Pudong District

潘耀明 / 上海东岸投资（集团）有限公司副总经理

Pan Yaoming / Deputy General Manager of the East Bund Investment (Group) Co., Ltd

"如果说贯通带给我们什么，比起成绩，更应该是一种精神。我们称之为'贯通精神'，就是敢想敢做，在困难面前不低头。"

"If you want to know what connection brings to us, we'd say it's less about business figures and more about a certain collective spirit. We call this the 'spirit of connectedness', which means having the courage to dream and not shying away from challenges."

贯通改造前的杨浦大桥桥下空间

Yangpu Bridge before its renovation

图片来源：席闻雷

Image source: Xi Wenlei

贯通改造后的杨浦大桥桥下绿地

Yangpu bridge after its renovation

图片来源：袁文炯

Image source: Yuan Wenjiong

浦东滨江定下了黄浦江东岸 22 公里贯通的目标，东岸集团用了两年的时间，集聚 100 多东岸人，8000 多建设者之力，逐项破解遇到的难点问题，最终将梦想变成了现实。

沈健文：作为公共空间建设的一线亲历者，您认为浦东滨江公共空间建设最大难点是什么？

潘耀明：从一张蓝图，到如期贯通，作为贯通参与者、亲历者，体会到了其中的个中滋味。万事开头难，对贯通来说，腾地是首要工作。

众所周知，浦东滨江沿线区域原多为工业区，封闭的工厂阻断了滨水道路，码头、轮渡等公共建筑在方便船舶进出的同时，造成滨水区域的断裂，沿线断点多、堵点多，如何一一攻克是摆在我和东岸人面前的难题。

沈健文：你们是如何攻克这些难题的？

潘耀明：我讲几个印象深刻的例子。

一个是轮渡渡口的打通。东岸滨江最大的断点在于河道口，22 公里沿线共涉及 9 个轮渡站，贯通建设中得到了轮渡公司的积极支持。在与轮渡公司的一次又一次沟通中，每个轮渡站的改造方案也逐步明确，例如：歇浦路轮渡站先进行拆除，再结合贯通平台重新建设；民生路轮渡站也是先进行拆除，然后结合跨轮渡站桥将原来的二层全部作为开放式平台，作为贯通景观及市民休憩点；其昌栈的跨轮渡站桥由于无场地落桩，需要借助原来站房的结构作为承载体，因此先进行站房加固，再进行桥梁建设；泰同栈因建设场地狭小，轮渡公司配合予以停航等。

每一个轮渡站都能讲出一堆的故事，也都凝聚了各方的付出与心血。在实现 22 公里断点的连通中，轮渡公司倾囊相付，东岸集团全力以赴。

比如，龙阳路 5 号废品回收站这块"硬骨头"。位于南浦大桥下的浦东龙阳路 5 号废品回收站这处违章搭建是困扰塘桥街道 20 多年的"老大难"问题，环境卫生条件恶劣，存在重大安全隐患。在迎世博、桥下空间整治等多次重大行动中，上述问题均没得到彻底解决，是此次贯通环境整治过程中最难的一关。2016 年 2 月开始，新区"三违"办、塘桥街道与东岸集团多番研究对策，确立了"条块结合、以块为主、多管齐下"

的工作方案。工作小组反复上门了解情况、与当事人进行沟通和政策宣传，一方面通过当事人亲属对其开展思想工作，另一方面委托律师事务所全面参与。一次次会议、无数次沟通，我和同志们始终相信，越是艰难，越要下功夫，经过半年时间的锲而不舍，终于顺利通过协商，把问题解决了，完成了该点位的整治工作。可以说，没有一股"咬定青山不放松"的韧劲，就啃不下这块"硬骨头"。

还有，"两桥一隧"区域堵点的打通。浦东滨江"两桥一隧"区域堵点集中，涉及多个业主单位，产权关系复杂，沟通协调难度极大。与诸多企业沟通，每一次谈判都是一场无声的"较量"。关键时刻，我遇到了腰伤复发的老毛病，由于事关重大，好多次会议开到深夜，除了咬牙坚持没有其他办法。到后期会议，为了减轻疼痛，我基本都是站着开会。熬过了艰难的谈判周期，等到最终签订协议的时候，恨不得躺在会议桌上。完成签约的那一刻，挂在身上的那一根弦才真正松下来，才能够去医院安心开刀。

黄浦江耀华滨江
图片来源：东岸集团

再如，租赁户的清退。在某企业名下，有 5 家租赁单位，且这 5 家租赁单位的清退问题又在浦东法院走司法程序，租赁关系极其复杂。要按期实现腾地，难度可想而知。况且，当时还在生产运营中，我和同志们前去现场谈判的时候，迎接我们的是 10 多条狼狗，很多次都被拒之门外。就是在这样恶劣的条件下，我们抓紧委托第三方单位进行土地评估工作，以土地评估的结果作为洽谈的参照标准，多方沟通协调和谈判，反复研究方案路径。在供销总社的支持帮助下，历时一年时间，终于在最后时刻完成了整治行动和土地征收，将这块关键地块交了出来。

沈健文：参与贯通，带给你们最大的收获是什么？

潘耀明：伴随着清晨五点的犬吠声、机械声以及轰塌声，2016 年 12 月最后一个断点打通，东岸滨江环境综合整治任务基本完成。鏖战一年，成功打通东岸滨江沿线 29 处堵点（断点），顺利拆除建筑超 8 万平方米、腾出 27 万平方米空间，为整个东岸贯通的后续建设争取了宝贵时间、打下了扎实基础。

如果说贯通带给我们什么，比起成绩，更应该是一种精神。我们称之为"贯通精神"，就是敢想敢做，在困难面前不低头。

先贯通再提升，贯通只是第一步。黄浦江两岸新一轮的开发再次拉开帷幕，在浦东新区引领建设的大旗帜下，定能再创佳绩，践行"人民城市"的理念。一江一水，垄垄森林，蓝绿之上，凌波漫步，江花烂漫，闲庭信步。

上海建工发挥整体作战优势，如期完成重大工程建设目标

Shanghai Construction Group Took Full Advantage of Scale in Order to Complete Major Project Targets on Schedule

黄淼 / 上海建工集团总承包部副总经理，总承包部第一管理公司总经理

Huang Miao / Deputy General Manager of the General Contracting Department, General Manager at First Management Company, Shanghai Construction Group

"如何使新建筑主体钢结构和老砖砌筑幕墙和谐共生是一项无先例的全新研究课题，项目部勇于挑战，自主设计方案、深化出图，抠细节、防漏洞。"

"How to best achieve harmony between the steel structures of new buildings and the brick curtain walls of old buildings is a new research topic with no historical precedent. The project department faced this challenge head-on by independently conceiving, elaborating and fine-tuning a design concept."

"世界会客厅"远景　The Global Reception Hall
图片来源：虹口区建委　Image source: Hongkou District Construction and Management Commission

在"世界会客厅"项目推进中，上海建工项目团队齐心协力，发扬工匠精神，为寻求新建筑主体钢结构和老砖砌筑幕墙和谐共生，发挥全产业链"大兵团"整体作战优势，防疫抗疫和施工组织齐头并进，确保了节点目标的达成。

董怿翎：该工程的地理位置具体在哪里，规模有多大？

黄淼：地块南临黄浦江，东临虹口港，北临黄浦路，西临红楼灰楼，总占地面积为 19562 平方米。地块内主体建筑由 1 号楼、2 号楼、3 号楼三栋建筑共同组成具有国际重大会议接待功能的会议中心。总建筑面积为 99000 平方米，其中地上建筑面积为 57000 平方米，地下建筑面积为 42000 平方米。

董怿翎：建设过程中，遇到了哪些难点问题？

黄淼：该项目历史背景丰富、地质条件复杂，又面临工期紧张和疫情的影响，整体施工难度巨大。遇到的主要难点问题都极具代表性。

比如历史建筑墙体保留难题。保留城市文脉，传承历史风貌，说起来容易，做起来实在太难。在风雨中飘摇了一百多年的建筑，已经千疮百孔。如何赋予其新生，既要满足现代的功能需求，又要让历史得以传承，这是最让建设者们"烧脑"的事情。

为顺应城市更新发展和环境提升，根据设计要求，陆域工程保留原历史建筑南、北及东侧单片墙体。经过百年历史的变迁，2、3 号库外墙历经多次破坏和改造，老砖强度极低，要将结构脆弱的老墙保留并恢复其历史风貌，具有极大挑战。

项目部提出了平移、切割和拆除重砌三种方案，经过反复研究比选，我们选择了风险最小、在满足功能需求前提下最大程度恢复老建筑历史风貌的老砖拆除重砌、修旧如旧的方案。项目部发扬上海建工"工匠精神"，精心雕琢、精密设计、精工打造，对历史老墙进行了一场"肢解"及"重组"。

董怿翎：项目组如何对老墙体进行"修旧如旧"的？

　　黄淼：首先利用激光扫描为外墙拍摄照片，记录外墙砖块排列分布及重点特色部位信息，为后期恢复留有依据。接着进行保护性拆除，工人们采用小榔头、平口凿子对老墙体"动手术"，手工拆除砖块。老砖风化、破损严重、尺寸不一，需进一步加工后再利用，项目部采取定点合作加工厂，将砖块等送入工厂进行清理、挑选及切割加工，减少现场大量的噪声、粉尘和有害气体等，既保证了加工质量，也保证了现场文明施工。

董怿翎：怎么做到新建筑主体与"修旧如旧"的"老外衣"的和谐共生？

　　黄淼：在黄浦江这片中心节点上，项目部始终在城市更新实践中不断探索，寻求新老建筑融合共生，重塑老建筑空间与功能，传承城市文明。

　　"世界会客厅"工程在老建筑原址新建了具有自重轻、施工简便、周期短、抗震性能好、环境污染少等综合优势的现代化钢结构体系，以其作为整体骨架，接着为它披上满载历史记忆的"老墙外衣"，其外墙采用老砖块按原建筑风格进行复建，修旧如旧。

历史建筑修缮
图片来源：建工集团

如何使新建筑主体钢结构和老砖砌筑幕墙和谐共生是一项无先例的全新研究课题，项目部勇于挑战，自主设计方案、深化出图，抠细节、防漏洞。通过在砖块间设置条条错错的钢筋，端头焊接在钢结构上，如血管脉络般安全连接了整体结构，使这件"老墙外衣"穿得牢固、牢靠，真正地实现了新老共生。不论是石材线条，或是门窗拱券，还是柱头花饰，均一一按照历史样貌复原，实现历史与未来的重叠。

董怿翎：除修复建筑外，项目组还面临了哪些挑战？

黄淼：还有水域防汛安全问题，特别是防汛墙报警状况频出。为加快工程进度，水域工程较陆域工程先行施工。陆域工程开工伊始，先行施工的水域新建防汛墙出现错缝，一旦超过警戒值，将给上海防汛安全带来严重的后果，甚至造成不可估量的经济损失。

面对巨大压力，上海建工没有退缩，集团领导高度重视，立即启动应急预案。经过专家指导，项目团队调整方案、优化流程，最终决定采用临时拉锚，22000 方抛石保滩，限制防汛墙后方的荷载，亲水平台顶住等"拉压限顶"综合措施，使防汛墙位移最终停留在 183 毫米，打赢了这场惊心动魄的防汛墙保卫战，为后续施工扫除了障碍。

董怿翎：新冠疫情是否对工程工期产生了影响？

黄淼：面对疫情，防疫抗疫和施工组织两手都要抓。2020 年初，新冠疫情突然暴发，对"世界会客厅"工程总体进度产生严重影响，为加快推进工程全面复工，"世界会客厅"工程"菱形管控"团队坚守岗位，依靠集团整合资源，带领全体管理人员严格落实复工疫情防控各项准备工作。由项目总经理牵头，项目总工程师负责编制防疫应急措施方案，安全督察员积极组建了疫情防控志愿服务队，项目总经济师负责核算防疫措施的经济合理性。

在工程指挥部及各级主管部门领导的协调与大力支持下，项目部通过包车点对点接送工人、借住宾馆隔离观察并对工人进行新冠病毒核酸检测等有效措施，确保首批 300 余名外地返沪工人符合进场施工条件，无一例感染，项目提前进入全面复工。在确保安全的前提下，为守牢后续重大关键节点奠定了坚实基础。

最后就是凝心聚力抢工期。"世界会客厅"工程作为边设计、边修改、边施工的"三边工程"，任务重、工期紧，同时遭遇超长梅雨季、高温、寒潮等极端天气等不利因素的影响，为确保工程建设，上海建工积极开展"精品杯"立功竞赛活动，聚焦形象进度、科技创新、文明施工方面，针对关键节点，排出时间表和任务书，挂图作战，加快标志性重大项目建设，早出形象、早出功能。

上海建工充分发挥全产业链"大兵团"整体作战优势，以数字化、

"世界会客厅"夜景

图片来源：《新民晚报》陈梦泽

工业化、绿色化建造技术，助力重大工程建设，通过实施"MEES菱形管控"管理方法，以点带面，多点联动，有效地提升总承包管理策划能力、资源集成整合能力和现场施工风险管控能力，管理上更具穿透性，确保了工程建设进度、质量、安全全面达标。

为确保重大时间节点目标，全体管理人员连续多月坚持"5+2""白加黑"苦干实干，充分发挥建工在重大工程"后墙不倒"的精神，挑战极限工期，以无悔和奉献谱写忠诚与担当。3个月完成19000吨钢结构吊装，半年时间完成26万方渣土外运和4.2万平方米逆作楼板施工，跑出了地上、地下同步逆作施工的上海建工加速度！

西岸传媒港创新整体开发模式，
高标准打造大型城市综合体

Innovating Development Models to Create the West Bund Media Port, a Large-Scale Urban Complex

温斌焘 / 西岸集团副总经理

Wen Bintao / Deputy General Manager of the Shanghai West Bund Development (Group)Co., Ltd

　　"（整体开发模式）带来了复杂的利益协调问题，需要多个企业和政府部门的协作，这个特点超出了以往将项目局限在项目团队和单个企业的范围，需要对传统开发模式进行机制上的创新。"

　　"In the context of the West Bund Media Port project, our original development model involved complex issues regarding the coordination of interests between different parties, and thus required high-level collaboration between various companies and government departments. This was new: In the past, our projects were generally limited to working with project teams and individual companies. We therefore needed to innovate a collaborative model with new mechanisms that would facilitate the project's implementation."

西岸传媒港夜景照片　Night view of West Bund Media Port
图片来源：西岸传媒港公司　Image source: West Bund Media Port Company

　　"西岸传媒港"项目对传统开发模式进行机制上的创新，采用"带地下工程、带地上方案、带绿色建筑标准"的"三带"土地出让方式和"统一规划、统一设计、统一建设、统一运营"的"四统一"开发模式，使项目中各地块在空间与功能上实现完美衔接，在建设品质上实现高度统一，地上、地下空间和功能上实现全面贯通。

吴英燕：请您介绍一下项目情况？

　　温斌焘：上海西岸传媒港是集商业、公共服务为一体的综合性项目，由龙腾大道、云锦路、黄石路、龙爱路所围合的 9 个地块组成，总占地面积约 19 万平方米，规划总建筑面积约 100 万平方米，其中地上约 54 万平方米，地下约 46 万平方米。

　　建成后的西岸传媒港以央视总台长三角总部、上海总站项目为旗舰，引进一批著名传媒产业、信息产业企业，打造集现代传媒、演艺娱乐、文化休闲、商务旅游为一体的高端影视制作和现代传媒产业集聚区，成为以商业和商务办公为主体功能的大型城市综合体建筑群。

　　项目通过积极探索新型开发模式、对地下空间的充分利用，进一步集约使用土地资源，拓展发展空间，适应于城市低碳经济、能源节约的发展方向。二层平台的设置实现了人车分流，给市民、办公人员和旅游者创造一个安全、舒适的工作和休闲环境。

吴英燕：西岸传媒港有什么创新开发模式？

　　温斌焘：在大规模城市建设的当下，如何从规划、建设的角度高效利用城市中心城区土地是摆在政府与开发者面前的难题。如何实现城市功能集聚区品质提升与未来容量增长的双赢，是中国城市建设面临的重要课题。

　　在上海、北京、深圳等大型城市开发过程中，片区"组团式"的整体开发模式正越来越成为一种典型模式。在这种模式下，带来了复杂的利益协调问题，需要多个企业和政府部门的协作，这个特点超出了以往将项目局限在项目团队和单个企业的范围，需要对传统开发模式进行机制上的创新。

　　为高效集约化利用土地，创造立体、整合与互动的城市空间。西岸传媒港项目开发建设采用了"区域组团式整体开发""地下空间统一建设"和"政府主导下的伙伴式合作开发"的创新开发理念。

吴英燕：区域组团式整体开发具体有哪些创新？

温斌焘：西岸传媒港共有9个地块，在规划设计的阶段即全面推行区域组团式整体开发理念，突破传统单地块自成系统、地块间互动联系薄弱的限制，从9个地块"区域整体"的角度考虑空间功能、交通流线、基础设施配置。

对于西岸传媒港区域内的出入口、人防、停车位、绿化面积、能源供应等重要技术指标与公共设施，实现区域统一平衡、公共设施集中设置。即将9个街坊地块作为1个大地块进行规划设计，以起到规模化设置公共资源、高效率利用土地、创造立体城市空间的效果。

吴英燕：地下空间统一建设具体指什么？

温斌焘：传统的地块开发，地块间受到城市市政道路以及建筑退界的制约，地下空间资源例如停车位难以共享，特别是处在城市中心的CBD区域，交通流量高，停车需求大，往往引发区域性交通拥挤以及停车体验差等问题。

西岸传媒港项目在地下空间开发上突破了地块的限制，在规划设计

西岸传媒港实景照片
图片来源：西岸传媒港公司

中将地块以及市政道路下的地下空间进行了整体规划设计，实现在9个地块及区域内道路下方建设整体地下室，基坑整体开挖，项目整体建设，实现区域内所有地块地下室的大连通，地下室设置的各项资源均可由所有地块共享。为实现上述规划设计意图，项目建设的主导单位、徐汇滨江开发统筹推进单位——西岸集团提出，在西岸传媒港项目实行地下空间统一建设的模式，包括统一规划、统一设计、统一施工和统一运营。西岸集团下属全资子公司——上海西岸传媒港开发建设有限公司（以下简称"西岸传媒港公司"）受让本项目地下空间土地（除央视3个地块以外），承担西岸传媒港项目地下空间开发建设的任务。

为了实现地上组团式和地下统一建设的目标，本项目采取了创新的土地出让方式，即地上、地下空间土地分别出让，显示了地块整体开发与单独开发的区别。

吴英燕：徐汇滨江是如何做到政府主导下的伙伴式合作开发？

温斌焘：考虑到西岸传媒港"政府—市场"二元治理特征，以及众多的创新之处必须由政府主管部门进行配套政策创新，本项目实践了"政府主导下的伙伴式合作开发"理念，建立了"政府—合约—关系"三位一体的西岸传媒港项目组织间关系开发模式。

西岸传媒港借助上海市重大办、徐汇区政府、上海徐汇滨江地区综合开发建设管理委员会、徐汇区重大办等多个重要的政府机构进行协调推进，对项目建设目标、土地出让决策、项目审批、规划设计审批、项目建设推进和创新政策支持起到了极为关键的作用。政府对项目开发模式、土地出让方式、各建设单位开发建设和运营的界面、权利义务关系进行了约定，这很大程度上奠定了项目建设推进的基础。

项目本身是上海市和徐汇区两级政府的重大项目，政府的作用不可或缺，政府主导此类型项目建设推进的保障和基本需求，由政府来进行及时的调整，依靠市场手段进行规范，从而使得项目建设更符合城市规划和城市设计的最初意图。既能提升区域土地价值，又能节约投资成本，更好地体现高效治理、可持续发展的原则，打造立体城市空间，实现智慧城市运营。

Chapter Three

共治生活场域

Joint Governance for Shared Living

如果说共建如同大家一起建大厦，那共治就是通过科学合理的制度共同维护大厦的良好运转。在"一江一河"公共空间贯通和品质提升的实践中，"一江一河"公共空间逐步形成了区域化治理的新模式：党建强引领、多主体参与、全要素整治、精细化管理。

正是因为有着安全、有序、精细的治理，"一江一河"公共空间建设，没有停留在贯通上，而是更加注重贯通之后的品质提升。如今，去"一江一河"滨水空间，已成为上海市民度假休闲的打开方式。

实际上，治理的细节散落在"一江一河"滨水空间一个个不起眼的角落。当你走在滨水空间沿岸，可能会看到：

在陆家嘴金融城，有一支以城管女队员为主的女子综合管理监察队，她们总是耐心、温柔地为游客指引；而在浦东滨江的绿地里，一些市容绿化工作人员正在进行绿植养护，还有一些正在更换座椅。

在苏州河岸，有一群穿着"爱我家园"马甲的志愿者在打捞河里漂浮的垃圾，还有一些人在宣传垃圾如何正确分类。而在离志愿者队伍不远处的党群综合服务中心，街道负责人、小区业主代表、居委会工作人员可能正在热火朝天地讨论如何解决机动车停车难、如何提升亲水步道的安全性等问题。在党群综合服务中心附近的一座桥梁边，上海市交通委、上海市道路运输局工作人员或许正在对桥梁进行全面分析评估，以使桥梁与城市景观更加协调、与城市空间衔接更加顺畅，市民通行更加便捷。

在中环桥下，可能有三五个施工人员正在对桥下空间进行微更新，植入运动健身、儿童乐园等新功能，以便更加贴近市民生活、环境更加友好。

上海的城市发展已由高速发展转向高质发展，这就要求城市管理模式要相应地由粗放转向精细。精细化管理，是"一江一河"公共空间实现共治的重要手段。精细化，需要以实现人民群众的期待为宗旨，倾听百姓需求，回应百姓呼声。为充分地满足人民群众多方面的需求，上海市、区政府协同开展沿河建筑、绿化景观、跨河桥梁、防汛墙、码头设施、道路立杆和架空线等综合整治工作。精细化，需要协同统筹，群策群力。在"一江一河"公共空间的治理中，市"一江一河"办、市精细化办、市市政市容专项办等组织相关行业主管、各区政府分解任务、协调矛盾、督促推进。精细化，需要因地制宜、因时而变。浦东滨江针对三条慢行通道配有不同的绿化景观的实际情况，进行了差异化的绿化景观管养工作。过去，城市管理方式是单向的；现在，治理模式在发生深刻的变化，不仅是双向的，甚至是多项、多维的。"一江一河"公共空间精细化管理的最终目的是让来到这里的每个人看得到上海的文化，感受得到城市的温度。

社会参与，是"一江一河"公共空间实现共治的主要形式。倾听公众声音，是"人人都能有序参与治理"的前提，体现了上海城市管理的开放性、包容性。听得见公众声音，政府才能深入、全面地了解市民的需求，才能精细地、精准地进行治理，才能切实提升市民的幸福感、满足感、获得感。鼓励社会参与，是"人人都能拥有归属认同"的应有之义，彰显了精细化管理的全民性、公众性。为满足市民滨江遛狗的需求，徐汇滨江开辟逾万平方米的空间打造了萌宠乐园，如今那里已是沪上养狗人士遛狗的必选之地。

"一江一河"公共空间，已成为新时代上海城市管理新理念、新模式的重要实践区。

If joint construction means that everyone teams up to build a building together, then joint governance means collectively ensuring the successful operation of that building using scientific and rational methods. In the process of connecting and enhancing public spaces for the "One River and One Creek" initiative, a new model of localized governance has gradually emerged, characterized by strong leadership through party-building, collective participation, comprehensive problem-solving, and refined urban management.

The resulting safe, orderly, and meticulous governance of these new public spaces has ensured that the project didn't stop at interconnectivity, and that stakeholders remain invested in long-term quality enhancement. That's one reason that the spaces included in the "One River and One Creek" initiative have become popular hang-out spots for Shanghai residents.

The signs of this governance are sprinkled into every corner of the "One River and One Creek" initiative — something you can see just by walking its length.

In Lujiazui Financial City, a comprehensive management and supervision team, most of which are women, patiently and kindly offers directions to tourists; while at a green space along the river in Pudong District, urban afforestation workers can be seen maintaining the shrubbery and replacing benches.

On the banks of the Suzhou Creek, a group of volunteers wearing vests emblazoned with the slogan "I Love My Home" salvage trash floating on the water, while other volunteers spread awareness about the correct way to sort garbage. Not too far away, at the Party-Mass Comprehensive Service Center, sub-district leaders, spokespeople for local residents and neighborhood committee staff meet to talk about parking difficulties and how to improve the safety of waterside trails. Meanwhile, the staff of the Shanghai Municipal Transportation Commission and Shanghai Road Transportation Bureau conduct a comprehensive assessment of a bridge in order to decide how it can best and most conveniently be integrated into the urban landscape.

Last but not least, a small group of construction workers carry out minor upgrades on the newly renovated space under the Central Ring Bridge, adding new functions such as sports and fitness equipment as well as playground infrastructure, adapting the space so it is better suited to the lifestyle needs of residents and has a more friendly atmosphere.

Shanghai's development trajectory is in the midst of a shift from high-speed development to high-quality development. This requires a corresponding shift from macro-scale to refined urban management. Refined management is an important means for realizing the joint governance of public spaces like the ones that make up the "One River and One Creek" initiative. What this shift in management models entails is simply prioritizing the desires of the people: to listen to their needs and respond to their voices. In order to fully satisfy the diverse needs of Shanghai's residents, the city's municipal and district-level governments joined hands to carry out a comprehensive renovation of riverside buildings, green landscapes, bridges, flood-walls, wharf facilities, road poles and overhead power lines. Their use of refined management required them to carry out coordinated planning and teamwork. Throughout construction and governance phases of the "One River and One Creek" initiative, the Shanghai "One River and One River" Office, the Shanghai Refined Management Office, and the Shanghai City Appearance and Administration Bureau have coordinated between relevant industry executives and district governments as they completed tasks, resolved conflicts, and oversaw progress.

Refined management also means adapting policies to specific regions and updating them as time goes by. For instance, a differentiated landscape management strategy was adopted along the riverside in Pudong District. This is because the three "slow passageways" in this area feature vastly different vegetation. In the past, urban management orthodoxy called for adopting the same approach for different problems and goals. Now, municipal governance models are undergoing profound changes, becoming more multi-faceted and multi-dimensional. Of course, the ultimate goal of adopting refined management for the "One River and One Creek" initiative is still the same: to let everyone who comes here appreciates Shanghai's cultures and senses its warmth.

This goal requires something else — joint governance. And that means ensuring widespread public participation in the initiative's planning, construction, and governance phases. Listening to the public is essential if we want to achieve the ideal of orderly grassroots participation in governance. The inclusion of the public in this initiative reflects both the openness and tolerance of Shanghai's current urban management regime. By listening to the public, the government is able to develop an in-depth and extensive understanding of their needs, which in turn allows it to govern in a more precise and meticulous manner, increasing public happiness, satisfaction and gratification. Only by promoting public participation can we make it possible for everyone in the city to feel like they belong each other. This is a democratic and inclusive process. For instance, in order to meet the needs of riverside dog walkers, more than 10,000 square meters of space was opened up along the river in Xuhui District to create the Mengchong (lit. "Adorable Pet") Paradise dog park, which has since become an essential destination for Shanghai's dog owners.

In this way, the public spaces that make up the "One River and One Creek" project have become important grounds, not just for recreation, but for the implementation of new urban governance and management concepts.

进一步增加老百姓的获得感，
思路精细化是精细化管理的关键
Refined Thinking Is the Key to Refined Management and Popular Satisfaction

伍江 / 同济大学超大城市精细化治理研究院院长
Wu Jiang / Director of Research Institute for Elaborated Urban Governance, Tongji
University

"'一江一河'滨水公共空间的精细化管理在绿化管养、服务设施和市政基础设施等方面做得比较好。"

"The refined management of waterfront public spaces in the 'One River and One Creek' area has been particularly successful at bringing about 'greenification', as well as the improvement of service facilities and municipal infrastructure."

滨水公共空间养护　Maintenance of waterfront public spaces
图片来源：上海市滨水区开发建设服务中心　Image source: Shanghai Municipal Riverside Area Development and Construction Service Center

上海城市发展已经进入存量时代，提升建成事物品质变得更为重要，存量发展离不开精细化。精细化管理，是上海城市经济社会发展到一定阶段的必然诉求，其根本目的，是通过方方面面的品质提升让老百姓获得幸福感。"一江一河"滨水公共空间是上海城市精细化管理的最大实践区。

董怿翎：什么是好的城市治理？

伍江：城市治理成功与否可从三个关键词来判断：安全、有序、活力。安全是一切幸福的前提，城市管理的首要目的是保障人民安全。以安全为前提，城市必须有序。安全、有序是城市管理的底线。安全、有序的不一定是好城市，但不安全、无序的城市一定不是好城市。在安全、有序的基础上，好的城市一定是充满活力的，包括经济、生活、活动的活力，人们能感受到城市的包容、空间的开放、四通八达、不死板。

但是，基于安全的有序性与城市活力之间存在一定矛盾，比如在新冠疫情期间，封闭式的小区管理效果比不封闭的小区更好。这也引发了我的一些思考——从前，城市管理比较粗放，要么关，要么乱，进入到精细化的新阶段，城市管理者要探索的是，如何实现需要管的时候能管得住，不需要管的时候能放得开。

董怿翎：上海进行超大城市精细化管理的背景是什么，与此前的城市开发和管理有什么区别？

伍江：2017 年，习近平总书记对上海提出"城市管理应该像绣花一样精细"的要求。改革开放 40 余年来，上海的快速发展造就了今天的经济成就，人民生活水平显著提升。但是原先完全依赖增量的发展模式并不能持续，当城市发展到一定程度后，发展模式必然会从增量转向存量，这也意味着"开疆拓土"的事情会越来越少，提升建成事物品质变得更为重要。精细化管理，以提高城市生活品质、空间品质、生产能力等方面为目的展开，从这个意义上来讲，存量发展离不开精细化。

因此，精细化管理是上海城市经济社会发展到一定阶段后的必然诉求，而其根本目的，是通过方方面面的品质提升让老百姓获得幸福感。

董怿翎:"一江一河"滨水公共空间的管理有哪些特点和挑战?

伍江:"一江一河"滨水公共空间是上海城市精细化管理的最大实践区。作为上海最大的公共空间,每个居民有同等享有"一江一河"滨水空间的权利,因此这一空间的精细化是市民最为关注的,管理的成效评估也取决于大多数市民的满意程度。

作为公共空间,"一江一河"的精细化管理与整个城市的精细化管理并不完全相同,除了细化各项建设标准之外,精细化最重要的体现是市民对服务的满意度——不论是如厕、餐饮,还是其他休闲需求,当市民有需要时就能为他们提供精细的服务,这是城市服务的最高境界。

城市的服务水平总是从粗放走向精细,以前,我们将城市规划称为公共服务配套,以每千人、万人配备多少设施为衡量标准,但配套的东西很难给市民带来幸福感,幸福感来自每个人的自主选择,因此城市服务要为市民提供更多的选择。这就需要对空间使用的准确分析,比如了解区段的高峰人流数量、一般人流数量,需要多少洗手间、咖啡馆、餐饮店,不同群体偏好等,分析到位之后,相关设施要跟上。而在设施建设中,政府除了投入之外,更要起到引领作用,通过政策支持、引导市场主体参与公共性建设。

总体而言,"一江一河"的精细化应该包括技术的精细化、设施的精细化、政策的精细化和最重要的——治理思路的精细化。精细化,并不意味着越精细就越好,而是越能满足人民群众的需求越好,其中也包括了当管理的需求与市民需求存在矛盾时,如何进行缜密研究并找到平衡点。从这个角度来说,精细化体现在是否能精确地找到平衡点,平衡点抓得越精确,社会才越和谐,每个人的幸福感也越高。

董怿翎:您如何评价"一江一河"目前的精细化管理水平?

伍江:我认为"一江一河"滨水公共空间的精细化管理在绿化管养、服务设施和市政基础设施等方面做得比较好。

首先是绿化。不论在哪个区段的滨江,不论是哪个季节,你都能看到色彩丰富的花卉,滨江也因此吸引很多市民前往留影。而且前期的规划设计也比较到位，在贯通之后，也一直有人维护修剪花草。

　　第二是服务设施。比如，所有滨江连通的部分都设有无障碍设施，我经常推着我岳父在黄浦江边散步，在任何一段他都不需要下轮椅，虽然个别点位需要稍稍绕路，但整体是连通的，无障碍的体验非常好。在苏州河边，这一点目前尚未完全实现。

滨水公共空间增彩添绿
图片来源：上海市滨水区开发建设服务中心

第三是市政基础设施。比如，整个公共空间的通信系统都做得很好，在江边、河边使用移动设备，信号优于一些人群聚集区。

分区段来看，时至今日，外滩仍然是黄浦江两岸最受欢迎的区段，经过多年的发展以及 2010 年世博会前的改造，外滩已经成为城市综合功能的重要承载区；徐汇滨江较早提出打造滨江文化艺术中心的目标，目前也取得了成功，在国际上拥有了一定的影响力，根据规划，未来还会推出新的文化艺术设施，进一步打造成为上海文化艺术设施的聚集区；虹口、杨浦滨江边的步道虽然尺度较小，但也设计到位，特色鲜明。我认为，黄浦江两岸任何一段都不能同质化，每一区段在找到自己服务特色的同时，服务水平应该展现出同样的高品质。因此，各区段的精细化都还有进一步提升的空间。

董怿翎：未来"一江一河"滨水空间的精细化管理可以从哪些方面继续提升？

伍江：城市生活密度很高，城市规模扩大后，人们对于公共空间的使用需求更为强烈。人类天性亲水，水边的公共空间通常更受欢迎，尤其是地理位置好的滨水空间。苏州河穿城而过，黄浦江随着浦东改革开放，也由城市的边缘转为城市的中心，因此，"一江一河"滨水空间自然成为最有利于开发公共空间的区域。

浦江风光
图片来源：玉龙光碧

打通滨水岸线，向公众开放滨水空间，其核心不是沿着水岸从头走到尾，而是水岸的可及性——保证每段都能进入，并且易于进入。相较于黄浦江，苏州河的尺度小，未来更适合在提升亲水性方面做探索，比如改造根据汛期移动、升降的防汛墙，像巴黎塞纳河畔一样的下沉式步道，或是开设水上游艇观光等。

除了为公众提供一个公共活动空间外，打造"一江一河"水岸更重要的意义在于，这一城市空间能成为提升城市能量的发动机。曾经，"一江一河"是上海的生产空间；如今，城市的经济生产对这一空间的依赖越来越小，但这不意味着我们不需要经济能量，上海迈向卓越的全球城市还需要大能量。

因此，将黄浦江、苏州河沿岸的公共空间开放出来，让大家认同城市中最好的公共空间属于所有市民，这是第一步。下一步，应该推动"一江一河"对于城市腹地的引领和带动作用，以"一江一河"为主干，进行垂江（河）发展。一方面，通过人的聚集和生产经济行为带来的能量带动腹地经济、社会、文化等多方面的功能发展；另一方面，通过垂江（河）发展，将城市中大量的生态空间、广场空间、公共空间串联成网络，形成城市公共空间系统，让老百姓在出了家门就有公园之外，还有更多容易到达的选择。对"一江一河"未来发展的布局也是治理思路精细化的体现，这一思路已经写入《上海市"一江一河"发展"十四五"规划》中。

以法治促共治，守护滨水公共空间的美好
Using the Rule of Law to Promote Joint Governance and Protect the Beauty of Public Waterfront Spaces

许丽萍 / 上海市人大代表
Xu Liping / Shanghai Municipal People's Congress Representative

"如何通过立法平衡各方利益，促进'一江一河'沿岸地区实现高质量发展、高品质生活，具有挑战性！立法的创新实践意义重大。"

"How to balance the interests of all parties through legislation and promote the high-quality development of the districts involved in the 'One River and One Creek' initiative is a challenging matter in which innovative legislation is of particularly great significance."

守护　Patrolmen on duty
图片来源：上海市滨水开发建设服务中心　Image source: Shanghai Municipal Riverside Area Development and Construction Service Center

当前，"一江一河"滨水公共空间发展工作已经进入到全面提升的关键阶段，上海市正在开展的"一江一河"滨水公共空间立法工作，将以更高起点谋求规划升级、以更高标准推动建设管理、以更高站位促进开放共享，为建设具有全球影响力的世界级滨水区提供法治保障。

董怿翎：为了保护好"一江一河"公共空间的建设成果，"一江一河"的综合管理工作应该在哪些方面进行改进和提升？

许丽萍："一江一河"滨水空间贯通开放是历届市委、市政府"一张蓝图绘到底"，几代人不懈努力结出的硕果，并且任重而道远，还需要各方持续发力，共同守护好我们的美好家园。党的十九大提出，要"以共建共治共享拓展社会发展新局面"；习近平总书记指出："一个现代化的社会，应该既充满活力又拥有良好秩序，呈现出活力和秩序有机统一。"

就"一江一河"滨水空间而言，以前沿江沿河两岸大多是企业用地，实行封闭式管理，管理的责任主体明确。现在滨江空间贯通后，长距离、大范围的 24 小时全天候开放空间，安全管理、生态管理、人性化服务，就是一个重要的基础性工作，仅仅依靠政府管理显然是力不从心的。

要打造"一江一河"城市名片和"世界会客厅"，既要有大智慧，又要有绣花般的精细度，关注到每一个部件和事件。建立政府监管、企业自律、社会协同、公众参与的共建共治共享机制，以治理代替管理，以共治凝聚合力，才能创造有品质的公共环境、有活力的公共生活。

另外，上海正在推进数字化转型，"一江一河"公共空间的精细化与品质化管理，需要科技赋能、数据赋能，坚持按需管理、精准管理、有效管理，才能打造具有中国特色的城市精细化管理示范区。

董怿翎：共治无疑是其中重要的一个环节，应该从哪些方面着手和发力？

许丽萍：社会共建共治共享体系，核心是系统性、协同性。坚持党的领导、政府负责、社会协同、公民参与、科技支撑、法治保障的治理机制，是新时代社会治理的主要内容和实践路径。谈起共建，就如同大家一起建大厦，共治就是通过科学合理的制度共同维护大厦的良好运转，共享则是大家一起分享受益。"一江一河"的治理是一项系统工程，需要党建引领，形成政府、企业、社会、个人多方参与，带动"一江一河"城市更新、功能转型、环境品质和社会治理水平提升将是必由之路。

具体来说，首先是党建引领、政府主导，目前黄浦江、苏州河沿岸30 余个街镇逐步建立了区域化党建平台，通过资源共享、项目共建，实现沿岸水域市容环境的区域自防、边际协防、流域共防，为逐步实现"市区联手、水岸联动、流域联合"工作机制作出了积极探索。

其次，沿岸企业、社会组织和个人充分发挥主人翁精神，积极参与共同治理，增强自我"存在感"。黄浦江、苏州河贯通开放之后，沿岸逐步发展了一批完全由市民组成的护河队，比如黄浦外滩街道的"爱我家园"苏州河护河队，成立之后吸引了不同年龄层次的普通市民积极参加，通过护河行动不但维护了河岸市容环境和社会行为，同时进一步提升了个人的存在感、价值感。

另外，正在推进的"人民建议征集平台"，是市民建议的汇集平台、解决问题的工作平台，"一江一河"公共空间管理也是内容之一。正是基于民意被充分尊重、"人人为我、我为人人"的城市文化、"自我教育、自我管理、自我服务"的创新模式，多方共治的"正能量"才会不断激发。

通过积极探索构建的良好共治模式，还可以复制于其他领域，也可有效降低社会管理成本，显著提升市民群众的获得感。

董怿翎：上海目前正在开展"一江一河"滨水公共空间立法工作。作为一名市人大代表，您认为上海为什么在当前阶段来推动"一江一河"滨水公共空间立法工作？

许丽萍：2019 年 11 月 2 日，习近平总书记实地调研了开放共享的杨浦滨江公共空间，首次提出了"人民城市人民建，人民城市为人民"的重要理念，特别指出要以人民为中心，合理安排生产、生活、生态空间，努力扩大公共空间，让老百姓有休闲、健身、娱乐的地方，让城市成为老百姓宜居宜业的乐园。黄浦江、苏州河两岸公共空间贯通工程正是践行落实总书记"人民城市"重要理念的真实写照，不仅要在规划、建设、管理等全生命周期中坚持最高标准、最好水平，同时更要强化制度保障，让各项工作有法可依。

2017 年底，黄浦江核心段 45 公里滨江岸线贯通开放，继而召开的上海两会期间，陈丹燕等 25 位人大代表联名提议开展滨江 45 公里岸线管理立法工作。市委、市人大、市政府高度关注"一江一河"宝贵的空间资源，组织相关部门随即开展立法调研等前期研究工作，并在市人大领导亲自关心和推动下，于 2020 年底正式立项。

上海针对特定滨水区域、聚焦公共空间管理的地方立法缺乏先例，且本次立法不同群体的诉求多元，社会关注度极高。如何通过立法平衡各方利益，促进"一江一河"沿岸地区实现高质量发展、高品质生活，具有挑战性！立法的创新实践意义重大。

董怿翎："一江一河"立法工作将为推动"一江一河"共建共治共享提供哪些制度保障？

许丽萍：通过前期广泛调研，本次立法的重点包括以下内容。

一是加强顶层设计，明晰"一江一河"滨水空间的发展愿景、功能定位，强化专项规划统筹，强化市区工作统筹；二是明确各方职责，重点是填补滨水公共空间管理的法律空白，明晰工作边界及协同机制；三是对滨水空间的基础设施建设与维护提出高品质要求，凸显安全性、生态性、公共性、便捷性、文化融合、人性化的特征；四是推进社会共治共享，"一江一河"滨水空间立法既要注重保障市民及游客的美好体验感，保障公共空间的活力，同时又需要构建公共规则以保障公共空间的秩序，如设立公共开放空间的"限制行为、禁止行为"，即每位市民及游客都是公共空间的享受者，也是公共秩序的守卫者。哪些行为需要列入限制行为和禁止行为，需要广泛听取民意，达成共识；五是推动"一江一河"高质量发展、精细化治理，法律需要对标准引领、科技赋能、发挥专家智库作用、积极运用信息技术提升管理水平作出规定。

综上，"一江一河"贯通开放之后，公共空间的设施管理、活动管理、行为管理成为广受关注的重要环节，是推动实现全社会共治的主要区域。发挥政府、沿线企业、社会组织、市民的协同作用，避免单一机制，探索多元机制，满足不同区域、不同空间、不同群体、不同诉求，实现最美空间资源最大程度共享，将是"一江一河"立法的重大挑战和尝试。

滨水空间条例解读:
精巧平衡公共利益和个体需求
Interpreting the Regulations Governing Shanghai's Riverside Spaces

罗培新 / 上海市司法局副局长
Luo Peixin / Vice Director of the Shanghai Municipal of Justice Bureau

"秩序、文明、祥和、美好,正在成为滨水空间的主基调。2021 年 9 月 30 日,向社会公开征求意见的《上海市黄浦江苏州河滨水公共空间条例》(草案),正着眼于守护这份美好。"

"Order, civility, harmony and beauty are the primary underlying themes of Shanghai's riverside spaces. On Sept. 30th, 2021, the city released a call for public comment on a set of new 'Draft Regulations for Riverside Spaces along Huangpu River and Suzhou Creek'. The goal was to protect these areas' beauty."

苏州河黄浦段滨水公共空间　Public spaces on the Suzhou Creek riverside in Huangpu District
图片来源:同济原作设计工作室　Image source: Original Design Studio

滨水区域作为特殊空间，适用特殊规则，是这部条例的灵魂。价值位序上，公共利益优先于私人利益，是立法的基点。《上海市黄浦江苏州河滨水公共空间条例》(草案)[后简称为《条例》(草案)]着眼于根据滨水空间特点，在既有规范的基础上，叠加特殊规则，力求在保护公共利益与满足个体需求之间，达成精巧的平衡。

董怿翎：2021年9月30日向社会公开征求意见的《条例》(草案)，引起了广泛关注。我们注意到这部法规的名称是"空间条例"，与我们平常看到的管理性法规名称有所区别，请您介绍下这个名称的由来和其背景。

罗培新：美好事物的立法，除了法言法语的严谨规范之外，文字的优美，也是美好的一部分。首先，立法者必须为这部法律取一个美好的名字。

这部立法，当时作为议案被提出时，曾被取名为"区域条例"，或者叫"区域管理条例"，而根据2021年9月底公布的征求意见稿，《条例》(草案)名称变为"空间条例"，没有了"管理"两字。法律之名，首要意义在于明晰调整范围，这也是明确行为规范适用区域所必须。

《条例》(草案)第二条规定，本条例所称的黄浦江、苏州河滨水公共空间，是指苏州河、黄浦江岸线至第一条市政道路之间及其向水域、腹地适当延伸，对社会公众开放，具有游览观光、文化传播、运动健身、休憩娱乐等公共活动功能的空间。滨水公共空间的具体范围，由市住房城乡建设管理部门根据规划组织确定，并向社会公布。

细读此条，可以读出以下数层含义：

其一，滨水公共空间，既包括陆地，也包括水面，即"苏州河、黄浦江岸线至第一条市政道路之间及其向水域、腹地适当延伸"，也就是说，在苏州河、黄浦江上开展垂钓、赛艇等水上运动，也属于法律调整范围，甚至在沿岸地带上空放风筝、操控无人机等，也受法律调整。因而，用"空间"而不用"区域"一词，既易于满足民众对陆地、水面、空域三位一体的立体想象，又富于灵动色彩。

其二，滨水公共空间，必须具备向社会公众开放，具有游览观光、文化传播、运动健身、休憩娱乐等功能，也就是说，该空间必须具备公共活动功能。如果黄浦江、苏州河向腹地延伸的部分属于私人空间，例如，属于周边居民的私宅不是公共活动空间，属于本条例的"法外之地"，就不归本条例调整，不适用被限制遛狗、吸烟等规则。举例说来，张三在苏州河边拥有一套私宅，在屋内吸烟，条例就管不着。

其三，并非黄浦江、苏州河沿岸所有空间均纳入调整范围。考虑到黄浦江沿岸城市建设段与生态涵养段、苏州河沿岸中心城段与生态廊道段在区位定位上的显著差异，《条例》（草案）进一步将适用范围限定于黄浦江自闵浦二桥至吴淞口、苏州河自苏西闸至黄浦江交汇口区段，也就是说，在此区段之外的沿岸，并不适用本条例。

另外，立法过程中，有观点认为，条例的名称，应当加上"管理"两字，以彰显政府管理职责。确实，"一江一河"沿岸，人员集聚，需要治安、消防、医疗急救以及安全防护、水上救助等安全保障，政府守土有责，不容有失。然而，另一方面，条例还强调共建共享共治，"还江于民"，故宜淡化行政管理色彩。而且，条例调整内容包括"规划、建设、开放、管理"四大方面，"管理"一词挂一漏万，故而，不宜将"管理"一词写入法规名称。此种考量，《上海市外商投资条例》可为先例。该条例调整的是"外商投资及其促进、保护、管理、服务等工作……"。彼时，也有观点认为，条例应当定名为"上海市外商投资管理条例"，但念及"促进及服务"是该条例的一大宗旨，而且，从优化营商环境的角度出发，不宜突出"管理"一词。

"空间条例"，以名称上最大的简约，实现调整范围最大的包容。

董怿翎：黄浦江、苏州河滨水公共空间是全体市民共享户外休闲活动的区域，人群活动和喜好差异较大，对于很多行为秩序的引导和约束，是如何在保护公共利益与满足个体需求之间进行权衡的？

罗培新：从根本上说，《条例》（草案）是一部事项集成型立法。多年来，上海的城市精细化管理，在国内外享有盛誉，而丝丝入扣的规则，是其坚实支撑。无论是规划、交通，还是环保、安全管理等方方面面，相关规则不可谓不细密。但滨水空间作为特殊空间，适用特殊规则。

滨水空间的特殊性在于：日复一日，年复一年，在滨水空间里，数量相对多的民众，在此漫步健身，休憩娱乐……安全、通畅与舒适，应当成为此次条例的核心价值。因此，立法的主线在于，根据滨水空间的特点，针对公共活动空间的常见行为，在既有规范的基础上，叠加特殊规则，写实写细，力求在保护公共利益与满足个体需求之间，取得精巧的平衡。

例如，关于吸烟的问题。根据《上海市公共场所控制吸烟条例》的规定，室内公共场所、室内工作场所、公共交通工具内禁止吸烟，以及托儿所、幼儿园、中小学校等公共场所的室外区域也禁止吸烟。"一江一河"沿岸地带，既没有屋顶，绝大多数区域也不挨着学校、医院等特殊场所，似乎不受控烟条例的限制。因而，有些烟民主张，"一江一河"属于空旷地带，应允许有吸烟爱好的市民吸烟，立法者应当尊重吸烟者的这一爱好。但是，在滨水空间里，吸烟是不可以的。

滨水空间里，民众聚集度高，有老人，也有孩子，如果允许一边走一边吸烟，显然会带来安全隐患：其一，成年人手指夹烟的高度是许多小孩脸部的高度，会有烫伤孩童脸部的隐患；其二，游动吸烟的火星散落到易燃物上，容易引发火灾。因此，《条例》（草案）规定，在滨水公共空间内吸烟的，应当在指定的吸烟点进行，政府应当确定吸烟点并向社会公众进行提示和告知。

董怿翎：吸烟要受到限制，那么，对于遛狗、滑板、广场舞等活动的处理方式呢？

罗培新：遛狗是个争议极大的问题。

养狗与不养狗的民众，对于"一江一河"滨水空间能否遛狗，态度截然相反。养狗的民众，当然希望带着狗一起遛。他们认为，本来走在路上是可以遛狗的，但走到苏州河沿岸步道，我难道只能把狗狗抱起来吗？生活中的行为是连贯的，不能因为到了滨水空间就断开来。爱狗人士甚至会认为，"一江一河"有人有狗，何其美好！

相反，不养狗的民众，则很难理解这份情感，也不愿意接受这样的安排。他们认为,"一江一河"沿岸,有些地段相对开阔,狗狗多了,会形成狗的聚会,不利于人的聚集,更不利于有滑板、轮滑爱好者开展活动;有些地段相对逼仄,遛狗者牵着狗,狭路相逢时,胆小忌狗者,则不免战战兢兢,侧身而过,美好体验,荡然无存……

还有观点认为,如果限制遛狗,那么,遛猪、遛老虎、遛狮子……是不是也在限制之列?为什么不干脆写上限制遛宠物呢?这的确是个好问题,对此的回答是:宠物繁多,可以通过规则的解释与续造来解决。按照"举轻以明重"的立法技术,如果遛狗受到限制,那么,比狗体形更大的、更为凶猛的猪、老虎、狮子等,自然也在限制之列。但不能直接写"限制遛宠物",因为老百姓带着鸟笼,漫步江河两岸,却是在许可之列的。

种种差异,还发生于喜静与喜动者之间。有民众认为,在"一江一河"沿岸,应当允许进行滑板、轮滑、球类等活动,而另有民众则认为,此地应以休闲漫步为主,而且,在这里迎来晨曦送走晚霞的,很多是老年人,如此剧烈危险的运动,倘若冲撞了老人,岂不相当危险?

对此,《条例》(草案)采取的处理方式是,规定遛狗、滑板、轮滑、广场舞等行为"应当在特定区域、时间段内进行,并符合活动秩序要求"。

当然,这些问题,本质上不是合法性问题,而是在不同偏好的群体之间作出公共政策选择的问题。或许,最为广泛地听取民意,举办多场立法听证会,邀请不同的群体来参加,谋定而后动,是最为明智的选择。

董怿翎:在前期的滨水空间建设中,我们也了解到部分属于单位和小区产权的滨水空间区域经历了比较复杂的过程,也有一些不同的想法,在这次的《条例》(草案)中,我们对这类在亲水贯通中涉及个人利益和公共利益的平衡是如何考虑的?

罗培新:《条例》(草案)在起草过程中,个人权益与公共利益的平衡,一直是重点,也是难点问题。其中,特别是涉及减损私权的部分,尤要慎之又慎。

滨水公共空间的亲水贯通,首要的问题是,沿岸单位和住宅小区是否有权利拒不开放?例如,某小区沿线,河道蜿蜒,岸线优美,小区业主大会决议，此为小区业主共有财产，不向社会开放，是否可以？

当然不可以，哪怕是业主 100% 地形成决议，也不可以。在价值位序上，公共利益优先于私人利益，这是立法的基点。为了实现公共利益，此部立法，穷尽了所有可能的法律手段。

《条例》(草案) 规定:

"为了公共利益需要，沿岸区人民政府、市交通部门可以依法收回亲水贯通所涉及土地的使用权、征收房屋、征收水工程设施或者撤回岸线使用许可，也可以与沿岸相关企事业单位和住宅小区协商开放亲水贯通所涉及的空间。"

细细解读，为了维护全线亲水贯通这一公共利益，可以采取协商与强制两种方式。在此过程中，涉及的权益包括土地使用权、设施及岸线使用权、房屋所有权等，动用的法律手段包括收回土地使用权、撤回许可、征用征收等，而无论如何，"依法"是不容突破的底线。

另外，特别值得注意的是，《条例》(草案) 特别规定:

"经协商开放亲水贯通所涉及空间的，沿岸相关企事业单位和住宅小区可以将有关亲水贯通的设施交由相关管理部门建设和日常管理，也可以按照相关标准和管理要求，自行建设有关亲水贯通的设施并进行日常管理。"

也就是说，亲水贯通设施的建设与维护，采取的是交由政府完成与自行完成两种方式，充分尊重了现实生活的多样性。

董怿翎：我们也看到本次《条例》(草案) 的用语有许多描述性语言，与一般的法规用语相比非常优美，这是出于怎样的考虑？

罗培新：美好事物的立法，语言亦要优美。《条例》(草案) 用了一些"温暖、美丽、具象"的语言，例如，视野开阔、惬意舒适，两岸融合，经典传承，打造宜业、宜居、宜游、宜乐的"生活秀带"和"发展绣带"……

承载高品质生活的立法，的确需要一些富于美感的语言……这些语言，虽然未必具有规范意义，但能够唤醒民众对于美好事物的向往，润物无声，不文明行为将受到内心的约束。

是的，法律的手段远远不仅是处罚，涵养与教化，也可以成为法律的重要手段。而文化内涵，正在为滨水公共空间，打开无穷的想象空间。

苏州河华政段900米，就是一处极富文化内涵的所在。华政长宁校区有一片百年建筑群，共27栋历史古建筑，入选全国重点文物保护单位。据报道，这些拥有与苏州河美景相得益彰的圣约翰大学近代建筑，深深镌刻着百年近代高等教育和七十年新中国法学教育的历史印记，它的贯通与开放，为市民打开了一部上海中西文化交融的大学校园历史和现代文明的开放画卷。

不久的将来，华政将成为上海市高校开放校园的典范，曾经在这里学习工作近二十年的自己，脑补了一下美好：以后华政开设的讲座，社会人士流连美丽校园时，驻足旁听，参与讨论，激荡思想，于华政莘莘学子，何尝不是巨大的收获？

在立法过程中，有一个很有意思的话题是，是否允许民众捐赠椅子，并刻上已经逝去的家人或朋友名字，以表缅怀之意。

2001年5月，本人作为北大的交换生前往牛津大学。5月24日，我在当地的University Parks中散步时，发现流淌着浓浓绿意的公园里，有很多靠背椅，都是木制的，上面刻着字，挨近一看，原来都是为了纪念某人，不妨凭记忆录几段，如"In memory of Marry, the wife and the mother, the true friend"，又如"In memory of Dick, a man who loved walking here"。再如"In memory of Jane and Robert, lots of wonderful memories"。充满了人情味，我们不难想见，他们以前经常牵手相携，在这里迎来了几多晨曦，又送走了多少晚霞！逝者已矣，这份温馨却借着这些默默无语的椅子，感染着无数的后人！

上海这座人民的城市，已然"还江于民"，允许民众捐建椅子，记下普通人的名字，实为"共建、共享、共治"的一部分，当然，规划与建设部门，当有指导之责，在规划选址、密度管理等方面，进行合理考量。

人民城市人民建，人民城市为人民！

傍晚的苏州河河口段鸟瞰
图片来源：同济原作设计工作室

滨水党建新范式
A New Paradigm of Waterfront Party-Building

党旗在滨江一线高高飘扬，
滨江党建助推世界级滨水区建设
Party Flags Flutter Above a World-Class Waterfront

周晨蔚 / 徐汇区委组织部副部长、区社会工作党委书记
Zhou Chenwei / Vice Director of the Organization Department of CPC Xuhui Committee

"滨江党建，是一种根植于城市公共空间的党建形式，而非传统的条线党建形式，贯穿于'一江一河'城市更新、发展、治理的全过程之中。"

"Waterfront party-building is a unique form of urban party-building. In contrast to traditional party-building, it requires active participation in the entire process of urban renewal, development and governance."

上海市"一江一河"党建联建推进会在徐汇滨江召开　"One River and One Creek" joint party-building promotional event

图片来源：徐汇区委组织部　Image source: Organization Department of CPC Xuhui Committee

2019 年 11 月，习近平总书记在上海视察滨江公共空间时提出了"人民城市人民建，人民城市为人民"重要理念。2021 年，庆祝建党 100 周年之际，由市委组织部和徐汇区委、区政府共同打造的新时代上海滨江党建创新实践基地、徐汇滨江党群服务中心在上海黄浦江西岸的徐汇滨江正式落成启用，月均服务人次超 2 万人。从昔日"工业锈带"变身成为"生活秀带、发展绣带"，上海基层党建在"一江一河"建设开发中迈出了"继续探索"的新步伐，"上海经验"再结新成果，"人民城市"的美好画卷沿着"一江一河"徐徐展开。

吴英燕：上海推动滨江党建的背景是什么？

周晨蔚：2021 年，徐汇区在打造"新时代上海滨江党建创新实践基地"过程中，对全市的滨江党建工作进行了系统梳理。上海是一座因水而生、依水而兴的城市。依托江海交织的"黄金水道"，自 1843 年上海开埠以来，黄浦江、苏州河水岸成为上海近代金融贸易和工业的发源地。过去，黄浦江畔工厂集聚、码头林立，断点堵点随处可见，滨水空间的景观性体验感"大打折扣"；苏州河污染严重、黑臭难当，让老百姓无法靠近。"还绿于水、还江于民"，一度成为人民群众的夙愿。

党的十八大以来，上海市委、市政府坚持以人民为中心，全面贯彻"百年大计、世纪精品"的发展思路，全力推动水岸空间"还江于民"。2010 年，第 41 届世界博览会在黄浦江两岸举办，滨江地区加速推进开发建设。进入新时代，"一江一河"加快成为上海全球城市核心功能的空间载体，黄浦江更是不断形成具有全球影响力的金融贸易、文化创意、科创研发功能的汇聚地。2017 年底黄浦江核心段 45 公里岸线贯通开放，2020 年底苏州河中心城区 42 公里岸线也实现基本贯通，"一江一河"逐渐成为家门口的高品质滨水公共空间。在这个过程中，徐汇区也是"十年磨一剑"，在 2017 年完成了徐汇滨江的贯通工程，初步实现了"还江于民"的目标。

从徐汇区的实践来看，我们感到"一江一河"两岸空间的贯通与发展，不仅是建设工程，更是一项民心工程、社会治理工程，必须把党建引领挺在前面、贯穿始终。2017、2018 年，上海市委先后出台《城市基层党建20 条》《推进新时代基层党建高质量创新发展的意见》，均明确指出要探索推进黄浦江两岸地区城市功能区域党建工作。市委组织部牵头，把浦江两岸沿线 5 个区、20 个街镇党组织贯通联动起来，全新创设"滨江党建"这一新的城市基层党建工作品牌，纳入城市基层党建"全区域统筹、多方面联动、各领域融合"整体格局和滨江开发建设总体规划。市委组织部牵头成立全市"滨江党建跨区域联盟"，包括我们徐汇区在内，各区一起围绕"滨江贯通到哪党建工作就跟进到哪，重点工作在哪党的工作就推进到哪，党员群众在哪党的工作就覆盖到哪"价值理念，带领各级党组织积极回应人民群众对美好生活的向往，切实提升"一江一河"两岸公共空间品质、完善服务功能、推动产业发展。在全市滨江党建的大格局下，徐汇滨江也不断成为"人民城市"重要理念的实践区和集中展示区。

吴英燕：滨江党建有哪些积极的探索和创新？

周晨蔚：徐汇区在开展滨江党建过程中，一直坚持"工作推进到哪里，党建的引领保障作用就发挥到哪里"。在"一江一河"的建设开发过程中，和各区一起探索深化，形成了一系列有效做法和一批特色项目。

2016 年，我们成立了徐汇滨江建设者之家，入选了全国城市基层党建"上海会议"的现场考察点。近些年徐汇区深化滨江党建的主要方向，就是"把最好的滨水资源留给人民"，寓政治功能于服务功能，以滨江党建的"一个体系、五个领域"，主动融入"全区域统筹、多方面联动、各领域融合"的城市基层党建格局。

"一个体系"，就是以党群服务中心为载体的"水岸汇"滨江党群服务体系。从 2018 年起，徐汇分步骤打造各级各类的"水岸汇"站点，目前已建成 22 个。2021 年七一前夕，水岸汇"旗舰店"——徐汇滨江党群服务中心启用开放，是全市为数不多的"朝七晚九、全年无休"的党群服务阵地，真正做到"把最好的滨水资源留给人民"。

"五个领域"，就是面向徐汇滨江兼容交错的人群结构，以滨江为区域载体来统筹各领域党建，让滨江党建成为一个立体、融合、共享的工作体系。一是做实"家"式党建,让外来建设者"乐业"。二是做优楼宇党建,让企业白领"乐创"。三是倡导党员志愿服务,让商旅文人群"乐享"。四是推行"水岸亲邻"党建,让社区居民"乐活"。五是深化公租房党建,让人才精英"乐居"。

做实面向滨江建设者的"家"式党建、做优面向产业白领的楼宇党建、推行面向居民游客的"水岸亲邻"党建、深化面向青年人才的公租房党建、倡导面向商旅文人群的各类党员志愿服务,让滨江党建成为一个立体、融合、共享的工作体系。

吴英燕:滨江党建在破解公共空间建设遇到的难点问题上,发挥了怎样的作用?

周晨蔚:滨江公共空间建设要推动滨江岸线贯通,面临各种断点、堵点。这些断点、堵点中有大量的废弃工厂,也有国有企业和居民区,涉及属地单位、条线部门、区域单位等方方面面。所以如何将这些单位、部门以及居民动员起来是建设初期首要面临的难题。上海以党建联建为发力点,打赢了公共空间建设的攻坚战。比如,徐汇区始终坚持"滨江开发建设到哪里,党建工作就跟进到哪里",聚焦滨江开发建设的"两次机遇、三个阶段",分步推进、精准施策,推行"支部建在工地上""党建联建保贯通""深度融合促发展"等特色做法,充分发挥党组织和党员先锋作用,推动市级的"条"上部门与沿江各区的"块"上力量形成合力,

徐汇滨江建设者之家
图片来源:徐汇区委组织部

徐汇滨江党群服务中心
图片来源:徐汇区委组织部

有效打破条线壁垒和机制束缚，不断凝聚坚强的组织合力，着力打通滨江开发建设的堵点。

同时，"一江一河"多元的城市空间形态，涌现了一批批的建设者、企业白领、人才精英以及慕名而来的市民游客，如何满足不同群体的需求也随之成为滨江治理的又一重要课题。沿江、沿河各区根据不同人群特点，具体问题具体分析，整合游客服务中心、志愿者服务中心、文化体育活动设施等公共空间和配套设施，打造了浦东望江驿、徐汇水岸汇、杨浦杨树浦党群服务等一系列沿江党群服务品牌。比如，徐汇滨江努力把党建的温度、建筑的艺术、科技的体验、滨江的美景融合为更加美好的城市空间，推出6大类、20项高品质服务功能，"江景配咖啡、水岸图书馆"得到了党员群众的广泛喜爱和高度评价。

此外，沿线单位、机构与属地在行政、资产关系上互不隶属，但在共同推进党的建设、服务广大群众、促进共同发展方面，存在共建共享的客观需求。在2021年召开的全市"一江一河"党建联建推进会上，滨江党建跨区域联盟就针对上述需求，进行了"拓圈增能"——在市委组织部、市建设交通工作党委指导下，形成了全新的"10+X"滨江党建联盟体系，推出"七联"工作机制，真正把"条块联动"在滨江做到实处。通过成员单位"拓圈"和工作机制"增能"，组织动员各方力量推动和保障公共空间建设、公共服务供给，由我们徐汇区发起推出上海市"一江一河"党建联建首批4大类、10个创新实践项目，发布全市"一江一河"党群服务地图，切实起到了服务保障岸线贯通、产业发展、品质提升、水岸治理等各项工作的作用，以滨江党建推动《上海市"一江一河"发展"十四五"规划》任务落实。

"把最好的滨水资源留给人民，让党旗在滨江一线高高飘扬"，徐汇区坚持以习近平总书记"人民城市人民建、人民城市为人民"重要理念为指引，紧紧围绕打造"人民共建、共享、共治的世界级滨水区"的目标，以组织体系引领滨江建设、以党建合力赋能产业发展、以党群服务强化共建共享，不断放大"滨江党建"的全城效应，书写着"人民城市"建设"还绿于水、还江于民"的动人篇章。

紧扣四个"着眼"，
创新滨江党建助力争创人民城市建设新标杆

The "Four Emphases": How Riverside Party-Building in Yangpu District Provided New Precedents for the Construction of a "People's City"

孙红兵 / 杨浦区委组织部副部长、区社会工作党委书记
Sun Hongbing / Vice Director of the Organization Department of CPC Yangpu Committee

"依托党建引领寻求各方利益最大公约数，引入多元主体共同参与滨江管理和服务，突出'人人有责、人人尽责、人人享有'，汇智聚力打造滨江治理新格局。"

"We relied on party-building to ensure the best balance of interests among all parties, to encourage a diverse range of organs to manage and provide services along the waterfront, to send the message that 'everyone has a responsibility, everyone must do their part, and everyone can reap the benefits', and to gather information that could be used to create a new state of governance for the waterfront."

杨浦滨江党群服务站人人屋站　Yangpu riverside party-masses service station.
图片来源：杨浦区委组织部　Image source: Organization Department of CPC Yangpu Committee

杨浦拥有上海市中心城区中最长的滨江岸线，具有深厚的历史底蕴和丰富的工业遗存。2019 年 11 月，习近平总书记考察上海时，在杨浦滨江提出了"人民城市人民建，人民城市为人民"的重要理念，赋予了杨浦更好地建设滨江"生活秀带"的重要使命。杨浦滨江结合滨江岸线贯通开放，以加强组织体系建设、提升党的组织力为重点，积极探索"党建引领、区域统筹、社群助力、互融共享"的滨江党建工作体系。

董怿翎：杨浦滨江的党建工作有哪些探索和创新？

孙红兵：杨浦滨江坚持"滨江贯通到哪里，党建工作就跟进到哪里"的理念，建立滨江党建联盟，打造"人人屋"等九个滨江党群服务站，建设区校党员志愿服务实践基地，推出滨江特色党课，积极探索"党建引领、区域统筹、社群助力、互融共享"的滨江党建新模式，全面助力杨浦争创全市乃至全国人民城市建设的标杆区域。我们有四个"着眼"的探索实践。

首先，是着眼全域统筹，以更有高度的滨江党建打造人民城市建设新示范。将滨江党建作为一项系统工程，注重全域统筹、系统推进、开放融合，形成联动组织体系。区委整体布局和指挥协调，沿线的定海、大桥、平凉、江浦路街道党工委推动滨江区域社区党建与驻区单位党建、新兴领域党建有效融合，沿线有关居民区党组织负责组织动员和服务管理，区建设管理工作党委、滨江公司党委等职能部门以及工青妇等群团组织主动融入，积极作为。同时，加强滨江党建联盟平台建设，制定《关于党建引领杨浦滨江示范区建设的意见》，促进资源、阵地、服务、信息共享，组团聚力推动滨江党建"一盘棋"，实现滨江党建"一起干"。

其次，是着眼区域联动，以更有力度的滨江党建树立杨浦区域发展新标杆。这里，我们做到了"三个坚持"。第一是坚持市、区党组织联手引领滨江岸线贯通，杨浦区委与市浦江办和相关部门党组织合力攻坚，与华东船务、电气集团等党组织联动协调，与中交三航局二分公司、中交航道局等码头单位充分沟通，打通滨江岸线堵点断点；第二是坚持区内党组织联通引领滨江配套建设，以工作专班促进滨江党建协调一致推

杨浦滨江人民城市建设规划展示馆

图片来源：杨浦区滨江办

杨浦滨江人民城市建设规划展示馆场景

图片来源：杨浦区滨江办

进、有效运转，把船坞、装卸码头等元素嵌入滨江公共空间中，推进"滨江国际创新带"和"后工业未来水岸"建设；第三是坚持区校党组织联动引领滨江风貌保护，请同济大学郑时龄院士领衔组成杨浦滨江开发顾问咨询委员会，同济大学常青院士团队实地走访滨江区域每一幢厂房，梳理并列出一张"保护清单"，规划保留保护历史建筑 24 处 66 幢。

然后，是着眼各方融合，以更有深度的滨江党建汇聚杨浦创新转型新动能。在持续推进滨江重大工程中，把支部建在岸线上，把党小组建在道路上，把党员作用体现在治理一线，推进安浦路等市政路网建设。在产城融合方面，加大"两新"组织党建工作力度，聚焦重点企业，推出"渔人码头"等特色党群服务站，推进产业集中、集聚、集群发展。通过发挥党员提升滨江文化内涵的作用，打造滨江红色电影周，举办定向赛、健康跑等活动，推进世界技能博物馆等"百年工业文明博览带"建设，打造宜漫步、高品质、有活力的滨水公共空间。

最后，是着眼提质增效，以更有温度的滨江党建打造杨浦城区形象新地标。以"杨树浦驿站"为统一标识，沿线推出 9 个驿站，打造珠链式分布、属地化管理、综合性功能的滨江党群服务体系。突出服务元素，每个站点标准化提供 WiFi、直饮水、医药包、雨伞等便民服务，整合群团资源推出亲子阅读等项目，引入上海体育学院进驻提供社区健康师服务。突出红色元素，召开"人民城市重要理念指导下的城市建设和治理现代化"理论研讨会，举办"上海与留法勤工俭学运动"学术研讨会，把"大家微讲堂·社区政工师"云端思政课引入滨江，将送别留法学生、王孝和等近百个红色故事融入可阅读的建筑，邀请"七一勋章"获得者黄宝妹等老党员、老劳模深入滨江一线开课，让党员于无声处受教育、强信心。突出先锋元素，建立"1+X"滨江党群服务队，联合复旦大学等高校建立滨江党员志愿服务实践基地，助力滨江秩序更优、环境更美、服务更好。

　　董怿翎：杨浦滨江推动党建工作的成效如何？

　　孙红兵：杨浦滨江作为践行"人民城市"重要理念的实践地，依托党建引领寻求各方利益最大公约数，引入多元主体共同参与滨江管理和服务，突出"人人有责、人人尽责、人人享有"，汇智聚力打造滨江治理新格局。

　　一方面，拓展了城市基层党建空间，提升了基层党组织的组织力。在推进滨江贯通工作和贯通后的服务管理中，以滨江党建联建为切入口，实现滨江区域组织优势、服务资源、服务功能最大化，确保了滨江地区重大工程项目保质保量推进。特别是在疫情防控中，沿线企业党组织和党员冲锋在前，共同织密疫情防控网，做到了防止疫情扩散和确保生产生活两手抓、两手硬。

　　另一方面，坚守了党的初心使命，增强了人民群众的获得感。杨浦滨江在一线江景处建设杨树浦驿站，满足了市民游客对观光、旅游、运动等方面的需要，打通了服务群众的滨江"最后一公里"。通过党建引领，

杨浦滨江党群服务站复兴岛公园站

图片来源：杨浦区委组织部

解决了公交出行难等实际问题，实现了服务群众的"零距离"。许多市民表示，工作人员热情介绍、耐心服务，遇到困难时有人伸手帮一把，让他们感受到了来自党党组织的温暖。一些"老上海"慕名而来，感受百年工业的魅力，更为黄浦江美景点赞。2018 年 7 月以来，已接待市民游客超过 130 万人次，人人屋站等成为网红打卡点。

董怿翎：有哪些积极的实践经验可以分享？

孙红兵：首先，要坚持围绕中心、服务大局。党建工作要坚持跟着人走，跟着工作走，与中心工作保持目标一致、步调一致，才能实现互促共赢。强化滨江公共空间建设是滨江党建工作的重点，紧密结合滨江建设发展的实际，把党的建设贯穿于滨江贯通、建设、发展、治理的全过程，不断推进滨江党建高质量创新发展。

其次，要坚持区域联动、共建共享。滨江地区有轮渡公司、打捞局、杨树浦水厂等众多企事业单位，还有非公企业、社会组织等，杨浦滨江党建始终注重全面统筹、系统推进、开放融合、整体效应的理念，推动驻区单位、街道社区及各领域党组织、群团组织的互联互动互通，凝聚各方力量参与滨江治理创新，形成了滨江党建工作整体合力。

最后，要坚持回应诉求、满足需求。滨江党建工作说到底是做人的工作，要以满足群众需求、提升群众获得感作为工作的出发点和落脚点。杨浦滨江党建工作始终坚持问计于民、问需于民，深入听取群众对杨浦滨江建设的意见建议，把杨树浦驿站建在市民游客身边，把服务送到群众心坎上；始终坚持从群众中来、到群众中去，广泛发动周边党员群众参与志愿服务，让党组织服务党员，让党员服务群众，打造最美滨江风景线。

党建强引领　堵点变亮点
用心用情打造百姓家门口的生活秀带

Strong Leadership Through Party-Building in the Changshou Road Sub-District: Creating a Lifestyle Show Belt at Residents' Doorsteps

赵平 / 普陀区长寿路街道党工委书记

Zhao Ping / Secretary of the Changshou Road Sub-District Party Working Committee

"在苏州河贯通提升过程中，长寿路街道充分发挥党建引领，努力做好群众工作，用情打开群众心结，用力打通沿线堵点，用心打造滨水亮点。如今一条秀美灵动的苏州河跃然呈现在我们眼前，为长寿辖区老百姓打造了一条家门口的生活秀带，也为普陀区擦亮了一张靓丽的苏河滨水文化名片。"

"Through a series of initiatives such as party-building and leadership, a beautiful and vibrant Suzhou Creek has sprung to life before our very eyes. A 'lifestyle show belt' was created for residents living along the Changshou Road Sub-District stretch of Suzhou Creek, which has since become the creek's cultural calling card."

苏州河滨水公共空间图　Public spaces along Suzhou Creek
图片来源：普陀区长寿路街道　Image source: Changshou Road Sub-District, Putuo District

长寿路街道是上海市唯一一个横跨苏州河两岸的社区，一直以来素有"苏河十八湾、十湾在长寿"的美誉，拥有丰富的苏河滨水资源，岸线长达 8.085 公里。长寿段贯通开放涉及 9 个堵点，占普陀区沿线堵点总数的一半以上，涉及 18 个居民区、21 个小区和 5 个园区。显而易见，长寿段的贯通开放工作可谓是任务重、难度大、情况复杂。2018 年以来，长寿路街道充分发挥党建引领，带领党员干部群众迎难而上，坚定信心和决心啃下最难啃的"硬骨头"，挑起最重的担子，全力以赴投入苏州河长寿段贯通工作，努力实现还河于民，还岸于民，还绿于民，为建设"一路十湾，精彩长寿"贡献智慧和力量。

董怿翎：长寿路街道辖区内苏州河公共空间建设面临的最难问题是什么？又是如何推动解决的？

赵平：在苏州河长寿段贯通建设中，最难的是居民区沿线公共空间的贯通。由于打通方案涉及居民的利益"蛋糕"，矛盾便尤为突出。街道针对不同居民区的特点，制定不同小区的专属贯通方案，充分发挥居民区党组织党建引领作用，带领居委会、业委会、物业一起做群众工作。2019 年完成了 8 处断点的贯通。半岛花园小区成为苏州河长寿段贯通工作中的最后一个断点，也是最大的堵点、难点。

为了打通这一断点，街道高度重视。首先就是领导挂帅。街道主要领导多次牵头协调区相关职能部门与业主沟通，先后数十次召开专项工作推进会，组织多次居民见面会、碰头会。二是直面矛盾。街道干部、居委干部主动靠前，充分发挥居民区党组织的战斗堡垒作用和党员的先锋模范作用，齐心协力，反复做群众思想工作，加强宣传解释，共商共议，逐步得到半岛花园小区居民群众的理解、支持、配合。三是形成合力。举全街道之力共同攻坚，增派处级干部和科级干部充实半岛花园贯通推进工作组力量，由街道处级干部带队包干开展上门宣传征询工作，由街道各科办包干开展小区各楼栋的方案意见征询工作。

半岛花园小区贯通工作居民座谈会
图片来源：长寿路街道

大上海城市花园小区居民座谈会
图片来源：长寿路街道

董怿翎：苏州河长寿段涉及的居民区多，是否有遇到拆违整治的难题？

赵平：是的，这是另一大难题。我们在苏州河滨水公共空间建设的同时，还大力推动拆违整治，想方设法让滨水空间连接起来、变得更大。结合"无违建居村"创建要求，街道坚决关闭了宝成桥边上的建材市场，整治了存在近 30 年的"居改非"，拆除宝成湾区沿河规模性违建 3412 平方米，累计拆除各类违建 5262 平方米，实现苏州河沿岸空间贯通，并连接宝成湾区 3 家园区，让苏河滨水腹地纵深拓展。随着"拆建管美"工作推进，苏州河沿岸的口袋花园、文化雕塑、休闲廊架代替了原来的违章建筑，水岸空间环境不断优化美化，成为居民宜居宜业、文化休闲的向往之地。

董怿翎：长寿路街道是如何结合苏州河公共空间建设，推动沿线功能完善、提升整个区段品质的？

赵平：我们抓住苏州河景观提升的历史机遇，着力打造高标准的滨河文化创意活力带，推动苏州河沿线开伦江南场、景源、创享塔、M50、E 仓等文化创意园区转型升级；推动家乐福、曹家渡、天安阳光等重点项目腾笼换鸟、转型蝶变，培育发展新动能。比如苏州河宝成湾区的景源、创享塔、时尚教育中心以"开放、共享"理念，合力拆除了 3 家园区原有的围墙，重新规划车行动线，优化静态交通，推行智慧共享停车模式，彻底畅通"内外大循环"。改建粉刷一新的创享塔园区已然是苏州河沿线的"网红"打卡点，也是创意文化产业、夜经济新业态的"新宠"，催生了新的经济增长点。苏州河的贯通提升，对沿线园区的引流导入作用很大，这是这项"民心工程"为优化营商环境带来的丰厚的"红利"。

董怿翎：建设推进到后续治理，党建起到了很强的引领作用？

赵平：街道始终以党建引领为抓手，积极搭建沟通议事平台，听民声、汇民意、聚民心，千方百计做好这项"民心工程"，大大提高了群众的获得感、幸福感、安全感。

用好"党群服务站"，是我们从建设到管理，探索和实践"自治"加

"共治"新模式的一个重要经验。街道在苏州河沿线先后打造"宝成湾党群服务站""长寿湾党群综合服务中心"等，着力激活苏河滨水空间的"红色基因"，有效辐射周边楼宇、园区、居民区，探索实现"园区—湾区—社区"党建共建新模式，深化共建共享、自治共治，以丰富的党建服务活动和创新社会治理项目，汇聚更多园区、社区的年轻力量，为苏州河公共空间带来更多的活力和生机。同时，以"党群服务站"为阵地，深化推进苏州河沿线园区楼宇"楼长制"落实，擦亮长寿"店小二"金字招牌，通过开展服务企业政策咨询、互动交流活动等，为园区楼宇企业、员工提供精准且暖心的服务。

董怿翎：从贯通到治理的过程中，是否有与居民共建、共治，听取居民的意见和建议？

赵平：在贯通提升建设过程中，街道和居民区充分用好"红色议事厅"平台来征集居民意见建议。居民区党组织引领"三驾马车"共同参与，有效搭建居民共商共议的平台，让更多的居民参与苏州河贯通提升的各个环节，围绕设计方案、亲水平台改造、绿化植被、安防设施等方面提

长寿路街道半岛花园小区段贯通方案公示
图片来源：长寿路街道

出了很多宝贵的建议。

比如半岛花园小区段滨水公共空间亲子平台的规划建设采纳了很多居民的可行性建议，进一步提升了亲水步道的安全性，保留了原有步道的部分青石板砖；还创新性地采用了绿植加技防的方式设置步道围栏，取代了传统的实体围墙或围栏，使步道的通透性和美观性大大提升。

董怿翎：除了党建引领、居民共治，我们如何调动志愿者的主动性和积极性？

赵平：苏州河贯通提升后，如何加强后续的管理，一直是苏州河沿线居民区居民非常关心关注的问题。我们组建"长寿护河志愿联盟"，由33支护河志愿服务队组成。他们来自居民区、辖区企业、学校、社会组织、街道机关等，发挥党建引领，创新社会治理，共同守护苏州河滨水空间，定期对苏州河步道、绿化带、公共空间的环境进行整治美化，对遛狗不牵绳、自行车上步道乱骑行、乱丢垃圾、乱垂钓等不文明行为进行劝阻。我们还设计了"长寿护河志愿联盟"的logo、公仔形象，进一步扩大宣传效应，吸引更多的志愿者参与。

苏州河是重要的工人运动阵地和民族工业的发祥地，有着丰富的红色印记和历史文化资源。苏州河沿线有沪西工人半日学校、沪西革命历史陈列馆、顾正红纪念馆、梦清园、纺织博物馆、M50创意园等知名红色地标和工业遗存。街道组建"苏河宣讲队"，打造"苏河思享汇"品牌，讲述宣传苏州河的历史变迁、河湾故事、民族工业发展、红色印记等，让更多人了解熟悉苏州河的历史文脉资源。

五里桥街道亲民服务，建设和美滨江

With the People in Mind, Wuliqiao Sub-District Constructed a Harmonious and Happy Waterfront

阮俊 / 黄浦区五里桥街道党工委副书记

Ruan Jun / Vice Secretary of the Wuliqiao Sub-District Party Working Committee

"（五里桥街道）把滨江党建作为一项特色品牌工作，以便民、惠民、利民为宗旨开设丰富多彩的服务项目，取得了一定的成效。"

"In the interests of benefiting the local people and making their lives more convenient, Wuliqiao Sub-District placed a unique focus on riverside party-building in order to develop a diverse and exciting range of services, which has produced positive results thus far."

黄浦区五里桥市民驿站　Wuliqiao post station

图片来源：五里桥街道　Image source: Wuliqiao Sub-District

五里桥街道借助区域化党建工作优势，以"传承世博精神，打造和美滨江"为主线，构建滨江党建服务线，在黄浦滨江建立"益空间"滨江党群服务站，其因充分考虑沿线群众需求，获得了市民的纷纷点赞。

吴英燕：街道是如何参与滨江综合管理和服务工作的？

阮俊：五里桥街道位于黄浦区南部，辖区范围覆盖上海世博会浦西区域，为原江南造船厂所在地。黄浦滨江公共空间实现基本贯通后，随着原江南造船厂区域的公共空间建设和开放，街道也逐步探索滨水公共区域的综合管理。

五里桥街道党工委根据滨江规划，借助区域化党建工作优势，以"传承世博精神，打造和美滨江"为主线，构建滨江党建服务线，将2010年世博场馆的配套功能用房改造为"益空间"滨江党群服务站。服务站由178家区域化党建联席会议成员单位共同参与，立足滨江党建服务，以党建引领滨江沿线基层社会治理机制联通。

黄浦滨江贯通三年以来，服务站有效推进了街道社区党建、滨江单位党建、行业党建互联互动，把滨江党建作为一项特色品牌工作，以便民、惠民、利民为宗旨开设丰富多彩的服务项目，取得了一定的成效。

为进一步提升黄浦江两岸公共空间品质，2020年8月，市政府实施项目要求在滨江区域完善配套服务设施，市"一江一河"办印发了《浦西滨江驿站整体提升导则》。结合滨江地区的规划建设要求，根据市委组织部《关于全面加强我市街镇社区党群服务阵地建设的意见》，五里桥街道对党群服务站进行了硬件改造和功能提升，将这里改成了一个市民驿站，进一步提升管理精细度、服务精准性、治理精品化，打造成为凝聚党员、凝聚群众、凝聚社会的服务阵地。

吴英燕：服务站植入了阅读区、活动区、服务区、储藏区等丰富的功能，这些功能区的区分和设置是出于哪些考虑呢？

阮俊：最重要的考虑是为了满足不同人群的需求。比如，考虑到周边跑步的游客没地方寄放衣服，储藏区新打造了12个柜子。改造团队还

驿站内部场景图

图片来源：五里桥街道

为驿站量身定做了三个可伸缩的"小房子"，通过下面的滑轨，让室内空间"临时扩大"。结合区内打造电竞产业的目标，站点还打算推广电竞文化，邀请附近的企业来这里开设讲座。

因为契合市民的需求，党群服务站得到了市民的纷纷点赞。一位市民在服务站留言本上就赞叹过"长长的滨江线，服务站成为我们温暖心灵的港湾，为爱心驿站点赞"。服务站全新亮相后，一个多月接待市民超过 1500 人次。

吴英燕：驿站日常运营是怎样的呢？

阮俊：驿站日常管理运营主要依靠志愿团队，志愿者参与站点日常值守和管理，同时通过购买服务等形式引入社会组织，对站点进行活动运营。服务站由五里桥街道社区党员和骨干志愿报名参加服务，全年无休。活动的开展以党建带动资源整合利用，引入辖区内外各类企事业单位优质资源，结合企事业单位社会责任日，开展理论宣传、志愿服务、文化旅游等形式多样的活动。

部门联动新举措
New Measures for Departmental Coordination

市区联手、部门协同，推进苏州河全要素整治

How City Districts Joined Hands and Departments United to Promote the Comprehensive Rectification of Suzhou Creek

周翔宇 / 上海市住房和城乡建设管理委员会城市管理处处长
Zhou Xiangyu / Division Director of Urban Governance Division of the Shanghai
Municipal Commission of Housing, Urban-Rural Development and Management

　　"上海城市管理进入新阶段，面临新形势和新要求，要把'精细化'的理念、手段和要求贯穿到城市管理的全过程和各方面，提升城市治理体系和治理能力现代化水平，让广大市民感受到眼前常亮、市容市貌常新、景观靓丽常在、城市温度常留。"

　　"Shanghai has entered a new phase of urban management, which means a new state of affairs and new challenges. At this stage, the city must incorporate the principles, methods and requirements of 'refined' into all aspects of urban management while modernizing the city's governance systems and capabilities. By doing so, we can allow the general population to enjoy beautiful new urban landscapes, to say nothing of the palpable sense of warmth that comes from watching the city's continual transformation."

华政段绿化施工　Green spaces at the East China University of Political Science and Law along Suzhou Creek
图片来源：长宁区建委　Image source: Changning District Construction and Management Commission

苏州河两岸环境品质提升是一项系统工程。2019 年以来，在全力推动贯通工程的同时，市区联手、多部门协同，全面开展沿河建筑、绿化景观、跨河桥梁、防汛墙、码头设施、道路立杆和架空线等的综合整治（全要素整治）工作，确保在 42 公里全线贯通开放之时水域、陆域景观品质全面提升。

吴英燕：在苏州河沿线地区开展全要素整治工作是出于怎样的考虑？

周翔宇："十三五"期间，上海始终坚持对标最高标准、最好水平，紧扣超大城市特点，综合运用法治化、标准化、智能化、社会化（"四化"）手段，努力实现精细化管理的全覆盖、全过程、全天候（"三全"）。用"三心一针"精神绣好城市管理精细化的同心圆，破解难题顽症，补齐治理短板，较好完成了"十三五"期间的各项城市管理任务，增强了市民群众的认同感和获得感，基本形成了安全、干净、有序的高品质市容市貌和现代化的城市管理格局。

提高城市管理精细化水平，是贯彻落实习近平总书记重要指示精神和"人民城市人民建，人民城市为人民"重要理念的必然要求，也是推动上海高质量发展、创造高品质生活的重要举措。上海城市管理进入新阶段，面临新形势和新要求，要把"精细化"的理念、手段和要求贯穿到城市管理的全过程和各方面，提升城市治理体系和治理能力现代化水平，让广大市民感受到眼前常亮、市容市貌常新、景观靓丽常在、城市温度常留。

按照这一要求，我们强化示范引领，聚焦重点区域品质提升工作。从"十三五"期间开始，市住建委一直坚持示范引领，围绕重点区域，打造一批具有世界影响力、特色鲜明的高品质"精细化管理示范区"。其中，黄浦江两岸贯通区域以打造"世界级会客厅"为抓手，全面提升滨水公共空间环境品质，完善规划体系、搭建综合地理信息平台、健全滨江地区智慧网格化管理机制，建立多方共治的社会治理模式，以北外滩、杨浦滨江、徐汇西岸、世博文化公园区域等核心区段为重点，以点带面，打造以人为本的世界级滨水公共空间精细化建设与管理示范，推进不同区段空间特色的差异化发展。

随着苏州河贯通工程的推进，沿线地区市容面貌形象、街道空间品质、人居环境水平的全要素、高标准、一体化提升，同步提上日程。苏州河沿线很多滨水区域在贯通之前都是背街小巷，原有的市政道路设施、建筑立面、跨河桥梁等的建设和养护标准并不是很高，滨水公共空间贯通以后，这些原来的背街小巷就成了市民们休闲休憩活动的重要场所，所以在苏州河沿线地区开展全要素整治工作，提升市容环境及公共空间品质势在必行。

吴英燕：全要素整治在环境提升工作中具体是指？

周翔宇：全要素完整的说法是三句话："做减法、全要素、一体化。"

什么是"做减法"？去除多余的设施。很多设施是过去建设起来的，现在已经不能够满足时代的需求。比如，原来我们在沿街的地方给自行车停放搞了一圈一圈的停车设施，现在就要把这个拆掉，首先它占用了城市空间，不美观，而且如果有老人经过可能会摔倒，存在安全隐患，最后，保持清洁很困难。一个城市的金属设施越多就显得越冰冷，栏杆越多就越不安全，设施越多就越不开放，这就是我们进行减量化的价值理念。

"全要素"指的是包括市政、市容、水务、城管，方方面面整体来打造这个区域。我们要求在全市的美丽街区推动"六化十无"：道路平整化、围墙生态化、电子个性化、绿化品质化、设施减量化、围墙协调化，这是"六化"；"十无"就是无道路病害，无暴露垃圾，无占道亭棚，无立面污损，无乱涂写，无违法建筑，无占道经营，无乱停车，无乱悬挂和乱设标语，无失管失养绿化等。

"一体化"是指设施一体化与街区氛围和景观的协调一致。

以前整治的内容多是按照条线来切分，受到的约束也比较大。为了发挥整体效应，就需要对条线整治工作内容进行整合，并且将整治和后续管理相结合，不仅仅是把它治好，更重要的是管理，这样才能更好地显现整体效应。

吴英燕：本轮苏州河全要素整治具体涉及哪些内容，各部门分别开展了哪些工作？

周翔宇：市、区政府协同开展沿河建筑、绿化景观、跨河桥梁、防汛墙、码头设施、道路立杆和架空线等综合整治工作。主要包括：

市级平台明确全要素整治工作目标和任务。充分发挥市"一江一河"办、市精细化办等平台作用，组织相关行业主管、各区政府开展情况排查、评估、论证等工作，强化统筹，明确目标，制订计划，落实主体，分解任务，协调矛盾，督促推进。在2021年初，市住建委、市绿化市容局、市"一江一河"办联合发布《苏州河两岸公共空间市容环境治理方案》，将苏州河两岸公共空间整体纳入"美丽街区"建设，在苏州河沿线20.2平方公里公共空间内打造"生活秀带"。市绿化市容局重点聚焦"四化"建设、滨水外立面整治、景观照明品质提升、道路和水域保洁、责任区管理制度落实、公共设施规范设置等18项任务，梳理了第一立面问题楼宇78处，需要提升治理路段110段，形成了市级治理建议清单，实施了425项整治提升任务，截至2021年6月已完成90%以上工作量。

开展沿线建筑立面整治工作。针对苏州河两岸整体空间尺度小，沿河建筑风貌影响滨水空间整体景观的情况，市房管局会同各相关区政府对苏州河沿河第一立面建筑外观进行了逐栋梳理和评估，开展城市设

苏州河口的划船俱乐部夜景
图片来源：同济原作设计工作室

计，明确了 54 处待修缮整治的建筑点位，根据不同的建筑保护等级采用分类施策办法，实施建筑立面更新改造、外立面粉刷清洁、空调等附属设施规整美化等措施，最大限度恢复建筑原有风貌。

开展既有桥梁景观整治。市交通委、市道路运输局针对部分桥梁与城市景观不协调、与滨水公共空间衔接不顺畅等问题，对苏州河沿线既有的 33 座桥梁开展全面分析评估，提出了"一桥一策"的景观改造方案，重点包括夜景灯光、色彩涂装、线缆整治、栏杆更新、无障碍设施等方面，目前南北高架以东核心区段桥梁基本完成更新改造，2022 年计划完成外环以内所有桥梁更新维护。

开展防汛墙整治及改造。市水务局针对受到苏州河防汛墙标高过高的限制，中心城区很多区段临河不见河，亲水性不够，滨水景观资源没有得到充分发挥和有效利用的情况，自我加压，以确保城市防汛安全为底线，指导沿线各区因地制宜开展防汛墙综合改造，如普陀区的河滨香景园、长宁的海烟物流、黄浦的九子公园段等实现了二级防汛功能，临水空间更加开阔和亲水，虹口区北苏州路、静安区光复路等区域优化滨河绿带，提升滨水贯通步道标高，并与景观绿带融为一体。

开展桥下空间整治及更新利用。市规划资源局、各区政府针对苏州河沿线大部分桥下空间未能合理、有效利用，成为"灰色地带"和"消极空间"的情况，陆续开展方案征集等工作，对桥下空间启动实施微更新，如长宁区凯旋路桥、古北路桥、静安区河南北路桥等结合本次贯通工程同步实施了桥下空间改造，同时还将推动内环、中环、外环、南北高架等快速路高架桥下空间重塑，植入运动健身、儿童乐园等更加贴近市民生活、环境更加友好的主体功能场景，让每一块空间都充分活化、合理利用。

吴英燕：在苏州河沿线开展的这次全要素整治中，有哪些值得总结的举措经验？

周翔宇：能够顺利推进并完成这次全要素整治工作，主要是因为做到了以下几个方面。

一是通过市级平台加强协作。"一江一河"民心工程是一项系统性的工程,需要建交系统的很多部门加强协作,共同推进。为此,市"一江一河"办、市精细化办通过充分发挥市级平台协调作用,加强与市水务局、市绿化市容局、市道运局等部门的工作对接,做到将结合架空线入地、已建桥梁景观改造、建筑立面整治、防汛墙改造及整治、市容环境综合整治等专项工作统筹谋划,做到一盘棋,统一步调,协同推进。

二是加强与民心工程相结合。为了让两岸更多的市民有获得感,同时实现区域整体面貌改善,本次整治工作涉及的范围有 20.2 平方公里,从外白渡桥到外环,从河道蓝线往外延伸约 200 米陆域。这次全要素整治,不仅仅是做一些建筑面粉刷,店招、店牌更换,也包括市民关心的道路平整、架空线、围墙、空调机架、电站电台、绿化道路、人行道等,可以说涉及方方面面,要进行综合、统一的解决,这样才能让老百姓有获得感,才能体现了民心工程的主旨。

三是跟"美丽上海"建设相结合。原来苏州河沿岸并不全部在"美丽街区"实施范围内,但这次也参照了"美丽街区"的标准来抓,这就对整个公共空间品质的提升提出新的要求。在建设"美丽上海"中,我们比较注重的就是五个态"形态、生态、神态、心态、业态"。"形态"就是容貌变化;"业态"低端要改高端,但不代表扫掉全部烟火气;"生态"不仅仅是绿化,指的是要将负空间变成正空间,人在里面是活的,要素是活的,体现上海的传统文化;"心态"是让群众心里满意,有获得感,在空间的打造体验上和"美丽上海"的建设、跟高品质的环境提升相结合。

苏州河河口景观
图片来源：虹口区建委

转变治理模式，整体提升苏州河市容环境品质

New Governance Models Enhance the Appearance and Environmental Quality of Suzhou Creek

王永文 / 上海市绿化和市容管理局市容处处长

Wang Yongwen / Division Director of City Appearance Division at the Shanghai Landscaping and City Appearance Administrative Bureau

"市容环境不再局限于'治脏治乱'，党的十八大以来，围绕人民群众对美好生活的向往，市容环境建设更加注重'治丑治俗'，其根本目标是用新时尚新形象，满足新时代新要求，这已经成为引领社会经济发展的一个重要方向。"

"The appearance and environmental quality of the city are no longer secondary criteria. Whereas in the past, we merely swept the streets, we've spent the last few years promoting garbage classification. Now, environmental sustainability is the new direction in which social and economic development is headed."

绿化提升后的苏州河黄浦段　The Huangpu Section of the Suzhou Creek
图片来源：上海市绿化市容局　Image source: Shanghai Landscaping and City Appearance Administrative Bureau

为在短时间内整体提升苏州河两岸公共空间环境品质，市绿化市容局通过牵头抓总制定工作方案、提升环境整治标准、转变治理管理模式，围绕"彩化、靓化、净化、序化、优化"五大工程，重点聚焦绿化打造、立面整治、景观灯光、环境保洁、公共座椅品质提升等，打造体现城市软实力的高标准市容环境。

董怿翎：市容环境提升对于整个区域发展发挥的作用是什么？

王永文：我们有一个理念——"市容环境就是软实力、竞争力和凝聚力"。经常用的一个案例是法国总统马克龙先生访问上海时候的感叹。当时马克龙先生参观了豫园景区，那里最美的盆景来自上海植物园，最美的花来自辰山植物园，最好的景观灯光也是精心雕琢过的。同时，马克龙还看到了黄浦江两岸的璀璨夜景，后来马克龙赞叹道，"上海令人惊叹，我在这里看到中国的未来和希望"。他看到的是城市景观，但感受到的是这个城市的内涵、是否有希望、值不值得投资。

2018—2020 年，习近平总书记连续三年到上海视察。第一年习近平总书记在了解到上海在推进城市精细化管理方面的做法时强调"一流城市要有一流治理"。第二年习近平总书记在新年致辞里提到"黄浦江两岸物阜民丰、流光溢彩"。第三年正值浦东开放 30 周年，习近平总书记在讲话中提到"经过 30 年发展，浦东已经从过去以农业为主的区域，变成了一座功能集聚、要素齐全、设施先进的现代化新城，可谓是沧桑巨变"。从某种意义上讲，习近平总书记看到的城市形象，也反映了上海的精气神。

苏州河两岸公共空间优化提升就是贯彻这个理念的具体体现。2018年初，市委、市政府提出推进苏州河两岸公共空间贯通，目的是打造代表上海卓越全球城市水平的标杆区域、提升城市能级和核心竞争力的重要承载区、体现上海城市形象的著名地标。但是，我们也知道，苏州河公共空间没打通的时候，靠河的那边实际上就是背街小巷，打通之后，这些区域从后台到了前台，从不起眼的角落走到全世界关注的层面，因此，城市公共空间市容环境提升就显得尤为重要。2019 年 11 月，汤志平副市长特别强调要加强市容环境治理，我们进一步精心谋划和全面推进，尤其重视和民生改善相结合。我们在研究整治范围时，划定东起外白渡桥，西至外环线，以苏州河42公里公共岸线为中心轴，南北两岸各延伸约200米至城市东西向主要道路，含水域约20.2平方公里，进行整体改善。抓住契机，把周边老百姓的生活环境加以提升，让大家更有获得感。

董怿翎：市绿化市容局作为市级部门承担的是统筹协调，作为牵头部门，是如何具体开展这项工作的？

王永文：2019年底，按照市政府工作部署，我们接到了对苏州河沿线开展全面整治的牵头任务。因为这项工作涉及资金、人员、任务、项目的整体统筹，比较繁杂。我们与各区反复对接和沟通，梳理任务，明确责任。我们在局内部依托综合治理提升办公室进行统筹，外部通过城市管理精细化领导小组市容市政专项办来支持。我们克服疫情影响，2020年春节前后，大概花了两三个月，梳理明确了425项整治任务。为了排摸任务，我们把一位同志称为"一百公里先生"。因为当时苏州河沿线约42公里，从头到尾跑两遍，至少就有84公里，加上平时陆陆续续现场推进调研，肯定有100公里以上，所以我们都叫他"一百公里先生"。

苏州河虹口段河口花园绿化提升
图片来源：虹口区建委

苏州河虹口段的景观座椅
图片来源：上海市绿化市容局

任务基本明确后，为了更好推进任务落实，我们与市住建委、市"一江一河"办进行了专题沟通，经市领导同意之后明确了工作方案，由市绿化市容局、市"一江一河"办、市住建委联合发文共同推进。主要是做到三个保障。一是有人办事。确立了组织架构和责任网络，市级部门单位牵头推进，各区具体属地落实。二是有章理事。明确了"五化"方案，所有任务项目化，按照"最高标准、最好水平"进行落实。三是有钱办事。提出资金解决方案，通过"美丽街区"建设等解决资金来源。记得当时专报市政府后，得到了市领导的充分肯定，大大增强了我们按照方案落实工作的决心。

董怿翎：在整治过程中遇到了哪些困难？

王永文：第一，资金到位的问题；第二，疫情期间进度受到影响，有些地方像嘉定、普陀等都有一些断点没打通；第三，有些重点工作需要市级层面协调推进。

印象比较深的，比如嘉定段的南四块地区，这个地方虽然一公里都不到，但是面临着沿河公共空间转型的问题。沿线单位把这个地方做成了码头，里边有混凝土搅拌站，土地是大企业的，但是同时又把土地租给别人去做一些低端的产业。现在整个区域要转型，就要从区政府层面会同这些企业去打官司，花了很多时间，最后解决得比较完美。

又如，苏州河上一些桥梁上面飞线的整治。原来四川路桥这样的路桥上面有电车线、光缆等，犹如蜘蛛网。这里面有很多历史遗留问题，也牵涉到很多单位。此外，桥梁上面涂装的颜色、用的材料和整体环境也不够协调。后面通过优化，这些现象不再那么突出。

还有就是厕所需求，我们在抓紧完善公共厕所布局的同时，积极推进社会公厕开放。我们提倡共享厕所，希望河岸商业空间一些有责任心、有担当精神的企业，可以把商业建筑物内的厕所共享出来，提供一定的标识引导，为市民游客提供便利。但在取得共识、消除顾虑上，也碰到一些困难。

这些困难和难点最终通过市住建委、市"一江一河"办、市绿化市容局等多部门协调推进，得到了顺利解决。

董怿翎：苏州河沿线的绿化景观都是经过精心设计的，花的品种很多，层次也很多，后续会一直保持更新吗，如何看待后续的养护成本？

王永文：绿化打造方面，我们有一个大的指导思想，也是李强书记提出来的，叫"四化"，绿化、彩化、珍贵化和效益化。绿化肯定是要增加绿量，但是绿的表现形式不一定要那么单一，现在大家看到很多花坛花境，就体现了不同的绿化景观。比如南、北苏州河路，每个区节点都有很好的设计，有的还实现专业的设计养护一体。这些景观都能保持很好的效果，有一些区域使用多达 200 种花卉。有很多朋友说："终于喜欢在苏州河边行走了。"

经济性也要考虑，"一江一河"整个区域是一个景观通道，它的成本其实用现有绿化标准很难去机械地计算。我们知道，要有品质就要投入，这是硬道理。因此站在综合角度来看整体效果，特别是从生态文明和人民对美好生活的向往这两个层面来看，作为引领社会经济发展的一个重要方向，投入是值得的，这种投入带动产业发展，促进区域经济提升，反映城市文化底蕴，彰显上海竞争潜力。

董怿翎：城市家具也是老百姓感受度很高的设施，我们在公共座椅品质提升方面有怎样的工作设想？

王永文：好的规划要和后续管理相结合，现在的城市管理跟过去不一样，过去往往是单向管理，现在不仅仅是双向治理，甚至是多向、多维治理，治理模式发生了深刻变化。公共空间休憩座椅的优化提升，给我们落实"人民城市人民建，人民城市为人民"重要理念提供了的一个非常好的载体。

我们主要干四件事情：第一，增加一批座椅，上海的老龄化程度非常高，常住人口中 60 岁以上老人占到 23.4%，很多老年人走出家门没休息的地方。我们要让人坐得下来，甚至在有一些不经意地方坐下来，那才是城市温情。第二，修缮一批座椅，有些座椅因为后续管养等原因，存在一些破就破了、坏就坏了的小问题，有些甚至安全性都不够，如果能够改善就不一样了。第三，提升文化范儿，比如苏州河虹口段有几个流线型座椅是不错的，上面还有文字诗句。未来，我们还将研究更多鼓励社会公众参与的具体举措，比如说，上面写着"今天是我的父母结婚80年的纪念日，我捐赠了一张凳子"，有人坐在那里，看到这句话，感觉这座城市真的有故事。第四，共享一批座椅，原来我们对于占路经营是不允许的，但是现在由于夜间经济、文化经济的发展，要求有一些符合条件的外摆位。我们就讲，你（商户）不能说买咖啡才能坐，当然人多的时候——高峰期你可以这样做，但是低峰期你就让人家行人休息一下，有什么不可以呢？这就是社会参与。

有位专家说过"测得出来是温度、测不出来是温暖，看得到的是文字、看不到的是文化"，我后来加了一句话，我说"坐不下的是地方、坐得下的是地位"。上海市民、来上海的人能坐下来看看上海的风景、听听上海的故事、感受上海的文化，体现的是上海市民的主人翁精神，体现的是城市对人的尊重，这就是人民城市的根本追求吧，也是上海软实力的具体化。

苏州河桥梁微改造，
实现"桥梁可阅读，交通有温度"
"Bridges With Soul and Purpose"

周晓青 / 上海市道路运输管理局设施养护监督管理处处长
Zhou Xiaoqing / Division Director of Facilities Maintenance and Supervision Division, Shanghai Municipal Road and Transportation Administration Bureau

"桥梁是一种硬结构，但是我们通过微改造不断赋予他软实力，勾绘出人们脑海中那每一座独特的富有生命的苏州河桥。"

"Bridges are hard structures, but we have continually enhanced their soft power by carrying out micro−upgrades that render them unique and vibrant, and which reflect the people's vision."

改造提升后的乍浦路桥   Zhapu Road Bridge following its renovation and enhancement
图片来源：上海市政总院   Image source: Shanghai Municipal Engineering Design Institute

苏州河上的跨河桥梁体现着上海的城市文化底蕴，市道路运输局通过实施既有跨苏州河桥梁改造，整体提升了桥梁景观，为苏州河沿线的景观打造加上了浓墨重彩的一笔。

吴英燕：苏州河上有多少座桥梁，本次跨河桥梁改造涉及多少座？

周晓青：苏州河自青浦区白鹤镇进入上海市境，流经长宁区、普陀区、静安区、虹口区、黄浦区，止于外白渡桥的河口，总长约53.1公里。本次苏州河全要素提升主要聚焦在外环内，其中跨河桥梁共33座。可分为东中西三段：

东段从外白渡桥至南北高架，共11座桥，实际完成景观提升作业为8座。

中段东起恒丰路桥，西至内环高架桥，共16座桥，实际完成景观提升作业10座。

西段东起强家角桥，西至外环吴淞江桥，共6座桥，实际完成景观提升作业4座。

吴英燕：为什么要开展这项桥梁提升项目？

周晓青：上海位于东海之滨，黄浦江和苏州河流经市区，域内河港密布，桥梁众多。自1843年上海开埠以来，上海的桥梁发展也随着历史变迁起起伏伏。上海桥梁的大规模发展是在改革开放以后，截至2020年底，本市道路桥梁共计14332座，这一数字足以傲视世界大城市。

桥梁对城市风貌的影响是相互的，对于上海来说，"一江一河"奠定了上海整个城市的气质。"一江一河"上的桥梁，诉说着历史、现实和未来。苏州河桥梁就是一整部上海近代史和现代史，诉说着城市的蜕变和升华。通过整体提升跨苏州河桥梁的景观，可以与两岸滨河沿线风景做到各美其美，又能美美与共，成为苏州河区域不可替代的出彩角色。

吴英燕：本次跨河桥梁景观提升主要包含哪些工作内容？

周晓青：提升的内容主要有四个方面。

第一，是涂装颜色。沿河桥梁原来有黄色、蓝色、金色、灰色等，本次进行了统一的设计，并进行了调整。本次色调调整是严谨的，历经多轮现场比选、试验，以及专家评审，最终形成较为一致的意见，即"跨苏州河桥梁的色彩、色系原则应趋向和谐统一，主要以灰色系为主，同时注重历史传承的衔接与周边景观的融合"。

第二，是景观灯光。在夜景照明改造上，体现的也是有节制的热烈、有约束的自由，避免过度用光，防止扰民。我们将桥梁的夜景亮度控制在安静的范围内，避免产生光污染。并且根据周边的使用功能进行调节，在居民区密集区域，照明的方案也更为柔和。同时，考虑到苏州河预留了日后的游船功能，此次桥梁的夜景灯光照明中，还特意在桥墩下装灯，对桥下空间进行了打亮处理。

第三，是安全改造。本次改造在细节方面作了很多处理，坚持以人为本，充分考虑老龄化社会的需求，加装无障碍扶手，在照明功能不足的桥位更是将行人的安全性放在首位，在无障碍扶手中加装弱电扶手灯，尽可能为市民提供安全与便利。从安全出发，替换了部分桥梁的人行道

四川路桥改造后的夜景灯光
图片来源：上海市政总院

防滑铺地，消除了之前部分桥梁广场砖雨天易滑的隐患。

第四，是标识优化。一方面是航道标识。考虑到苏州河航道的特殊性和苏州河桥的景观需求，统一设计了个性化的航道标识，特别是对于桥铭牌遵循以下原则。首先尊重历史，恢复历史上的桥铭牌设置和形式。其次对没有桥铭牌的统一字体及设置位置，形成苏州河桥梁航道标识的整体的古朴典雅风格。另一块是人行道桥铭牌。基于提升景观性，使游人对桥梁进一步了解，丰富过桥体验等角度，我们尊重各个区的特色，桥本身是与周边的道路连接在一起的，桥梁的内涵也包含于整条路、整个街区的故事里面。目前各区，如黄浦、虹口、普陀等在桥梁人行道边都安装建筑可阅读桥铭牌。桥铭牌的大小、款式、字体、位置都经过专门的设计，既尊重历史、融入景观，又体现功能。

吴英燕：本次完成的苏州河桥梁微改造对于城市建设有着怎样的意义？

周晓青：这次苏州河桥梁的微改造，达到的目标我觉得可以用两句话来概括，就是"桥梁可阅读，交通有温度"。苏州河上的每座桥都有它的故事，我们的改造如果能更多地挖掘出这座桥的故事，那就是最为成功的改造。桥梁设施细节的优化、景观的提升和内容的挖掘使得过桥的行人愿意在桥上慢下脚步，休憩拍照。

比如乌镇路桥，南接新闸路，北连乌镇路，斜跨苏州河，是解放上海时解放军突破苏州河通过的第一座桥。始建于1929年，改建于1948年、1985年，重建于1999年，从六孔木桥到简支梁桥到钢管拱桥。2021年6月，作为"一江一河"工程的一部分，市区联手，乌镇路桥完成了全桥景观整治并对南堍进行改造，新建下沉式景观人行步道，完成了滨河连续性、体验性的空间塑造，进一步提升苏州河沿岸的公共空间品质。在景观步道的廊边，还设置了乌镇路桥的桥史展示区域。

通过桥梁传播文化，厚植城市精神彰显城市品格。桥梁是一种硬结构，但是我们通过微改造不断赋予其软实力，勾绘出人们脑海中那每一座独特的富有生命的苏州河桥。

浦东滨江多部门联勤联动，
示范引领公共空间精细化管理

Joining Forces to Demonstrate the Advantages of Refined Management of Public Spaces Along the River in Pudong District

鲍伶俐 / 上海东岸投资（集团）有限公司浦江事务部副主任
Bao Lingli / Vice Director of the Pujiang Office of the Shanghai East Bund Investment (Group) Co., Ltd

"浦东滨江公共空间的特色，也都是后续管理的难点，为浦东滨江的综合管理带来了巨大的挑战。"

"One of the characteristics of public spaces along the river in Pudong District is the complexity of their maintenance. This has posed great challenges for the overall management of the Pudong District waterfront."

上海船厂绿地鸟瞰　Aerial view of the Shanghai Shipyard
图片来源：东岸集团　Image source: Shanghai East Bund Investment (Group) Co.,Ltd

浦东滨江公共空间后续管理体现了城市精细化治理理念，很多举措和做法发挥了示范引领作用，如"腰带保洁＋推行车保洁"保洁模式申报了"首届上海城市治理最佳实践案例"，获得业内好评，东昌路—南浦大桥区段获上海市"席地可坐"高标准保洁区域称号，浦东滨江全线（杨浦大桥—徐浦大桥）获得上海市"美丽街区"称号。

沈健文： 浦东滨江 22 公里公共空间建成开放后，面临着哪些管理难题？

鲍伶俐： 2017 年底，浦东滨江 22 公里公共空间实现贯通开放。这 22 公里的公共空间，包含 220 公顷滨水公共空间、22 公里连续慢行系统、15 座云桥景观岸线；这 22 公里的公共空间，连接 7 条自然河道、5 座轮渡站和 3 处其他区域断点；这 22 公里的公共空间，新植乔木 1 万株，实现滨江公共空间乔木量突破 3.4 万株。在公共空间建设过程中，浦东滨江的特色十分显著，主要有：

一是慢行系统保持连续性，22 公里连续的跑步道、骑行道、漫步道，串联沿江重点区域和重要节点，镶嵌不同区段特色的自然环境、标志性景观、运动休闲场所和配套服务设施，将浦东滨江的统一性、协调性和区段特色有机结合；

二是开放程度高，在"城市生活与滨江空间交织互动"的理念指引下，以生态绿地、绿廊为主要的开放空间载体，共有 92 个主要出入口，方便市民公众进入滨江区域进行休憩旅游、健身运动、体验自然；

三是属地街镇数量多，浦东滨江 22 公里北起杨浦大桥、南至徐浦大桥，作为带状空间，串联起洋泾、陆家嘴、潍坊、塘桥、南码头路、周家渡、上钢新村和三林镇等 8 个街镇。

而且贯通不到一年，在 2018 年，浦东滨江公共空间的 22 个望江驿建成开放，在为市民游客提供便民公共服务的同时，叠加了党建、文化、金融、健康、科技、生态主题元素，成为浦东滨江的新地标、浦东创新成果展示厅和滨江"文化会客厅"。

这些浦东滨江公共空间的特色，都是后续管理的难点，也为浦东滨江的综合管理带来了巨大的挑战。

沈健文：浦东滨江是如何应对这些困难和挑战的？

　　　　鲍伶俐：浦东滨江实施"条块结合"管理工作机制。浦东新区浦江办负责对浦东滨江公共空间区域规划、建设、开放和管理的统筹推进、协调落实、督促检查等工作。浦东新区各有关行业管理部门，按照各自职责做好治安、交通、绿化、环境卫生、市容景观、商业经营、公共活动、工程建设、设施维护等管理工作，沿线各街镇落实属地化管理、配合行业主管部门开展工作，与浦东滨江公共空间各区段管养单位建立联勤联动综合管理机制。

　　　　浦东滨江公共空间的城市运行，纳入新区城运中心"一网统管"城市网格化综合管理系统。浦东滨江城市管理和社会管理，纳入沿线街镇及管委会属地化管理，由属地街镇及管委会，按其既有的城市管理工作机制进行社会治安、城管执法等专项管理，与滨江公共空间管养单位日常秩序管理形成联勤联动。

　　　　浦东滨江公共空间的养护管理，实施"四保"一体化（保绿、保洁、保修设施、保安）的综合养护机制。综合养护由浦东新区生态环境局通过政府公开招投标方式，委托养护公司进行专业化的日常养护管理。

沈健文：浦东滨江建设了完善的慢行系统，并综合考虑设计了绿地景观，你们如何应对如此规模绿色景观的管养工作？

　　　　鲍伶俐：在沿线公共绿地中，浦东滨江设置"漫步道、跑步道和骑行道"三条不同标高的慢行系统。针对不同的标高，分别设计布置了差异化的绿化景观。

　　　　低线漫步道标高 5 米，植物选择落叶观花乔木、常绿观花乔木和地被草坪，视野上上下两层结构疏朗通透、突出滨江观景，形成绚丽岸线；中线林中跑步道标高 7 米，植物选择常绿乔木、观花灌木和地被，以复合式群落，突出生态多样性，以疏朗通透式结构，提高林下空间的参与度；高线骑行道标高 9 米，植物选择常绿高大乔木、观叶高大乔木、宿根花卉和地被，以疏朗通透式结构，提升四季林间骑行体验。

　　　　从空间上看，每个绿地以不同的植栽选择彰显特色；从时间上看，不同的树种搭配做到四季有景。除绿地景观外，浦东滨江在节庆还增设花坛和主题花境，装点节日滨江；对空调外机、电信、电箱、变电站、防汛墙、船锚、标识牌等设施进行彩绘美化，给设施穿上美丽的"外衣"，展现时尚新潮的城市风格。这些为后续的管养工作带来了巨大的难度。

为此，浦东滨江划分了若干管养标段，业务主管部门建立周巡查、月反馈和季度考核，对管养工作进行指导和监督，保证了浦东滨江整体观景效果和设施安全，为公众提供了优质的公共活动空间。

在市容环境方面，浦东滨江实施"席地而坐"的环卫标准，即浦东滨江公共空间环境卫生整洁程度可达到让市民和游客席地而坐。新区生态环境局制定了《东岸滨江环卫保洁模式工作手册》，对环卫作业时间、作业对象、工作模式、保洁评率、工具配置作出了标准化要求。根据手册要求，每个保洁人员都配备相应的保洁工具，包括环卫背包 6 件套、篮子 9 件套、手推车 11 件套等，对工具种类和使用范围进行了详细规定，每个区域都配备了相应的机扫车辆，包括环保型电动清扫车、高压冲洗车、小型冲洗车、电动冲洗车等。

浦东滨江公共空间采用"腰带保洁 + 推行车保洁"的保洁模式；驿站采用篮子或箱式工具进行保洁；骑行道和跑步道采用"机扫 + 冲洗"模式；漫步道、高桩码头、亲水平台、广场、铺装等采用高压水枪进行冲洗。通过制定手册固化保洁模式，对保洁类型进行分类并提供保洁方案，使用机械化清扫提高效率，打造可复制可推广的示范标杆。

沈健文：陆家嘴滨江区域作为上海市和"一江一河"的标志性区域，日常秩序维持上有哪些举措？

鲍伶俐：浦东滨江城市秩序管理整合了三方面的力量，包括：街镇专业执法队伍，对市容管理进行综合行政执法；滨江区段管养安保队伍，对区域内违规、不文明行为进行劝导；社会志愿者队伍，对文明守规行为进行倡导和宣传。三方面力量汇聚，一起搭平台、促协同、强共建、图长效，实现浦东滨江空间共享、平台共享、资源共享、信息共享、服务共享。

浦东滨江杨浦大桥区域1号驿站

图片来源：东岸集团

　　陆家嘴滨江区域是浦东滨江城市综合管理精细化的标杆区域，2019年1月，陆家嘴街道滨江女子综合管理监察队成立，这支队伍以城管女队员为主，并结合了公安、管养单位安保力量，是创新陆家嘴滨江公共空间综合管理工作的一条纽带。陆家嘴滨江地带中外游客众多，且事务多以问询指引、劝阻沟通为主，女队员温婉、细心的特质可以提供更柔性、细致的管理服务。

　　依托陆家嘴滨江女子综合管理监察队，结合滨江的实际情况，陆家嘴城市秩序管理制定了"双标"管理（即滨江公共空间管理标准和工作标准），建立了"联巡带教"工作机制，以及"联席会议"等综合管理工作相关制度。

　　"双标"精细化管理，对滨江区域内户外广告、市容环境、规划建设等各个方面设定了工作标准，将无序放生、垂钓、流浪乞讨等禁止行为写入了管理标准，进一步明确了滨江综合管理要求，使滨江各养护管理单位能做到对标管理，从而实现对浦东滨江公共空间内无序的不文明行

陆家嘴滨江女子综合管理监察队
图片来源：东岸集团

为实现有效管控。

"联巡带教"工作机制是指由城管、公安以及滨江沿岸各管理养护单位共同派员组成联巡队，并由城管、公安等执法人员对管理人员实行带教的制度。"联巡带教"制度的施行更好地结合了执法力量和滨江管理养护单位的管理力量，对公共空间开展巡查、劝导、执法等相关工作，实现滨江空间及时、有效的现场管控，切实减少了滨江区域内存在的放生、垂钓、遛狗、流浪乞讨、兜售等一系列问题。

"联席会议"制度是为加强黄浦江陆家嘴公共空间综合管理，由陆家嘴综管办、城管、公安等相关职能部门以及公共空间的各管理养护单位通过会议协商的形式统筹协调相关部门职责分工，研究解决浦东滨江公共空间综合管理工作中的各项重点、难点工作的制度。该项制度的形成，切实推进了各项工作任务的有效落实，解决了公共空间内合唱扰民、出租车非法营运等一系列乱点、难点问题，共同完成了"进博会""建党100周年"等大型活动保障。

陆家嘴滨江城市秩序管理，坚持目标导向、效果导向、问题导向，注重提升滨江空间管理能级和品质，不断激发创新活力，通过构建多元主体共同参与的滨江综合管理共同体，充分发挥各个工作团队的管理效能，切实践行"人民城市人民建，人民城市为人民"的城市治理理念。

社会治理新风尚
New Trends in Social Governance

有温度有颜值，水岸汇提升徐汇滨江水岸魅力

Beautiful Inside and Outside: How West Bund Service Spaces Enhance the Charm of the Waterside in Xuhui District

干瑾 / 西岸集团副总经理

Gan Jin / Deputy General Manager of the Shanghai West Bund Development (Group) Co., Ltd

"（水岸汇）既有卓越水岸品质，又有西岸文化特色，为'秀带'的无敌江景添上有温度的综合服务。"

"The West Bund Service Spaces boast a beautiful waterfront view as well as the cultural sophistication of the west bund. With their comprehensive services, they add extra warmth to the unbeatable river scenery of the 'show belt'."

徐汇滨江水岸汇　A West Bund Service Space along the river in Xuhui District

图片来源：西岸集团　Image source: Shanghai West Bund Development (Group) Co., Ltd

徐汇滨江水岸汇云建筑站
图片来源：西岸集团

徐汇滨江布局了 20 余个集"休憩、便民、资讯、旅游、党群、应急"六大核心功能为一体的公共服务站点，这些公共服务站点命名为"水岸汇"。自 2021 年 1 月以来的半年时间里，可实施客流统计的 7 个站点累计接待游客超 19 万人，引起了各大媒体的关注，并进行专题报道。

沈健文：为什么要打造一系列综合服务站点？

干瑾：徐汇滨江在推动公共空间建设的时候，整体考虑了一批服务设施，如卫生、休憩等空间。随着 2017 年的全面开放，社会公众已经不满足于基本的公共配套服务，对公共空间品质要求越来越高。

持续提升水岸魅力是我们在实现贯通开放后的持续目标，原先"分头布局"的服务配套已经无法满足市民群众点点滴滴的需求，我们就想到要打造网络化和具有标识度的服务站点，成为集党群服务、志愿服务、便民服务于一体，既有卓越水岸品质，又有西岸文化特色，为"秀带"的无敌江景添上有温度的综合服务。

沈健文：这项工作是如何实施的？

干瑾：我们系统研究、分级分类、整体布局，在 2020 年 8 月提出了在当年完成全线 22 个站点的部署和开放。主要就是聚焦市民游客需求，探索智慧化、平台化、市场化的运营模式，打造"艺术 + 生态 + 服务"相融合的人民水岸。

首先就是定制一站一品的精细化服务。根据不同点位的人群特征，差异化布局休憩、便民、资讯、旅游、党群、应急、亲子等功能，并融入活动票务、沿江导览等更多特色服务。

其次，探索智能一体化的服务体验。开发首批一体化设备"智能生活服务站"，集成无人零售、共享充电、便民物资领取、导览导航、购票等功能，串联文旅在线服务。

最后，整合社会化力量的运营模式。按照"党建引领、群团注力、企业尽责、社区保障、社会组织参与、公益力量投入"的思路，引进星巴克、乔咖啡等知名餐饮品牌合作，发挥各委办局、街道、企业、志愿

徐汇滨江水岸汇内景
图片来源：西岸集团

者组织等力量，共同参与内容运营。如格楼站引入了"Manner"首家咖啡活动体验店，后续海事塔站也将引入更多商业餐饮品牌，以进一步补充沿江餐饮配套服务数量和规模。

沈健文：徐汇滨江公共空间注重节点的景观打造。请您谈谈在水岸汇节点上是如何考虑景观设计的差异化的？

干瑾：结合党群服务中心、水岸汇的建设，进一步提升滨江地区开放空间环境的便捷性、舒适性、精致度，打造更有温度的城市公共空间环境。比如：

徐汇滨江党群服务中心节点广场以"乘风破浪，勇立潮头""徐徐而来，汇聚于江"为核心设计理念，统筹建筑及室外总体，展示"一江一河"城市缩影，打造徐汇滨江开放空间北门户，塑造新时代上海滨江党建创新实践基地形象。

　　水岸汇·格楼站周边景观，作为滨江人流最密集的区域之一，紧邻谷地花溪樱花林，景观提升充分考虑了与谷地花溪的自然融合，通过增添室外台阶、木平台等形式，提升建筑及场地的开敞度和可达性，形成观景、交流、休闲等复合功能节点。

　　东安路节点广场，通过本次景观改造，优化场地组织、提升视线通透，强化了与周边建筑、城市家具的联系，融入台地、挡墙、休闲座椅等元素，增添丰富多样、色彩斑斓的植物品种，打造自然灵动的花园式景观。

　　未来，我们将继续推进水岸汇各节点的景观提升工作，通过激活各个节点，再一次带动开放空间的服务品质和空间体验全面升级。

沈健文：目前水岸汇的运营情况如何？

　　干瑾：自 2021 年 1 月以来的半年时间里，可实施客流统计的 7 个站点累计接待游客超 19 万人，服务满意度超 98%。按访客量由高到低为：星巴克站 11.6 万人、乔咖啡站 2.9 万人、云建筑站 1.3 万人、春申港站 1.1 万人、轮渡站 1 万人、格楼站 0.6 万人、海事塔站 0.5 万人。

　　水岸汇云建筑站、海事塔站、春申港站多次成为各类活动举办的首选地，累计举办活动 13 场，涵盖了体育、文化、旅游、亲子、科普各个领域，成为水岸汇最受欢迎的三个活动空间。星巴克和乔咖啡两个站点作为商业配套空间，均成为新晋网红咖啡打卡点，其中，星巴克站坪效位列上海门店前三，乔咖啡站位列龙华地区最受欢迎的咖啡馆前三，格楼站引入"Manner"咖啡，开业首月跻身上海咖啡厅热门榜单第一名。

　　水岸汇自开放运营以来，受到市区两级领导的高度重视和莅临指导，接待上海及外省市滨江建设单位的调研学习超 200 批次；被央视、新华社、东方卫视、解放日报等各大媒体专题报道；云建筑站荣获"上海市民家门口的好去处"称号。

十年如一日，苏州河护河队守护母亲河

Days into Decades: The Lives of Suzhou Creek Volunteers Protecting the "Mother River" of Shanghai

郁宝芳 / 上海市市容环境卫生水上管理处苏州河管理站党支部书记
Yu Baofang / Shanghai City Appearance Environment Hygiene Overwater Administrative Division Suzhou Creek Administrative Branch Secretary of the Party Branch

"（志愿者队伍中）年轻人越来越多，传承了父辈守护家园的精神，积极参与社区治理。护河十年如一日，大家初衷很朴素。"

"There are more and more young people in the team of volunteers who have inherited the older generations' desire to protect their homeland, and who have actively participated in community−led governance. The work of protecting the river has taken and will continue to take decades, but we all share the same goal."

苏州河护河队　Suzhou Creek volunteer team
图片来源：上海市绿化和市容管理局水管处苏州河管理站　Image source: Suzhou Creek Management Station

成立于 2008 年的第一支苏州河志愿者护河队，目前涉及志愿者近千人。随着护河队队伍的壮大，护河队的活动区域和工作内涵也在延伸。

吴英燕：护河队是如何组建的？

郁宝芳："爱我家园"志愿者护河队在 2008 年成立了第一支护河队。但在这之前，就有市民自发地开展了护河的工作，这里面有一个感人的故事。从 1999 年起，一位退休老人王显明用一个捞竿，靠一张潮汐表，在每月大潮汛的几天内，义务在黄浦江捞漂浮垃圾，一直服务到他因癌症去世。曾有身边人不理解："保护环境是政府的事情，你一个孤老，能做多大的事？"王显明回答："环境是每一个人在享受的，保护环境每一个人都有责任。如果每一个人都能做一点事情，这个力量就变得非常大。"

王显明老人的举动感染了身边人，他不仅带出了一支吴泾镇黄浦江环保志愿者队伍，还被授予"绿色环保卫士"称呼，实至名归。2008 年 4 月，受"保护母亲河活动"影响，普陀区长风新村街道海鑫居民区率先成立了"爱我家园"护河队，这也是上海第一支因保护母亲河而成立的护河队。

吴英燕：从 2008 年成立护河队到现在，护河队的整体发展情况如何？

郁宝芳：目前在苏州河沿岸，活跃着近 30 支护河队，涉及志愿者近千人。由于水的流动性，水域市容环境卫生不同于陆域。过去区域、单位间联系松散，水域市容环境治理仅靠政府。对此，我们水管处提出"市区联手、水岸联动、流域联合"，积聚沿岸党组织力量，建立了黄浦江、苏州河沿岸区域化党建平台，实现了区域自防、边际协防、流域共防的跨平台合作。不仅沿线居民，就连水上的船民，也成了护河志愿者。船民原先习惯将垃圾随手扔河里，成为志愿者后，不仅不再乱扔垃圾，还会在停船装货时打捞漂浮物；哪怕工程结束撤离苏州河，志愿者旗帜也不收回，鼓励他们去其他地方继续为公众事业服务。

吴英燕：能否具体谈一谈护河队是如何开展工作的？

郁宝芳：我们以比较有代表性的山北居委会护河队来举例。

2010年6月，地处苏州河东段的山北居委会成立了苏州河护河队。首批护河队队员均为社区居民，共20人，全队平均年龄72岁。他们加入护河队的想法极其质朴："苏州河是上海的母亲河，政府花大力气整治后，为保持苏州河的环境整洁做点什么，是我们的心愿。"值得一提的是，居委会有一位96岁编外"队员"钱琬，88岁因参加护河队，感受到自我价值的再一次体现，91岁时义无反顾地向社区党组织提交了入党申请。

"世博会前，居委会说要组建护河队，老年协会会员自告奋勇，成了第一批护河志愿者。曾经，年纪最大的队员近90岁，后来考虑到健康因素，75岁以上就被'劝退'了，他们还依依不舍呢！"曾经护河队里的"小年轻"、现年74岁的戴天豪，是外滩街道山东北路居委会"爱我家园"苏州河护河队的队长，也是外滩社区老年协会山北居民区组长。"上世纪的苏州河两岸码头林立、船来船往，为城市建设作出很大贡献，也令河道脏乱黑臭，岸上的垃圾、粪便、废品全往河里倒，岸边简直不能站人。经多年治理，苏州河逐渐恢复美丽容颜，水质清澈，垂柳依依。如何维护来之不易的治理成果？由市民自发组成的护河队应运而生。"

一开始，山北居委会护河队仅有20人，分5班，每天不定时在外白渡桥和山西路桥间的路段巡查。起初大家发现，虽然苏州河变清了，但岸上不文明现象仍较严重。清晨有人不文明遛狗；白天，岸边有流浪者分拣垃圾；晚上，桥洞下有人夜宿。大家看到后，就向居委会反映，居委会再向市水管处、城管中队等反馈。令戴天豪印象深刻的，还有张网捕鱼，以及有人专门来四川路桥放生，这对保洁船、公务船的行驶带来很大危害。看到这些人，志愿者们都会去劝一劝、管一管，及时通知相关部门。

随着党建联建活动的开展，护河队的规模日渐壮大，牙防所、幼儿园等15家社区单位陆续加入。如今，这支护河队已有180名成员，年轻人越来越多。更新志愿者手牌、制作服务记录册、开展应对落水专题培训……年轻人传承了父辈守护家园的精神，积极参与社区治理。护河十年如一日，大家初衷很朴素。"上海花那么多精力整治苏州河，周边居民最得利，也很珍惜，保护好环境是我们的职责。我们干不了轰轰烈烈的大事，至少可以尽己所能劝阻不文明现象，为护河出力。"

吴英燕：除了护河工作之外，护河队还有什么其他职能？

郁宝芳：护河队刚成立时，关注点在苏州河。这几年逐渐拓展内涵，已形成"护河＋垃圾分类""护河＋环境宣传""护河＋爱心暑托""护河＋光盘行动""护河＋公益慈善""护河＋清网行动"等行动。2020年疫情期间，水域志愿者也积极参与宣传、值守工作。市水管处还准备将苏州河护河队的模式推广复制到黄浦江滨江沿线，目前已成立4支"滨江"志愿者服务队，长江口志愿者联盟、"吴泾保护母亲河"志愿者组织、"上海闵行绿水志愿服务队"等市民护河力量也蓬勃发展。

此外，职能部门也建立了流域管理平台，加强水上市容环境管理和街道城管、市容部门、地方海事、水上公安、水务执法、堤防管理等联动，重点对42公里贯通工程中易聚集暴露垃圾的点位、不文明捕鱼、不科学放生、墙前绿化踩踏、不文明施工等问题建立"一点一档"。比如市民关注的捕鱼问题，一旦发现不是休闲垂钓性质的钓鱼者，或者有私自架设渔网捕鱼、捞鱼等行为，将由多部门联合执法。

在新冠疫情期间，护河志愿者队伍下沉社区、服务市民，积极投身宣传引导、秩序维护等疫情防控工作，构筑起基层社区"同舟共济　共克时艰"的疫情防控中坚堡垒。

如今，苏州河上每年都会举办上海苏州河城市龙舟邀请赛等重大活动赛事，苏州河正以更美好的面貌向世人展示她的靓丽多姿。从消除黑臭到面清岸洁，打造最干净、最有序、最美观的城市面貌，苏州河治理聚集了一代代水管人的辛勤汗水。而在"保护母亲河"的过程中，市水管处研究的《上海水域市容监管船舶标准系列研究》《苏州河航行无障碍漂浮垃圾拦截装置应用性研究》等两项课题荣获了上海市科学技术成果奖。

与此同时，市水管处结合区域化党建平台，将"净滩行动"和"护河＋"两大硬核项目紧密结合，以"净滩"为活动方式，以"护河队"为重要载体，联合各方力量拓展党建活动和主题党日活动形式，推动公益行动常态化、社会化、机制化，号召社会力量共同守护水域空间，积极宣传水域市容社会治理理念，引领更多市民关注我们身边的母亲河！

浦东新区妇联赋能"望江驿",积极打造家庭会客厅

How the Pudong New Area Women's Federation Helped Create a "Family Reception Hall" for Shanghai Residents

王丽蓉 / 上海市浦东新区妇女联合会副主席

Wang Lirong / Vice Director of the Pudong New Area Women's Federation

"家庭会客厅不仅是服务于社区家庭的线下共享客厅,也正拓展成为让广大市民感受家庭温暖的线上服务平台。在这里,透过一个'家',看到一座城……"

"The 'family reception hall' is not only a kind of shared living room that provides households in the community with offline services — it's also developing an online platform that allows people all throughout Shanghai to feel the warmth of family."

浦东滨江 8 号望江驿   East Bund Pavilion No. 8

图片来源:浦东新区妇联   Image source: Pudong New Area Women's Federation

2019 年起，在市文明办、市妇联的直接关心，浦东新区文明办、区委组织部的悉心指导下，浦东新区妇联和潍坊新村街道党工委坚持党建引领，突出共建共享、突出价值引领、突出开门聚力，共同将 8 号望江驿升级打造成为"和美·家庭会客厅"。在多方共同努力下，升级后的家庭会客厅正在成为浦东滨江党建的示范点，成为市民群众共建共享美好空间的修身打卡点，成为对外展示浦东妇女儿童家庭时代风采、探索创新公共空间的家庭工作的特色阵地。2020 年，家庭会客厅被评为上海市市民修身示范点、上海市首届家庭家教家风优秀案例。

董怿翾：8 号望江驿为是如何展现"家庭"这一主题的？

王丽蓉：8 号望江驿在主题确定过程中召开了多次征询会，听取各方意见，最终明确了"家庭会客厅"的主题，并取名"和美"，核心是突出价值引领，倡扬好家风，培树家国情。

家庭会客厅积极发挥好宣传阵地作用，讲好最美家庭故事，进一步弘扬和践行社会主义核心价值观。

家庭会客厅主展示区是各级各类最美家庭的风采展，扫一扫照片中的二维码，家庭故事就会跃然屏幕。2020 年春节前夕，上海最美家书展览进驻家庭会客厅，向往来游客讲述家书背后的温情故事，展示字里行间的浓浓情谊。疫情期间，多封抗疫家书全新亮相，一封封家书，记下了特殊时期一个个家庭最真实的抗疫故事，让过往的市民和游客感受到小家大爱的抗疫情怀。

创新开展"红色家庭日·家庭学四史"活动，探索以家庭为对象的基层"四史"学习教育新模式，通过设立"四史"主题阅读区、推出"四史"小剧场、开展主持人"四史"绘本导读、开设情景微党课等，引入名人名家进家庭会客厅，与社区家庭互动，一起重温历史、展望未来，让"四史"教育走进千家万户：有上海快乐船长游船有限公司带来的《聆听船长故事 感受浦江巨变》，感受百年煤码头的"华丽转身"；有援鄂医生带来的《聆听抗疫故事 守护共同家园》，抗疫英雄们亲述战疫一线的感人故事；有东昌南校老师带来的《百年音符：历史的回响》，从经典革命歌曲中了解风云激荡的百年中国……同时，根据每个主题，精心策划活动环节，通过制作手持卡、任务单、明信片、爱心贴等多种形式，提高了教育活动的参与性和互动性。

围绕浦东开发开放 30 周年，推出"家在浦东"主题实践活动，家庭会客厅作为活动平台，导入家庭城市微旅行的概念，邀请孩子们和父辈一起用脚步丈量浦东，一路走进浦东开发陈列馆、傅雷图书馆、张闻天故居等，探寻浦东开发开放的历史脉络，让"爱浦东·爱我家"的理念深入每个家庭，培育和树立良好的时代好家风。

董怿翎：家庭会客厅的内容丰富、参与者多，是如何做到活动井然有序、忙中不乱？

王丽蓉：家庭会客厅需要全年无休定时对外开放，为了更好地做好服务，广泛开展了面向社区居民区、"两新"党组织、辖区单位的线上线下志愿者招募。同时，在周末时段，创新性地开展"我的会客厅·我来当主人"家庭志愿服务，社会各方积极参与，空间中的"驿鹿阅读角""童心童绘墙""共建图书架"等，都是来自社区家庭、区域单位的共建共享。

同时，邀请有志家庭来此共谱好家风：来自全国最美家庭、"故事妈妈"家庭、孔子后裔家庭的"不一样的生日会""二宝甜蜜故事分享""遇上儒风好时光"等活动陆续开展……家庭会客厅正在成为全区家庭共建共享共治的公共活动空间。

"我把望江驿 8 号当作自己的家，我一定会坚持来这里做志愿者！"来自商飞集团的志愿者孙先生，既不住在潍坊街道，工作单位也不在潍坊街道，他在网上报名参与志愿者活动后，深深喜欢上了这里，不仅动员单位党委来这里开展志愿服务及主题党日活动，还带着自家孩子和同学们一起来这里做"会客厅的主人"。

类似的志愿者感人事迹还有很多：在港务局退休的社区党员志愿者风雨无阻地来此做志愿者，并作诗抒发自己对这里的热爱；区域化党建单位洋泾中学的教师们，每天两小时轮班来当志愿者；社区的全职妈妈们有空就带着孩子来这里做讲故事志愿者，还培养出了"故事姐姐"和"故事哥哥"……仅 2020 年，就有来自 25 家区域化党建共建单位共计

400 余名志愿者在此服务，累计时间达 2800 小时。志愿者还开通了"蒋奶奶在家庭会客厅"的微博账号，记录着这里发生的点滴故事，见证着上海这座城市的温馨与美好。

董怿翎：除了发动志愿者外，你们还联合哪些社会力量一起做好家庭会客厅？

王丽蓉：为更好发挥家庭家教家风在基层社会治理中的重要作用，进一步加强社会化赋能，区妇联、区文明办、东岸集团、潍坊新村街道党工委等共同发起，联手上海社会科学院社会学所、上海市志愿服务研究中心、上海市家庭教育研究中心、上海儿童医学中心、上海纽约大学、浦东融媒体中心、浦东图书馆、浦东社工协会、蜻蜓 FM、上海艺仓美术馆、上海趣骑体育科技有限公司、骆新书房公益阅读交流中心、上海校外宝教育科技股份有限公司首批 13 家单位成立共建联盟，并聘请上海社科院社会学研究所研究员、市志愿服务研究中心执行主任、市志愿者协会副会长、市家庭教育研究会首席专家杨雄，华东理工大学社会工作系主任、浦东新区社工协会会长朱眉华为专家顾问，聘请东方卫视首席记者、主持人骆新老师为公益大使，探索创新公共空间的社会治理模式，着力落实"梦工坊·YIT 咖啡""家庭公益日"等一批民生实事项目，更好地为群众提供精准服务。

总而言之，突出开门聚力，做大朋友圈，服务共叠加。

现在，在家庭会客厅活动排片表中，有社区群众的自发活动，有最美家庭的公益服务，有媒体电视节目的录制活动，更有区域化共建单位的个性化定制活动……在这里，哈哈炫动卫视的主持人与小朋友们共读绘本，共演皮影剧；复旦大学教授来现场录制家庭教育专栏；著名文化学者与社区家庭共同探讨"筷子文化中的文明与不文明"；中外家庭欢聚一堂，开展中国传统非遗剪纸活动喜迎春节；"非常家长慧""幸福在线维权服务""护航少年联盟""百万家庭文明行"等线上线下服务活动也纷纷在此发布启动……家庭会客厅不仅是服务于社区家庭的线下共享客厅，也正拓展成为让广大市民感受家庭温暖的线上服务平台。

董怿翎：推动过程中，有哪些好的经验值得分享？

王丽蓉：家庭会客厅建设始终坚持服务大局、统筹发展。坚持把家庭会客厅建设放在推进新时代文明实践中心建设、特大城市的特大城区治理体系和治理能力现代化的大格局下谋划思考，加强与"家门口"服务体系、"城市大脑"等社会治理、城市治理平台功能复合、协同联动、优势互补，与各项改革措施和具体工作相互融合嵌入。

家庭会客厅建设始终强化党建引领、凝聚人心。坚持把党建引领作为一根红线贯穿家庭会客厅建设始终。聚焦家庭所思所想所盼，精准把握实际需要，形成一批服务菜单，在解决问题和服务群众中教育引导群众，满足人民日益增长的精神文化生活需求，发挥家庭会客厅凝聚人心、化解矛盾、增进情感、激发动力的作用。

家庭会客厅建设始终突出社会协同、开门聚力。在社区家庭日趋多样多变多维的形势下，家庭会客厅积极动员社会力量参与，保障家庭服务的可持续性，做好事、解难事、办实事。将家庭会客厅阵地作为参与社会治理的重要载体，积极发挥家庭主体作用，努力促进多方协同联动，推进共建、共治、共享的社会治理新格局。

以需求为出发点，
徐汇滨江打造网红遛狗圣地萌宠乐园

After Listening to the Public, an Internet-Famous Dog Park Was Built on the Waterfront in Xuhui District

唐杰 / 徐汇滨江管委办副主任

Tang Jie / Vice Director of the Xuhui District Riverside Management Committee Office

"我们发现一味地封堵无法根本解决不文明遛犬行为，市民游客的宠物互动需求是客观存在的。我们认真听取市民游客的建议，以需求为出发点，完善配套设施，不断提升服务水平，众多爱宠朋友送来了锦旗和感谢信。"

"We have discovered that blindly banning dogs from different areas does little to address the root causes of uncivilized dog-walking behavior. At the same time, we recognize that pets belonging to both Shanghai residents and tourists have an objective need to go out and play. We therefore listened carefully to both residents and tourists, and took their input to improve pet-friendly facilities and services. Since then, many pet-owners have sent us silk banners and letters of thanks."

徐汇滨江萌宠乐园　Xuhui Riverside Mengchong Paradise
图片来源：徐汇滨江管委办　Image source: Xuhui District Riverside Management Committee Office

    随着滨江公共空间的不断建设，宠物爱好者的需求和其他市民群众之间的矛盾日益突出，徐汇滨江疏堵结合，设置了上海市第一个为宠物设计的乐园：徐汇滨江萌宠乐园。2017 年，占地约 1200 平方米的萌宠乐园在徐汇滨江建成，被沪上市民称为网红遛狗圣地。

董怿翎：随着宠物热的兴起，给滨江的日常管理带来了哪些难题？

    唐杰：随着居民生活水平的提高和生活质量的改善，越来越多的人饲养起了宠物，但也给滨江公共空间日常管理带来了许多负面影响。负面影响主要是不规范的养犬行为，如不及时规范清理粪便、不按规定用牵引绳和嘴套、横冲直撞、占用公共座椅等，这些不文明的遛犬行为会导致宠物主人与其他市民群众的矛盾冲突，也会影响城市文明形象。

董怿翎：我们是如何想到设立萌宠乐园的？

    唐杰：2017 年，为进一步规范养犬行为，提升城区文明形象，徐汇滨江牵头协调相关职能部门对违法、不文明遛犬行为开展专项整治行动。在长时间不间断的宠物管理工作中，我们发现一味地封堵无法根本解决不文明遛犬行为，市民游客的宠物互动需求是客观存在的。

    徐汇滨江借鉴国外公共区域宠物管理理念，依据《上海市养犬管理条例》等法律法规，按照更具人性化的"疏""堵"相结合方式，全面开展"创建文明城市，做文明养犬人"宣传活动和不文明遛犬整治工作。一方面加强宣传管理，制定徐汇滨江文明公约、徐汇滨江"八不"规范，治理不文明遛犬行为；另一方面划定区域，开辟专属宠物活动区域萌宠乐园，区域内"毛孩子"可撒开了跑，区域外必须按照规定依法、文明遛犬。

    同时，针对萌宠乐园使用过程中暴露出的绿篱踩踏、配套设施不足等问题，我们还对空间进行了优化提升，全新升级的萌宠乐园 2.0 版于 2020 年 7 月正式对外开放。

董怿翎：在设置萌宠乐园时，我们有哪些人性化的考虑？

    唐杰：萌宠乐园位于徐汇滨江公共开放空间斜土段核心区域，紧临徐汇滨江滑板广场和龙美术馆西岸馆，总面积约 1200 平方米。全新升级的萌宠乐园 2.0 融入了很多贴心的设计。

比如萌宠乐园四周用杉木栅栏，防止人和宠物跨越，又符合公园景观氛围，给人自然生态化的感觉；出入口设置双道单向杉木栏杆门，两道推拉的木栅门以及中间的小"隔断"不仅方便主人牵狗狗进出，同时也防止狗狗不慎推门跑出萌宠乐园；萌宠乐园设置长 2 米、宽 3 米、深 0.15 米的游乐沙坑，以方便宠物集中大小便及清理；在沙坑边上设置宠物饮水区，并选用踏板式宠物饮水器，方便宠物饮水；在树荫下设置休息长椅，方便游客休息，硬化休息长椅附近经常踩踏的区域地面，铺设透水地面，以防止草皮踩踏又能方便游客和宠物玩耍；在萌宠乐园四角设有宠物便桶及清洁工具，若主人没有携带垃圾袋，可自行取用。

董怿翎：通过这些人性化的设计，萌宠乐园取得了怎样的效果？

唐杰：近年来，徐汇滨江通过广泛深入的宣传引导、人性化的服务措施、社会力量的积极参与、针对性的执法检查，建立健全科学、规范、有序的宠物管理机制，提升徐汇滨江精细化、人性化管理水平，促进人与自然融合发展，市民游客文明遛犬的自觉性显著提高，共同维护了徐汇滨江公共秩序及市容环境。徐汇滨江作为网红遛狗圣地，被冠以"最现代化"的评价，实现文明遛狗宣传率达 100%、流浪狗抓捕率 100%、无宠物伤人事件、无不文明遛犬行为。

目前，萌宠乐园日均宠物量 600 余只，这里已成为宠物们撒欢、社交及主人们交流养狗心经和奇葩狗事的场地，受到了宠物和主人们的喜爱。在日常运营管理中，我们加强萌宠乐园的养护管理，增加值守力量维持秩序，定时清理宠物便桶、清洁休息座椅，定期维护设施设备，也提倡大家爱护乐园的设施设备，一同守护好萌宠乐园的安全、舒适与整洁。同时，还认真听取市民游客的建议，以需求为出发点，完善配套设施，不断提升服务水平，众多爱宠朋友送来了锦旗和感谢信。

第四章

共享休闲秀带

Enjoying the Leisure Show Belt

"每次到江边，我的心都感到更加开阔。在紧张喧嚣的都市生活中，我们的确需要一条长长的走道，可以一直走，让生活慢下来……滨江贯通和滨水空间的开放正是提供了这种可能。"

"这几年伴随着滨江滨河公共空间的不断拓展，我跑过了几乎所有的滨江滨河绿道，感受到城市的多姿多彩。"

"我将贯通后的苏州河走了一遍，拥有了另一种去识别一个地方、定位一个地方的可能性，受益匪浅。"

"我在湖南出生，在深圳长大，2019 年搬到上海，住在南苏州路。我觉得人在城市里生活，有这样一条河是挺幸运的。"

"从城市景观的角度来解读苏州河两岸工业遗产的更新，成为我的研究重点。我也以此为契机，希望对上海这座城市能有更深刻的认识和理解。"

这些，仅仅是上海市民因享用"一江一河"公共空间有感而发的一点声音。

共享，顾名思义，共同享有。"一江一河"公共空间建设，起于亲水性、可达性不足，本质上，就是要提高市民公共空间的使用率、增强市民的获得感、幸福感。

以人为本，这是城市经济社会发展到一定程度的必然结果。作为中国最大的经济中心城市，上海在"2035 年城市总体规划"中提出要建设幸福人文之城，提高人民群众的获得感和幸福感，让人民群众生活得更舒心。

"一江一河"公共空间，拥有多样的生态资源、丰富的历史风貌、别致的文化街区和具有全球影响力的国际赛事。

经过改造更新后的历史建筑，不仅有美学价值，能表达出愿景、文化理念，也有故事，能反映出这座城市的精神品格，还有使用功能，能够带动、引领新的需求。建造于 19 世纪 60 年代的船厂 1862，是中国造船事业发展的缩影，更新之后的老船厂，如今已变身为华丽时尚艺术展演平台。曾是上海工业重要承载区的杨浦滨江，通过差异化的更新设计，如今在杨浦滨江已形成一条 5.5 公里的不间断工业博览带，"工业锈带"

逐步转型为"生活秀带"。

街区已经成为上海市民生活的最重要场所。因此，打造一个有温度、更宜居、有文化的街区，是新时代人民的新期待。"一江一河"公共空间有安全、多功能的道路设施；有随处可见的绿色、亲水体验良好的岸线；滨水腹地有体现城市文化印记的历史建筑，还有能休憩、消费的商业场所。

建筑和街区，更多的是满足人民文化和消费的需求，而在新时代，出门就能见到"绿"是人民对这个城市提出的新要求。上海在"十四五"期间将要推进公园城市体系建设，而在"一江一河"区域，分布着形式各样、大小不一、功能各异的公园，它们是上海这座超大城市的绿肺，让在这里生活的千万人口，当漫步于"一江一河"沿线时，能够深呼吸。

2021年6月，上海市委书记李强在刚落成的虹口滨江"世界会客厅"向全世界讲述了与上海有关的三个故事，其中一个故事，就是"一江一河"。"一江一河"公共空间，成了上海向世界讲述新时期城市新故事的窗口，透过"一江一河"可以看到上海硬实力和软实力的匹配和融合，看到上海城市精神品格的开放性、创新性、包容性。

不论是百余年前从这里启航前往全球的货物，还是如今百米楼宇中向全世界输出的最先进的研发技术，不论是在黄浦江边举办的国际赛事、艺术盛会，还是在苏州河畔开展的传统龙舟比赛，都呈现了上海的活力、创新，展示了上海城市精神品格。

随着"一江一河"公共空间品质进一步提升，越来越多的上海故事将从这里传遍世界各地，这串上海城市的"项链"将更加璀璨。

"Every time I go to the river, the tightness in my chest disappears. In the hectic and bustling city, we really need a long, uninterrupted walkway so that we can slow down and take time out... The interconnection of the waterfront and the opening of these spaces have made this dream a reality."

"Over the years, with the continual expansion of public spaces along Huangpu River and Suzhou Creek, I have gone for runs along virtually all of the new green corridors to take in the city's diversity."

"I took a walk along the shore of Suzhou Creek after it was interconnected and it's given me the chance to get to know a whole other side of my city — it's been so beneficial."

"I was born in Hunan province, grew up in Shenzhen, and moved to Shanghai in 2019. Now, I live on South Suzhou Road. I think we're very lucky to be able to enjoy a river like this while living in the city."

"Approaching the renewal of industrial heritage on both shores of Suzhou Creek from the perspective of urban landscaping has become the focus of my research. I have also taken this as an opportunity to develop a deeper understanding and appreciation of the city of Shanghai."

These are just a few examples of Shanghai residents who have benefited from the public spaces in the "One River and One Creek" initiative.

The construction of these spaces took place in response to concerns about the riverside's lack of public accessibility. At its core, this initiative was about increasing citizens' access to public spaces, and thereby their satisfaction and happiness.

It is inevitable for a city to shift its focus toward people-oriented design at a certain point in its social and economic development. As China's largest economic center, Shanghai proposed in its urban master plan for 2035 to become a "happy cultural city" , to increase residents' sense of gratification and happiness, and to make people's lives more comfortable.

The public spaces comprising the "One River and One Creek" initiative boast diverse ecological resources, rich historical features, chic cultural assets, and even play host to globally recognized competitive events.

Since the transformation and renewal of the area's historic buildings, the project zone not only offers striking landscapes that can express cultural visions and ideas — it also contains stories that reflect the city's spirit and character, as well as practical functions that can respond to and influence the people's wants and needs. As its name suggests, Shipyard 1862 was built in the 1860s. Its history is a microcosm of the development trajectory of China's shipbuilding industry. As part of the "One River and One Creek" initiative, the old shipyard has now been transformed into a gorgeous fashion and art exhibition venue. Once one of Shanghai's important industrial hubs, the riverside in Yangpu District has been transformed according to a strategy of differentiated renewal into an uninterrupted

5.5 kilometer set of paths showcasing the city's rich industrial heritage. This former "industrial rust belt" has become a "lifestyle show belt" — and is once again a part of residents' lives.

What urban residents in this new era desire most are warm, livable and culturally vibrant neighborhoods. The public spaces of the "One River and One Creek" initiative have safe, multi-functional road facilities, as well as omnipresent greenery and easily accessible shorelines. Further inland, there are a multitude of historical buildings that reflect the city's cultural development, as well as commercial venues where you can relax and shop.

Inner-city buildings and streets mostly satisfy people's demands for culture and consumption — whereas in the new era, being able to see greenery at one's doorstep is the latest expectation that people have toward their cities. In the current "14th Five-Year Plan" period, Shanghai is striving to promote the construction of a "park city" network. In the "One River and One Creek" area, there are already a number of parks of different shapes and sizes, with different functions. They are the lungs of this mega-city — they allow the tens of millions of people living here to breathe with ease as they stroll along the riverside.

In June 2021, at the newly completed Global Reception Hall on the riverside in Hongkou, Secretary Li Qiang told the world three stories about Shanghai, one of which involved the "One River and One Creek" initiative. The public spaces of the "One River and One Creek" initiative have become a medium through which Shanghai can tell stories of urban development in the new era. Through the "One River and One Creek" initiative, we can see the integration of Shanghai's hard and soft power, as well as the city's character of openness, innovation and tolerance.

Whether it's the merchandise that was shipped from this area to the rest of the world over 100 years ago, or the 100-meter-tall skyscrapers that stand there today, and which provide the globe with the latest research and development technology; whether it's the international competitions and art galas held on the shore of the Huangpu River, or the traditional dragon boat races that take place on Suzhou Creek — all of these elements reflect the vitality and innovation that have made Shanghai a global powerhouse.

With the continual enhancement of the public spaces in the "One River and One Creek" Area, more and more stories from Shanghai will be shared with the rest of the world. In the meantime, these two "necklaces" draped across the city will only grow more and more dazzling.

12 位上海市民眼中的"一江一河"：
在滨水公共空间感受城市的温度

The "One River and One Creek" Initiative as Seen Through the Eyes of 12 Shanghai Citizens: Riverside Public Spaces Are Spreading Warmth Throughout the City

"一江一河"滨水公共空间建设把最好的资源留给了人民，并通过空间内高品质的城市公共服务进一步带动人的聚集。黄浦江畔、苏州河边，许多人因为生活、创作、研究等原因与滨水空间产生交集，他们是滨水岸线变化的最直接观察者和体验者，他们与上海这座城市之间的情缘也因为滨水空间的建设、开放而加深。

The construction of riverside public spaces as part of the "One River and One Creek" initiative has reserved the city's best resources for the people, as well as facilitating their gatherings by offering high quality public services. Along the Huangpu River and Suzhou Creek, many people's lives have intersected with the waterfront spaces due to their lifestyle needs, creative processes or research. They are the people who have most directly observed and experienced the transformation of the waterfront — the ties between them and the city of Shanghai have grown closer thanks to the construction and opening-up of these spaces.

黄浦滨江南园跑步道　Riverside jogging path in Huangpu South Garden
图片来源：上海市滨水区开发建设服务中心　Image source: Shanghai Municipal Riverside Area Development and Construction Service Center

行走滨江，我心中的谦卑与欣喜

陈丹燕 / 作家

2017 年的一个下午，我去了黄浦江沿岸公平路上的一座旧日客轮码头。少年时代，我放暑假时就从这里出发，坐一天一夜的海轮去青岛。这里是上海最早的海轮码头，站在码头上等船开闸，不一会，海风中沉重的盐分就把裸露在外的手臂和小腿都变得湿答答的了。这是我对上海这座城市就在大海边上的第一个直观的认识。

那个下午，夕阳将滨江公园的那堵透明的玻璃幕墙照亮，我发现玻璃幕墙里有半透明的旧照片，照片里的人，正是曾在这里走向世界的留美幼童们。现在，这里已经不是我少年时代空旷的旧码头，而是上海城市最重要的公共空间：滨江岸线公园。

从 1865 年，外滩建成公家花园和一小块滨江绿地开始，一百多年以来，上海一直只有一公里左右的滨江岸线，供整个城市作为客厅来使用。人们来到上海，如果不到外滩来拍一张照片，就好像去旧金山却没与金门大桥合影，去伦敦却没到伦敦塔下拍张照片一样。如今，黄浦江滨江一带，已成为有 45 公里之长的水岸公园了。

在 45 公里长的滨江公园里，有时路灯是 20 世纪的工厂旧钢管改造的，纪念中国工业的发源地。有时草地里的石板路上，刻着 19 世纪的海运时代旧仓库和海运公司的名字，纪念将上海与世界联系在一起的历史。现在，上海已经是世界上年货物吞吐量最大的港口之一。江边的美术馆是 1950 年代的煤码头和仓库改建的，门口还留着橘红色的行车架子，纪念这座城市的工业历史。有时红色的慢跑道绕过了 2010 年世博会的场馆，纪念为了欢迎世界博览会来到上海，我们为此经历过的八年城市更新，六个月城市狂欢，那是热烈爱世界的滋味。

在滨江的 45 公里岸线上走一遍，我心中谦卑而欣喜：上海看上去，像是一个有来历，有脑子，也有雄心的城市了。

沿江骑行，感受滨水景致

Compton Tothill/ 咨询顾问

我在上海生活了 21 年，现居住在静安区。2001 年我刚到上海的时候，黄浦江和苏州河两岸的滨水空间并未进行任何美化工程。后来进行过一些改造，使用的材料不尽如人意：金属逐渐被腐蚀，木材也在几年后腐烂。但是近年来，滨水空间的变化非常大，改造更用心，选用了质量好的材料，建设标准向国际领先水平看齐，一些设计甚至优于国外。

每周一到两次，我会骑单车锻炼，从中环到外滩，沿苏州河南岸或北岸而行，途中经过一些公园，看到有不少市民在公园中进行休闲活动。我也经常去黄浦江的东岸和西岸运动，在西外滩休憩、欣赏城市景观、静静地看轮船经过，是我最喜欢的休闲活动之一。滨水空间的变化显著提升了我在上海的生活品质，我希望未来能有更多亲水、舒适的骑行空间。

滨水空间开放，为城市注入新活力

章超 / 同济大学社会学系讲师

十多年前，还在读书的我和研究生同学们去杨树浦路一带的厂房里调研创意产业，我们和艺术家一起谈论对老厂房的再利用，畅想上海创意产业的前景，但都未曾想到贯通整个滨江沿线。

两年前，我恰巧住到了国际时尚中心（原上海市第十七棉纺厂）附近，享受到了滨江贯通的很多好处。我通常在江边跑步。江水、厂房、码头、多层次的绿化，还有一些尚待开发的土地，构成了眼中移动的风景。每次到江边，我的心都感到更加开阔。在紧张喧嚣的都市生活中，我们的确需要一条长长的走道，可以一直走，让生活慢下来，让心灵在历史遗迹、自然和现代设计的交相辉映中获得源源不断的能量。滨江贯通和滨水空间的开放正是提供了这种可能。希望杨浦滨江一带注入更多的文化设施和创意市集，让空间有更多活力以及与人们的链接。

为苏州河贯通出过力，我很自豪

陈步君 / 普陀区宜川路街道中远两湾城 314 号楼组党小组长

我是一名退休党员，退休后，也成了一名社区志愿者。2016 年底，居民区书记交办了一个任务，让我在楼组里筹建党小组。如今，楼组的党员已从最初报到的 6 名发展到 38 名，这几年，我们楼组定期举办学习活动、凝聚共识。此外，我和小区其他党员根据居民需求，组织了一系列的活动，丰富了生活，交流了感情，也增进了友谊。正因为有这些年的积累，我们为苏州河贯通而向小区党员发出的倡议书，才能得到大家的支持和理解。

2020 年底，苏州河普陀段仅剩下中远两湾城 1.7 公里没有贯通，对此，我们很着急。我和党小组其他党员一起发出倡议，希望党员讲大局、有作为、守规矩，携起手来，团结广大居民，共同支持苏州河沿线综合整治工程。

在大家的共同努力下，两湾城岸线最终得以贯通。我能在其中出一份力，感到很自豪。作为特大型社区居民，希望我们中远两湾城能成为苏州河畔一颗璀璨的"明珠"。

沿滨水绿道练跑，"阅读"城市的过去与现在

陈亮 / 跑步爱好者

伴随着 2012 年春天的来到，我开始加入世纪公园跑步的人流，从最初只能快走到跑完第一个 5 公里、10 公里、半程马拉松到全程马拉松，慢慢喜欢上了这项说练就练的运动，从此跑步成为生活里的日常习惯。记得小时候也跑了三年步，至今记忆里还残存着严冬早晨刺骨的北风。

作为一名滨江公共空间的建设者，亲身体验了黄浦江、苏州河两岸公共空间的建成，为这座城市的华丽水岸而惊艳。世界上知名城市的滨水公共空间都促进了城市发展和创新，提升了人民的健康水平和幸福指数。这几年伴随着滨江滨河公共空间的不断拓展，我也跑过了几乎所有

的滨江滨河绿道，感受到城市的多姿多彩，既可以观赏两岸自然风光，又可以欣赏美术馆的艺术人文；既可以眺望厚重的工业遗存，又可以体验人文底蕴深厚的高等学府；最令人惊艳的还是苏州河与黄浦江交汇之处，站在 1907 年建成的外白渡桥上望去，外滩的百年建筑与陆家嘴的高楼大厦在夕阳下熠熠生辉、气象万千，传统与现代在这里隔江交相辉映。

记录滨水空间变化，思考前行中的城市
佟鑫 /《城市中国》杂志编辑

2017 年 5 月我从虹口区搬家到长宁区，考虑到通勤和租金等因素，选在了离苏州河曹杨路桥步行 3 分钟的一个小区，住了 4 年。这段时间我在上下班时经常路过苏州河长宁段滨水地带，时不时也会去华政段散步。

黄浦江滨水贯通 45 公里范围，我因为工作关系，调研需要，走过全程。比起来，苏州河滨水空间日常性更强。黄浦江是上海的会客厅，苏州河就是上海居民的后花园。虽然已经基本贯通了，但"一江一河"滨水空间的开放度都还需要进一步提升，也需要动态地更新设施和管理。

我是做城市研究方面的媒体报道工作的。黄浦江、苏州河从工业岸线为主，转变为开放活动空间为主，体现出河道角色的变化，以往是作为地理极限多一些，现在河两岸的通畅度大大提高，这提醒我们看待城市中的各种要素都不要拘泥于一时的功能定位，一切都有变化的可能。

从苏州河开始，用河流构建城市新坐标系
施瀚涛 / 策展人

苏州河就像温度计，里面的"水银"随着热度提高，会慢慢往前推。苏州河边的景观随着城市建设、经济发展，或者生活方式的变化，也在从市中心往外围慢慢变化，现在这支"温度计"的刻度已经到外环了。城市空间在延伸，生活也在延伸，河流本身也是一种延伸。

在认识苏州河以后，我们可以从新的视野来看城市的结构。最近一

浦东滨江船厂绿地跑步道
图片来源：东岸集团

两年我看地图，特别想把那些河流的名字给背出来，我觉得我自己还是
对上海蛮了解的，大多数的路基本上知道在哪个位置和方向，但河流的
名字其实都不知道。

　　人家说苏州这座城市大概在一千多年的时间里面，它的河流和街巷
的结构基本上没怎么变。当地人对方向的判断，其实街巷、河流同等重
要，一定程度上河流是他们判断交通和定位的首要参照，因为他们过去
到哪里都是划船来来去去。

　　我将贯通后的苏州河走了一遍，拥有了另一种去识别一个地方、定
位一个地方的可能性，受益匪浅。

以探寻工业遗产转型为契机，重新认识上海

朱怡晨 / 同济大学建筑与城市规划学院博士后

从地图上看，"一江一河"的Ｔ形水路构成了上海城市空间的基本骨架。
但在现实中，黄浦江与苏州河似乎是城市的正背两面。刚到上海的我，惊讶于苏州河高高的堤坝、狭窄的步道造成的"临河不见河"的场景，这一点也不符合对上海母亲河的想象！

正式开始对苏州河的研究，来源于博士期间对长三角城市工业遗产社区化更新的课题。苏州河作为中国近现代工业文明的发源地和摇篮，成为我的研究对象。从城市景观的角度来解读苏州河两岸工业遗产的更新，成为我的研究重点。我也以此为契机，希望对上海这座城市能有更深刻的认识和理解。

2017 年底，上海黄浦江两岸 45 公里岸线公共空间全部贯通。黄浦江之后，同样被视为上海母亲河的苏州河，能否迎来华丽的转身，刹那间成为所有人关注的焦点。2018 年 4 月，我参加了一场由规划国土资源局主办的"漫步黄浦江·徜徉苏州河"的行走活动。在规划师的陪同下，从长风一号走到苏州河工业文明博物馆。这并不算一条苏州河最知名的步行线路，但长风工业区波澜壮阔的转型历程，也进一步激发我继续探寻苏州河工业遗产转型的故事。

在之后的时间里，步行苏州河，关注两岸城市空间的动态成为我的日常。2020 年"澎湃城市漫步"栏目组织的"沿苏州河而行"活动，让我认识很多同样关注苏州河的朋友。苏州河贯通无疑留给我们太多的想象空间，也很有幸能成为这段历程的亲历者与见证者。

住在苏州河边，感受绵延不断的水体

彭可 / 视觉艺术家

我在湖南出生，在深圳长大，2019 年搬到上海，住在南苏州路。我觉得人在城市里生活，有这样一条河是挺幸运的，因为它是除了天空之外第二大的自然物，不论从体积还是视觉上的壮阔程度。其实城市里已经没有太多自然物能给我们太多的刺激，有一个绵延不断的水体是挺厉害的一件事。

我觉得人还有那种自然而然亲近水体的生物本能，很幸运能住在河边。我住在五楼，看到河觉得挺高兴的，可以坐在河边观察。我比较喜欢观察人在河边干什么，其实有好多人在河边享受市民生活。无论是随便看本书，或是钓鱼和捞乌龟，还是有想跟自然发生更亲密关系的欲望。希望步道能改造得好一点，以后我们都可以在河边玩。

滨水空间建设，维系人与自然的牵绊
李蔚 / 自然教育机构自然萌创始人

小时候，我在上下学路上会经过苏州河闵行段，河水时常散发出刺鼻的气味，水体表面总是泛着不同颜色的金属光泽。渐渐地，我会在经过河道之前默默在心里猜想今天的河水是什么颜色。

此后的许多年，我与苏州河之间并未再有太多交集。直到有一天，当我成为一名自然教育工作者，"苏州河"三个字重新跃入脑海。

这些年来，苏州河的水质肉眼可见地变清了。在包括梦清园在内的沿河地带，不时可以看到夜鹭在河岸出没，它们成群结队地出现，说明苏州河里有鱼吃，数量还不少。

得益于苏州河水体变清的当然不只是鸟儿。经历了二十余年的四期环境综合整治工程，重获新生的苏州河正在揭开神秘面纱，曾经阻隔视线的高大围墙渐渐不见了身影，河岸空间的设计策略从"挡水防水"转变为"见水亲水"。

在城市发展的不同阶段，人与自然的边界一直在变，就好像在跳一支永不停歇的舞曲——有时进，有时退，相互配合，彼此回应，以保持一种动态的优美的平衡。

这种不可预知所带来的丰富性正是自然教育最大的魅力所在，它诉说着人与自然之间永恒的牵绊。

与苏州河一起成长，见证贯通的公众参与
周嘉宁 / 青年作家

我父母在 2000 年搬到苏州河旁边居住，我自己从学校毕业之后也断

断续续在苏州河旁的大型小区居住至今，见证了小区里的植被从光秃秃的树苗变成如今大片覆盖的绿化。

过去的几年里，我很喜欢在小区里的沿河步道散步，而河道转角处有一个不大不小的公园，有两年我在那里跑步，四季的植物散发不同的芬芳，跑一圈大概是 700 米。忘记从哪年开始端午节有龙舟比赛，有几年我住的房子能看到河，不完整，中间被前面的房子遮挡住一些。近年来苏州河周围出现很多白色水鸟，它们喜欢集中在某一棵树上排泄，就

苏州河河口观景平台
图片来源：虹口区建委

好像那棵树是它们的厕所。

苏州河沿岸景观步道在持续分段完成中，从我父母家沿河走到我家，还有一小段没有贯通。贯通的过程中似乎各个沿河小区都经历了一场与业主的纷争，我也亲历了一部分，感觉见证了真正的市民的参政议政。

一日，我从清水湾公园沿河边步道一直往西，走到天暗下来，每段河道的风景都略有不同，经过大片安静的居民小区，也经过酒吧区域，我不时停下来看鸟，吹风，旁观健身的人。希望有一天河上可以划船。

人与人在这里相遇，共同"书写"苏州河的故事
李蔓 / 景观设计师

苏州河虽然说以前是自然河道，但后来因为防洪及通航等原因将河道渠化。自然弯曲的河流形态被标准化改造为笔直等宽的人工河道，两侧硬质驳岸及防汛墙将水与陆地生硬分割，就像工业化大生产中整齐划一的产品。

随着时代发展，苏州河被重新定义成为市民服务的公共空间——城市（郊野）绿道，按照市政绿地项目定位进行规划设计，两岸功能布局再次被重新梳理。

在绿道逐渐贯通的同时，每次漫步都会遇到不同工作和生活背景的人。他们有的来寻找创作灵感，有的来体验生活，有的来追溯往昔，有的来探索未知，有的来做专业研究，还有人来发展业余爱好……

每个人在与苏州河发生交集时，都会或多或少成为与苏州河的故事。这时的苏州河，对于他们不仅仅是地图上用两条线表达的空间，而是一个实实在在的地方。对于曾经和现在生活在苏州河两岸的人们而言，苏州河的叙事性更强。套用那句老话，如果说一千个人眼中有一千条苏州河，那么形形色色的河边甚至河上／河里的故事或许可以汇集成一个民间故事集，与河水一起随着年月流淌。

第一节
Part 1

建筑可阅读
Readable Buildings

活化利用滨水历史建筑，彰显城市水脉空间活力
Injecting New Vitality into Historical Buildings Along Shanghai's Maritime Arteries

卓刚峰 / 上海历史建筑保护设计院常务副院长
Zhuo Gangfeng / Executive Vice Dean of the Shanghai Historical Architecture Preservation Design Academy

水是生命之根，水系是城市之源，每一座大都市都有其发源和发展依托的大江大河。黄浦江苏州河对于上海来说，是融入城市发展血脉的"一江一河"。

苏州河流域的青龙镇是上海有史可证的最早商贸集镇，相传三国时孙权在现青浦区境内建造青龙战舰，青龙镇因此得名。因古淞江河道之便利，青龙镇成了沟通太湖流域和海外贸易的商业重镇，形成了上海作为交通枢纽型城市未来发展的独特基因。

明朝吴淞江河道淤塞，夏元吉积累先人经验，疏通范家浜引黄浦之水直接通江入海，从此黄浦江成为上海连接海外、长江上游、太湖流域及内陆运河的重要黄金水道，继而引来了开埠以后作为世界级商贸城市的发展。今天，"一江一河"依然是上海的精神象征，代表上海城市形象的外滩历史建筑群、高楼林立的浦东陆家嘴，依然都以依托江河作为注脚和底色。

在当今城市更新引来新的发展机遇的背景下，"一江一河"沿岸的历史建筑备受关注。这些建筑和街区是随着沿岸生产、交通、商贸、生活等各方面发展逐渐建立起来的，经历了城市水域发展的兴衰起伏，是城市水脉空间活力的重要载体。通过对这些建筑的研究，整修更新、活化利用，可以回溯历史、延续文化，植入新功能，焕发新形象，促进城市在未来时期的可持续发展。

"一江一河"沿岸是上海乃至中国近现代工业发展的重要依托，众多的码头、仓库、工厂依托黄浦江、苏州河的航运便利和水力资源发展起来，遍布沿岸的工业遗产是上海近现代社会发展的真实见证。经历了航

道和港口的搬迁,这些工业遗产的旧址失去了往日的功能,但是依然保留了往日城市发展的轮廓,也留下了时代工业发展的技术印记和无数产业工人的生活痕迹。

"一江一河"作为城市的母亲河,凝聚着上海近代城市发展的历史,更是人们重拾记忆、感受和展望城市情怀与魅力的最佳场所。重视"一江一河"历史文脉的保护,营造一个文化要素丰富、充满活力、又能和谐地融入城市文明进步的滨江公共空间,是从黄浦江开发建设伊始便确定的目标之一。在滨水区域的开发建设历程中,提出了明确工作要求,要对沿岸的历史遗存深入挖掘,对文化地标精心布局。受市浦江办委托,我们针对杨浦滨江工业遗存,开展了全面梳理、分类,并参与了具体项目的保护利用开发,重现可阅读的历史建筑和现代生活的衔接。如徐汇滨江一直坚持"文化为先导"的建设原则,通过改造、活化老厂房打造系列美术馆、艺术设计机构,码头废弃地改建公共绿地,原上海水泥厂旧址利用、改造飞机制造厂车间,形成上海西岸音乐节、艺术与设计博览会等系列文化活动;浦东新区注重以工业遗存为载体,努力打造黄浦江东岸文化集聚带,原有煤仓及其廊架改造成艺仓美术馆,上海船厂造机车间改造成时尚艺术中心,而民生码头8万吨筒仓作为2017上海城市空间艺术季主展馆已改造完成并对公众开放;杨浦滨江注重充分挖掘百年工业文化底蕴特征,通过加快完成永安栈房、毛麻仓库、烟草仓库、明华糖厂等历史建筑的修缮利用,提升旅游、文化、体育、博览等复合功能。这些改造后的工业遗产,和滨江沿河的历史景观有机融合,在提供游憩功能的同时,也唤起大众对于那个年代大上海引领全国近现代工业发展的记忆。

对于以往的江湖河道,人们更加注重水系的灌溉和交通等与生产密切相关的功能,而当代这些功能逐渐退化和消失,江河水道开始承担调节生态、丰富景观等更加多元的社会功能。与众多的国际大城市一样,滨江的开放空间在位置和视觉方面呈现开放态势,是容纳公共文化功能的理想场所,其多变的造型塑造新的城市文化形象,也可以为市民的休闲娱乐提供便利。近年来,滨江步道贯通工程为市民开放了宝贵的绿色

杨浦滨江公共空间的历史元素
图片来源：上海滨水区开发建设服务中心

水岸，十二道多彩多姿的云桥是其中靓丽的一笔。滨江的重要文化建筑中，东方明珠、世博园区博览建筑等"珠玉"在前，近期落成开放的徐汇滨江油罐艺术公园、浦东美术馆等文化建筑，成为周末节假日亲子活动和学习的最佳选择，也是市民认可度极高的城市文化地标。

古代淞江的江南神韵，近代浦江的工业发展，在历史上汇聚影响了上海大都市海纳百川的城市精神。当代，城市的水域发展将迎来前所未有的机遇和挑战。城市更新大潮下，江河汇海，将会有更多更好的建筑来承载城市的过去、当下和未来。

船厂 1862：城市更新的典范
Shipyard 1862: A Shining Example of Urban Renewal

船厂 1862 是浦东滨江段地标性建筑，前身为招商局造船厂和英联船厂（1862 年建厂）。1954 年，原上海船厂基本成型，见证了中国造船事业从修船发展到造船，从自力更生、艰苦奋斗到改革开放、走向世界的全过程，是中国造船事业发展的一个不可多得的缩影。

在隈研吾等世界级大师跨界合作下，上海船厂最大可能地保留了室内巨型空间的尺度感。建筑内部设置两个贯穿南北向的"孔"（中庭）以连接黄浦江与城市，粗糙的混凝土立柱在孔的中央，展现出船厂自身的巨大空间与历史。新建山墙方向的墙体使用了四种不同颜色的陶砖，整面砖块以水平向渐变的方式随机排布，与原有砖墙实现协调。遗留下来的老管道在标识设计与新建空调管线中加以运用，生锈的钢楼梯与柱子上的标语也尽可能地保留，新建区域也与原有粗糙不均匀的材料保持协调。

如今，昔日的老船厂造机车间已华丽转身为集时尚、艺术、展览、演艺于一体的船厂 1862 时尚艺术展演平台。

船厂 1862 外景
图片来源：奥冉设计

船厂 1862 内景
图片来源：Eiichi Kano

绿之丘：从老仓库到城市滨江综合体

Green Hill: From an Old Warehouse to an Urban Riverside Complex

　　"绿之丘"位于上海杨浦区滨江南段，原为宁国路码头附近的烟草公司机修仓库，经过精心改造，变成了具有浓郁工业风的网红打卡地。

　　烟草仓库是 30 多年前的六层钢筋混凝土框架板楼，缺乏工艺价值，也不具备明显的建筑特点。由于有规划道路穿越，原定对这座建筑进行拆除。在盘活工业建筑和减量发展的大背景下，经过与城市规划部门和市政建设部门的反复协商，杨浦滨江决定保留该建筑，并进行改造，使之成为一个集市政基础设施、公共绿地和公共配套服务于一体的城市滨江综合体。

　　为了不影响规划滨江道路的走线，杨浦滨江将烟草仓库中间三跨的上下两层打通，取消所有分隔墙，以满足市政道路的净高和净宽建设要求。为了削弱现状中的六层板楼体量对城市和滨江空间的逼仄感，杨浦滨江分别将朝向江岸和城市一侧的建筑进行切角处理，从顶层开始以退台的方式在两个方向上降低压迫感，同时形成一种层层靠近江面和城市腹地的姿态。利用现状中烟草仓库北侧规划绿地延伸城市一侧的退台，形成缓坡，接入城市，在坡上覆土种植，建设公园，在坡下布置停车和其他基础服务设施，让行人能够在不知不觉间从城市漫步到江岸。整座建筑的上半部分同样覆盖着绿植，通过悬挑的楼梯和坡地以及江岸连接，使得整个建筑犹如一座巨大的绿桥。

　　如今的"绿之丘"，将城市尺度、建筑尺度和家具尺度统一在一座建筑当中，是感受杨浦滨江工业遗产重获新生的首选之地。

改造后的绿之丘鸟瞰图

图片来源：同济原作设计工作室

漫游绿之丘

图片来源：同济原作设计工作室

"远望 1 号"：由功勋船转型为教育基地
Lookout No. 1: From a Veteran Sea Ship to an Educational Base

远望 1 号测量船由中国船舶工业集团公司开发和设计，是中国第一代综合性航天远洋测量船，1977 年正式下水，主要担负卫星、飞船和火箭飞行器全程飞行试验测量和控制任务，圆满完成远程运载火箭、气象卫星、载人飞船等国家级重大科研试验任务，为国家和民族作出了巨大的贡献，被誉为"航天功勋船"，享有"海上科学城"的美誉。远望 1 号测量船于 2010 年退出海上测控舞台，2011 年 11 月经中央军委批准，被中国卫星海上测控部赠予其诞生地——江南造船（集团）有限责任公司，这才停泊在黄浦滨江的江南造船厂原址 2 号船坞内。

2017 年 10 月，黄浦滨江基本贯通开放后，"远望 1 号"作为黄浦滨江的一大亮点，受到广泛关注。为了让后人铭记历史，进一步弘扬中国的军工文化、国防文化和海洋文化，黄浦区委区政府积极与江南造船（集团）公司沟通对接，在黄浦区灯景所技术支撑下，完成了"远望 1 号"亮灯的目标。

为便于市民参观，进一步展现"功勋船"的辉煌，以及展示国家在船舶制造、航天遥感等方面取得的成就，2020 年 6 月起，"远望 1 号"向社会公众开放，公众可通过预约参观。2021 年暑假，"远望 1 号"加入黄浦区学生社会实践护照，成为小学版和初中版橙色社会实践类场馆，全面实现了预约制开放。

如今，"远望 1 号"正在逐步向航海特色为主线的爱国教育、科技博览、船舶体验、安全演练等特色学习实践基地转型。2020 年 11 月，"远望 1 号"被授予"黄浦区市民学习基地"，至 2020 年底已接待区属中小学生学习实践活动、企事业单位党建团建活动、公益组织的敬老爱幼公益参观共计 5000 多人次。

"远望1号"
图片来源：黄浦区滨江办

"第一加油站"：中国首个加油站的华丽转身
The Dazzling Transformation of China's First Gas Station

　　"第一加油站"，始建于 20 世纪 40 年代，1948 年 10 月 10 日建成落地正式开业，该加油站不仅是上海历史上最早的国营加油站，也是中国历史上第一座国营加油站。1949 年 5 月上海解放后，该站被命名为"第一加油站"，并沿用至今。"第一加油站"历经风雨 70 余载，不仅见证了中国石油零售业的发展历程，也见证了黄浦的日新月异，应当作为景观提升工程的重要组成部分。

　　配合苏州河沿岸贯通工程推进，中石化加大对加油站的改造力度，在满足加油站营运的同时，积极融入苏州河公共景观带设计理念。苏州河沿线的公共空间所承载的活动以市民生活为主，因此设计更强调人性化、舒适性和亲水性。"第一加油站"改造方案的总体考虑是在满足运营的基础上，增添公共服务展示功能，将艺术性和当代性相结合，着力打造"人·车·生活"的驿站，呈现出一个充满活力的"最美加油站"。加油站设计既要兼顾历史，又要体现现代性。因此在加油站的楼梯两侧设计了相关大事记墙绘，配色采用了简约现代的灰色系；既要体现艺术性，也要兼顾功能性，在一层提供加油服务，二层则为咖啡馆，融合景观咖啡厅、加油服务、观景平台以及休闲办公等多功能为一体，力求打造最复合功能、最美的加油站。

　　通过此次改造，这座 70 多年历史悠久的加油站，不仅实现了油品升级和装置改造，而且融入了苏州河滨河公共景观带的设计理念，构建了"人·车·生活"驿站的美好前景，实现了历史与时尚、历史与创新的完美结合。

　　随着加油站空间的重塑以及景观的提升，现在这里不仅是一个加油站，还让历史与现代交融，真正成为一处高品质的休憩公共空间，成为苏州河两岸贯通提升工程中的特色景观建筑之一，为广大市民群众带来更多美好生活体验。

改造后的加油站外景
图片来源：同济原作设计工作室

加油站二层咖啡馆
图片来源：同济原作设计工作室

浦东美术馆：陆家嘴文化新地标

The Museum of Art in Pudong: A New Cultural Landmark for Lujiazui

浦东美术馆，面积近 4 万平方米，设有 13 个展厅，可展览总面积达 1 万平方米，由普利兹克建筑奖获得者让·努维尔设计，陆家嘴集团投资、建设和运营。

身处陆家嘴滨江核心区的浦东美术馆，演绎了艺术"领地"的开放理念。从花园广场到屋顶露台，从馆内穿越廊桥，直至黄浦江畔的公共平台，展现了一个面向整个城市开放的展厅空间。

浦东美术馆的建筑材料和设计别具一格。项目建筑立面与地面均选用山东白麻大理石，以大面积石材铺地将建筑从周边环境中独立出来，并采用人行天桥将美术馆与滨江景观相连接，在室外打造视觉上"同时属于外滩、黄浦江和浦东的领地"。室内光设计采用自然光与人工光相结合的方式，人工光源的布置以马列维奇经典几何线条为灵感，同时满足照明和几何阵列美感的体现，营造"框景"视觉效果，使整个建筑成为一件值得赏味的艺术品。

整个展览空间中，最特殊的展示空间当属"镜厅"，设计理念取自杜尚的"第四维度"。镜厅内安置整面高反光 LED 屏，狭长展示空间内可以满足装置艺术、多媒体艺术作品的展示需求，高透的镜面也能完美倒映出黄浦江对岸外滩的景象。白天，镜厅是演出活动及装置艺术的场地；夜晚，镜厅又是影像艺术的场所。

作为国有公共美术馆，浦东美术馆始终致力于建设成为上海国际文化场馆新地标、国际文化艺术交流的重要平台。

从滨江上空鸟瞰浦东美术馆

图片来源：郑峰

浦东美术馆通向滨江的观景连廊

图片来源：郑峰

东岸"云桥"：12 座桥，12 种曼妙
The "Cloud Bridges" of the Eastern Bank: Twelve Bridges, Twelve Marvels

沿江慢行桥与滨江景观环境紧密相关，既要满足行人、跑者和自行车的通行、观景需求，并与周边地块有机结合；又要呈现较高的景观艺术性，整体造型需轻盈美观，有别于传统桥梁。因此，在东岸贯通工程中，12 座景观慢行桥统一命名为东岸"云桥"。

"云桥"在设计上充分结合了优秀建筑师在景观桥梁造型设计方面的方案优势，以及设计集团在综合攻关方面的技术优势。12 座"云桥"设计各具特色，线形流畅自然，与周边环境有机融合，既连通了公共空间的断（堵）点，又具有较强的艺术性，成为沿线重要的景观标识。

云桥桥梁主体紧邻防汛墙、地铁、隧道、轮渡码头和越江管线等城市重大基础设施，共计涉及 4 条越江隧道、3 条越江地铁、4 座轮渡站，云桥桩基距离隧道、地铁结构边线净距最小仅为 4~5 米。

同时，江边地质情况复杂，场地限制较多。部分桥梁还需跨越船只来往密集的航道，必须控制沿线防汛墙体变化程度，确保防洪安全，部分桥梁还需跨越地铁和越江隧道，设计的边界条件众多而且复杂。

2017 年底，东岸滨江公共空间实现 22 公里贯通，12 座"云桥"连接了 7 条自然河道、5 个码头断点，成了浦东滨江公共空间的亮点。

洋泾港桥
图片来源：东岸集团

民生轮渡桥
图片来源：东岸集团

其昌栈轮渡桥

图片来源：张明华

泰同栈轮渡桥

图片来源：张明华

东昌路轮渡桥

图片来源：陈颢

三林北港桥

图片来源：吴清山

倪家浜桥

图片来源：陈灏

张家浜桥
图片来源：刘文毅

白莲泾桥
图片来源：张明华

世博栈桥
图片来源：清筑影像

川杨河桥
图片来源：张明华

三林塘桥
图片来源：东岸集团

街区可漫步
Walkable Neighborhoods

漫步"一江一河"滨水街区，感受城市软实力

Strolling Through the Riverside Neighborhoods of the "One River and One Creek" Initiative, Appreciating Shanghai's Soft Power

苏杭 / 2021 上海城市空间艺术季《多伦路·共生志》展览总策展人

Su Hang / Curator of "Reflections of Duolun" Exhibit at the Shanghai Urban Spaces Art Festival

安静的苏州河上吹来细细的微风，鸟儿在路边的树梢里婉转地叫着，路边弄堂口的爷叔吃着香烟，不远处的公园里有人在拍照。这是一个再平凡不过的上海午后，漫步在不知名的小街，这座城市的温柔与真实，像一杯热热的咖啡氤氲着香气。

"建筑可以阅读，街区适合漫步，城市始终有温度"是上海打造人文之城的切实目标。2017 年中共上海市第十一次代表大会提出，上海要建设"令人向往的卓越的全球城市"，着力打造创新之城、人文之城、生态之城。2021 年发布的"十四五"规划更是进一步明确了上海 2035 远景目标，"人人都有人生出彩机会、人人都能有序参与治理、人人都能享有品质生活、人人都能切实感受温度、人人都能拥有归属认同"的美好愿景将成为这座城市的生动图景。

自 2015 年《上海市城市更新实施办法》颁布以来，上海积累了一批富有特色的城市更新案例，对城市中历史风貌保护、民生改善、滨水空间等课题进行了集中探索。2021 年 9 月《上海市城市更新条例》正式实施，其涉及的更新对象涵盖居住、产业、商业商办，以及公共服务设施和市政基础设施等各类存量用地，将"持续改善城市人居环境，构建多元融合的十五分钟社区生活圈"也纳入了"城市更新"的框架之中。

从城市更新史的角度去梳理，可以看到这样一条发展脉络：城市更新（Urban Renewal）→ 城市再开发（Urban Redevelopment）→ 社区邻里复兴（Neighbor Regeneration）→ 愿景式更新（Aspirational Regeneration）。上海已经进入了社区邻里复兴的发展阶段，让公众参与

夕阳下的杨浦滨江

图片来源：上海市滨水区开发建设服务中心

到城市更新的过程中，"自上而下"的政府规划方式逐步过渡到"自下而上"的社区规划方式。

"这是一条充满了规规矩矩的日常生活气息的小街。即使是在1971年的夏天，在五原路上还可以看到，小孩子踢着家里的热水瓶，去华亭饮食店打一瓶生啤回家给爸爸妈妈喝，只花一斤面条的钱。"这是陈丹燕的文字里流淌着的老上海街道的回忆和温度。像这样便捷、舒适又充满了烟火气和人情味的街道之美，应该被一点一滴保留下来。

美国新自由主义学派代表人物约瑟夫·奈（Joseph S. Nye Jr.）将"软实力"界定为国家、组织、个人都可以拥有的一种力量，认为它是国家、组织和个人通过吸引力，而非威逼或利诱的手段达到目标的能力。

当我们把"软实力"的概念纳入都市主义中来重新解读的时候，往往指都市形象（又译作"都市的身份认同"，urban identity），它是一座城市的文化、价值观念、社会制度等影响自身发展潜力和感召力的因素。城市的软实力，是所有市民共享的巨大财富。

上海因水而生，因港而兴。在全球化的宏大叙事之中，江南旧里的韵味和国际化的摩登交织成上海独特的都市形象，也是上海不断强化的城市软实力。

华东政法大学：打造全面开放共享的公共空间网络
East China University of Political Science and Law: Creating a Network of Open and Shared Public Spaces

华东政法大学历史悠久、人文荟萃。前身为圣约翰大学，始建于1879年，是中国第一所现代高等教会学府，曾培养出邹韬奋、顾维钧、林语堂、贝聿铭等多位知名校友。长宁河西校区的历史空间格局保存完整，留存有27栋文物建筑，2019年公布为第八批全国重点文物保护单位，是上海市除外滩外历史建筑最为集中的区域。现存主要建筑有建于1894年的怀施堂、1898年的格致楼、1903年的思颜堂、1909年的思孟堂、1915年的罗氏图书馆、1923年的西门堂等，分别由通和洋行和爱尔德公司设计，多中西合璧形式，保存较好。

上海市委书记李强调研苏州河贯通工作时在华东政法大学指出，苏州河沿线贯通是第一步，要着力做深做透公共空间开放、建设这篇大文章，更好展示沿线优秀历史建筑风貌，真正让城市历史文脉与滨河风光相得益彰。在深入解读历史建筑与空间环境基础上，坚持以人为本、因地制宜、想方设法优化空间布局，挖掘百年高校的历史价值，做到对历史资源的最好保护、最好展现、最好利用，结合苏州河公共空间建设工程的推进，将华东政法大学打造成为"百年经典，苏河典范"。

2021年，在实现滨河步道贯通的基础上，实施了滨河"一带十点"景观品质提升工程。后续学校还将以历史建筑楼宇为核心，打造红色文化、教育文化、法治文化"秀带"。解放上海第一宿营地、中国奥委会前身——中华全国体育协进会办公地等历史建筑将分批在未来3年内逐步完成修缮，以更健康的姿态陪伴市民，百年校园里发生过的红色故事将由可阅读的建筑一一讲述。

未来还将考虑校园与中山公园、愚园路风貌区统筹谋划，打造系统、开放的历史文化探访路线与公共空间网络，更好地呈现华东政法大学的历史底蕴和景观资源。

建筑群与滨水空间的关系
图片来源：华东政法大学

改造修缮后的 33~35 号楼
图片来源：华东政法大学

苏州河滨水空间的历史建筑
图片来源：华东政法大学

杨树浦发电厂：远东第一火力发电厂的蜕变与新生
Yangshupu Power Plant: The Decline and Revival of the Far East's First Fossil Fuel Power Plant

杨树浦电厂滨水艺术空间前身为英商投资建于 1913 年的杨树浦发电厂。这座曾经远东第一的火力发电厂虽然在上海城市发展中扮演了重要角色，但也因为大量燃煤而造成空气污染，危及生态环境。

2015 年，伴随着整个黄浦江公共空间工程计划的启动，电厂关停开始实施生态和艺术改造，从封闭、闲人免入的生产岸线，向文化和生态共享的生活性滨水开放空间转型——修复燃煤造成的生态污染，塑造电厂的场所精神，嵌入城市律动的滨水公共空间。

本着"还江于民"的理念，电厂区段将工业岸线打造成遗迹带、活力带、生态带"三带"贯通，骑行道、慢跑道、漫步道"三道"并存的城市公共空间，让原本的工业巨构变成日常活动的特色场所，实现了废弃厂区转型为城市工业文化地景的初衷。

电厂段的工业遗构更新利用从两个方面展开。一方面，公共空间的营造在理解原先工艺流程的基础上展开：高 105 米的烟囱，江岸上的鹤嘴吊、输煤栈桥、传送带、清水池、湿灰储灰罐、干灰储灰罐等作业设施有着特殊的空间体量和形式，这些场地遗存提供了塑造场所精神的出发点。另一方面，采用有限介入、低冲击开发的策略，在尊重原有厂区空间基础和原生形态的基础上进行生态修复改造。保留了原本的地貌状态，形成可以汇集雨水的低洼湿地。植物配置以原生草本植物和耐水乔木池杉为主，同时配以轻介入的钢结构景观构筑物，形成别具原生野趣和工业特色的景观环境。

历时四年，杨树浦电厂从污染严重、闲人免入的火力发电厂转变为生态共享、艺术共赏的开放滨水公共岸线，成为工业遗址转型的示范项目。"2019 上海城市空间艺术季"在杨浦滨江公共空间南段 5.5 公里的滨水岸线上举办，杨树浦电厂遗迹公园作为其室外展场之一，同期面向公众开放。空间艺术季邀请了 20 位国际知名艺术家在滨水岸线上创作了 20 件永久的公共艺术品，最终有 4 组在电厂遗迹公园中落成。公共艺术的叠加赋能很大程度上强化了空间的互动性，将滨水空间整体转化为一个对话交流的平台，促使工业遗存进入公众思考探讨的范畴，以艺术的方式将历史记忆重新引入当下的语境与生活。

电厂遗迹公园保留的工业遗构
图片来源：同济原作设计工作室

电厂遗迹公园内的雨水花园
图片来源：同济原作设计工作室

黄浦世博滨江：世博会原址兴建七个景观园林

The Huangpu World Expo Riverside Park: Creating a Lush Park with Seven Landscapes at the Original Site of the World Expo

　　黄浦滨江世博段岸线长约 3.3 公里，总绿化面积约 4 公顷。原址为江南造船厂，2010 年世博会改建为世博园区浦西段，后一直处于封闭状态。结合公共空间建设的实施，世博会原址重新打开，成为黄浦江沿岸的亮点区域。

　　黄浦滨江世博段是典型的带状滨水空间，整体建设以"一带三道七园"为整体规划思路，因地制宜，串珠成线。"一带"即滨水景观带；"三道"即以步行道、跑步道、骑行道构成的绿道景观；"七园"为杜鹃园、月季园、岩石园、琴键春园、药草园、草趣园等七个专类园。规划设计结合地域文化内涵及富有活力的现代元素，从多方面考虑，使其成为"还江于民"的滨江公共岸线，同时依据现场的高程、面层、设施、环境等条件，以"公共性、公益性、安全性"为原则进行灵活处理。

　　公共空间设计以生态优先。黄浦滨江世博段以卢浦大桥桥下的南园作为起点，宛若一颗发芽的种子，沿着黄浦江畔化作三条绿道生长开来，结出七颗"果实"，因地制宜、顺势而为形成七个景观园林，逐步建成黄浦滨江景观植物园。

　　同时，打破了原有块状绿地种植模式，通过绿道系统与园路设计，增加游人对景观的亲切度，以及游憩的趣味性。绿道周边形成品质高、亮点多、特色鲜明的绿化景观，如由 20 余株大寒樱列植的早樱步道、染井吉野樱与彩色郁金香构成的琴键状特色植物景观、月季花墙、观赏草花境、"无尽夏"绣球花篱、栾树等秋色叶乔木林等，使市民能够欣赏到优美、和谐、新颖的植物景观。

　　公共空间建设之前，世博园内基本看不到江面，1.9 米高的防汛墙把视野挡得严严实实。世博段结合不同路段和地形，优化"三道"设计，让"三道"的路线、宽度、坡度实现丰富变化，为市民欣赏滨江美景提供了不同角度，还景、还岸于民。

　　除了升级植物景观，黄浦滨江区域对全路线的配套设施进行了重新梳理和设计，利用世博园原有建筑，经改造后赋予其驿站、休闲体验、公共厕所、管理办公等功能。同时也保留了很多当代历史细节，例如原有的世博灯具，以及世博浦西场馆曾经排队等候的时间记录铭牌。

月季园
图片来源：黄浦区滨江办

琴键春园
图片来源：黄浦区滨江办

创享塔园区：工业创意园区与滨水公共空间的共融

The X Tower: A Fusion Between an Innovative Industrial Park and a Public Waterside Space

　　创享塔文化园区位于普陀区叶家宅路 100 号，这个被称为"叶 100"的厂房建筑，是个有故事的地方。它的前身宝成纱厂，1918 年由民族资本家刘伯森集资 450 万两纹银创办。纱厂由德国人设计建造，为钢筋混凝土框架结构，是中国最早的、具有现代风格的建筑之一。在历史动荡变迁中，"叶 100"始终代表着当时的先进生产力。改革开放后，为了响应产业升级的号召，普陀工厂纷纷外迁，这座大楼的用途也转变为传统办公、仓库、建材市场等。

　　为了激活老厂房的活力，2016 年开始在原厂址进行了整体改造。为体现其历史价值，没有对原建筑进行破坏，尽可能地保留了建筑原貌，并拆除了六千多平方米的违章建筑。改造升级后的创享塔园区，拥有年轻化的建筑设计、开放式的广场、社区共享型的办公体验、便民的一网通办服务站点、优质特色的商铺和丰富有趣的活动组织，成为新晋"网红打卡地"，更被评选为苏州河边的时髦地标之一。园区位于"苏州河十八湾"的纱厂湾凹面中央，河道在此折弯，景观极美，1 号楼顶层的瞭望塔自然成为最佳"打卡地"。

　　西广场紧邻苏州河滨河步道，随着普陀区苏州河沿岸公共空间的全面贯通，来往市民可以方便地进入创享塔园区休憩，同时，园区也会不定期举办各类特色夜市，比如万圣节市集、美食市集、夏日啤酒夜市等，通过特色美食、情景式体验、特色街区文化促进夜间消费，为普陀特色夜生活增添色彩。

创享塔园区外的滨水空间
图片来源：季浩宁

创享塔园区内部
图片来源：普陀区长寿街道

虹口北苏州路：无障碍连通的高品质慢行街区
Hongkou North Suzhou Rd: A Highly Walkable Neighborhood

虹口北苏州路段设计以成为"最美上海滩河畔会客厅"为目标，以"共享街道＋河畔客厅"为总体设计策略，针对北苏州路空间断点多、人行步道窄、路面高差大、滨河不见水、环境脏乱差等现状问题，对路面进行全面梳理与重新布置。空间改建后，"慢行空间＋共享街道＋观景平台＋滨河步廊"的全新路面组织模式代替了原有的"人行道＋车行道＋滨河栈道与绿化"模式，大幅提升步行友好性与可达性。

全面贯通的北苏州路滨河空间，根据"一岸四段"的总体规划结构，打造高品质公共空间。

上海大厦活力花园段重点优化原滨河停车场与外白渡桥海事所。通过改造停车场、优化车行道、拆除变电站、迁移水质检测站，并将海事所建筑改造成为公共服务配套建筑，景观形态与区域风貌特色相协调，成为"可进入、可解读、可体验"的服务空间。

宝丽嘉酒店休憩观景段针对路面较宽、现状条件较好的现状，增加乔木树阵与景观花境，结合室外休憩空间，形成绝佳的休憩观景台。二层木质平台空间坐北朝南，允许外摆，重点满足市民游览、休憩、观景等需求，真正实现"走过来、坐下来、美起来"。

邮政大楼风貌展示段针对原状宽度变化大、路面高低起伏变化大、人行栈道与路面高差大的特点，进行全面梳理与重新布置，大幅度增加步行空间，将草地、坡道、台阶等软硬质铺地结合，多模式消解高差，大幅提升步行友好性与可达性，结合座椅提供休憩场所。

河滨大楼特色风情段将路面组织模式改为"共享街道＋观景平台＋滨河步廊"的全新模式。结合河滨大楼立面风貌修缮与底层业态提升，将滨河区域打造成为全面无障碍贯通的滨河空间。

苏州河北岸虹口段的人行休憩空间
图片来源：虹口区建委

城市可呼吸
Breathable Cities

"一江一河"是城市生态空间利用与保护的缩影

The "One River and One Creek" Initiative Is a Shining Example of the Utilization and Protection of Ecological Urban Spaces

吴蒙 / 上海社会科学院生态与可持续发展研究所
Wu Meng / Shanghai Academy of Social Sciences, Institute of Ecology and Sustainable Development

科学合理规划城市生产、生活、生态空间，是建设人与自然和谐共生的现代化的关键。高质量城市生态品质需要高品质生态空间支撑。

上海作为滨江临海，城市化和人口高度发展的超大城市，城市生态系统相对脆弱，强化生态空间建设是提升城市应对各类传统与非传统灾害的韧性，保障城市生态安全的现实需求，也是实施"生态留白"，增强城市发展可持续性的重要保障。

目前，上海生态空间建设对标纽约、伦敦等全球城市，对上海而言，深入践行新发展理念，加强城市生态空间建设，是建设与卓越全球城市总目标相匹配的生态品质的必然要求，也是着力打造最佳人居环境，提升城市吸引力和创新力，增强城市软实力的重要载体。

上海作为拥有超过 2400 万人口的高密度人居环境下的超大城市，人多地少，自然资源紧缺，发展中最突出的问题就是资源环境承载力约束，面向市民对美好生活的向往，有限生态空间规模与快速增长的生态需求之间的矛盾日益突出，地区不平衡问题愈加凸显，而郊野地区和河流滨岸带的生态资源优势尚未得到充分发挥，生态功能综合利用仍有待提升。

黄浦江与苏州河"一江一河"滨水生态空间建设，是上海践行生态文明理念，科学合理进行城市生态空间持续开发利用与保护的重要缩影。上海"一江一河"生态空间建设，围绕以下几个方面持续发力，久久为功。

一是持续提升滨水生态空间开放性和连通性。自"十三五"开始，上海持续开展"一江一河"沿线岸线贯通，新建大量滨水大型绿地及公共空间,"还江于民"。同时,规划完善滨江滨河纵向绿廊和绿带建设布局,构建互联互通、功能复合的韧性生态网络。

二是聚焦重点板块打造区域标志性生态节点。例如,黄浦江两岸加快实施北外滩贯通和综合改造提升,建设了杨浦大桥公园、世博文化公园、三林楔形绿地等一批集自然生态、亲水互动、旅游休闲于一体的标志性生态节点。

三是注重生态功能与城市其他功能相互融合。按照"一江一河"的功能定位和资源分布,强化滨水生态空间的生态功能与宜居、商务、创新、文化、旅游等功能的相互融合。

四是水绿联动整体提升滨水空间的生态品质。除了大量建设公共绿地和生态斑块,发挥多重能级生态效应,坚持水绿联动,持续开展黄浦江和苏州河流域水质综合整治,推进污染治理和生态修复,整体提升滨水生态空间的生态品质。

浦东滨江后滩湿地公园鸟瞰
图片来源:东岸集团

世博文化公园：上海中心城区沿江最大公园

The Expo Cultural Park: The Largest Park on the River in Downtown Shanghai

世博文化公园位于上海黄浦江沿岸核心区域，建成后是上海中心城区沿江最大的公园，占地近 2 平方公里，是上海优化生态系统、提升空间品质、延续世博理念、建设生态之城的重大举措。公园定位为生态自然永续、文化融合创新、市民欢聚共享、世界一流的大公园，让市民走进森林、欣赏园林，看到绿化、感受文化，亲近美景、共享美好。

公园内一共有七个主题园区，包括世博花园、申园、上海温室、双子山、世界花艺园、大歌剧院和国际马术中心。公园绿化面积超过 80%，植物品种超过 1000 多种，有 4 万多株苗木，还有一些珍稀树种和本地特色树种，每个季节景色更替，形成春景秋色，夏荫冬姿。17 万平方米公园中央湖区，从黄浦江引水，通过水体净化，主要指标可达到 Ⅲ 类标准。

目前，世博文化公园正在加紧建设，2021 年底实现北区局部对外开放，目标是呈现一个延续世博记忆的重要承载区，彰显文化内涵的集中体验区，以及上海可持续发展建设的生态实践区。

世博文化公园鸟瞰效果示意图
图片来源：上海地产集团

九子公园：城市与自然的巧妙融合
Jiuzi Park: An Ingenious Fusion of City and Nature

　　九子公园位于黄浦区成都北路，占地约 7000 平方米，建于 2006 年，得名于九种弄堂的游戏，包括扯铃子、跳筋子、滚轮子、打弹子、掼结子、跳房子、套圈子、抽坨子、顶核子，是苏州河线性景观中规模较大的公共空间节点。

　　九子公园周边为城市创意功能和密集居住功能，内部设施较为陈旧。在苏州河滨河公共空间提升中，九子公园作为黄浦区和静安区的交界点，又是城市密集区难得的完整公共空间，成为黄浦区苏州河景观提升工程中的一个重要的节点。"城市公园开放化"是九子公园此轮改造的总体设计策略。

　　设置二级挡墙是此次改造的一大亮点。为了增加九子公园的亲水性，设计方抬高滨河道路，把高高的防汛墙藏在景观道路、绿化下面，称之为二级防汛墙，防汛墙上设置闸门，平时闸门敞开，从公园不知不觉跨过防汛墙，通过几层台地层层近水，能漫步至河边。

　　采用相同铺装连接公园主要动线与河滨道也是此轮改造的亮点之一，这一做法强化了公园的开放性。铺地选用多彩琉璃水磨石预制块，不同颜色暗示不同功能：橙色代表主要动线，绿色代表绿化空间，蓝色代表亲水空间，灰色为各种颜色之间的过渡色彩，从而共同形成"马赛克"般的抽象拼贴画。

　　此外，九子公园的建构筑物设计以折纸为概念，把结构和功能结合起来，纸鸢屋、亭厕和折墙浮台等融入绿化景观，奏响了以清水混凝土构成的乐章。

　　经过提升改造，九子公园与滨河空间融为一体，将都市生活与自然休闲巧妙地融合于高品质的苏河景观中。

九子公园纸鸢屋
图片来源：同济原作设计工作室

前滩主题公园：集运动、休闲于一体的滨水空间

Qiantan Theme Park: Combining Exercise and Leisure into a Single Riverside Space

前滩国际商务区共建设了三处大型主题公园：前滩友城公园、前滩休闲公园、前滩体育公园，由北向南呈带状分布。

前滩友城公园位于东方体育中心东侧的黄浦江边，北至川杨河，南至小黄浦江，与徐汇滨江相望，有600多米长的优美江岸线，视野开阔。作为国内首座国际友好城市公园，前滩友城公园规划颇具特色，植被茂盛，总面积超过10万平方米，设有2000多米长的绿色慢行通道、1万平方米的广场，为市民的休闲与运动提供了极佳的场所。还建设了3000多平方米的地面服务建筑，用于展示国际友城赠送的雕塑、树木花草和其他纪念品。

前滩休闲公园是前滩面积最大的一处滨江公园，占地面积为26万平方米，位于前滩大道西侧，小黄浦江以南，中环路隧道以北，沿黄浦江呈长条形状，拥有1700多米长的壮观沿江风景线。绿地率高达66%，种植有品种丰富的乔木、灌木、花草等植被，绿化面积达17.5万平方米，设有特色花园、慢跑道、自行车道、沙滩、望江驿等高品位的休闲与活动设施，为市民提供一流的绿色开放空间。

前滩体育公园是一处以公众体育运动为定位的特色公园，位于中环路以北，前滩大道以南，"九宫格"国际社区和法华学问寺以西。该公园占地总面积约24万平方米，以"社区前沿"为主题，设置有大型运动草坪、各类球场、大型停车场，景观宜人、水系丰沛，是运动爱好者的健身好去处。

前滩公园鸟瞰
图片来源：东岸集团

前滩公园慢行步道系统
图片来源：东岸集团

雨水花园：低碳、绿色、开放的公共空间
Rain Garden: A Low-Carbon, Environmentally Friendly, and Open Public Space

位于滨江杨浦段的雨水花园，面积约 2.68 公顷，包括公共绿地及湿地公园、亲水平台和码头改造、城市家具及景观灯光、广场及慢行交通系统、公共配套服务设施等。公园于 2015 年 3 月底开工建设，2016 年 6 月底全面建成并向社会开放。

雨水花园方案设计将可持续发展及绿色低碳设计理念贯彻始终，从建设集约型社会的角度出发，采取了"渗、蓄、滞、净、用、排"等做法实现了低碳减排。维持原有自然生态本底和水文特征，所有慢行系统及绿地系统采用透水路面，增加雨水自然下渗；在公共绿地进行雨水的蓄渗利用，实现部分绿地雨水浇灌；通过微地形调节，让雨水滞留在低洼绿地，从而缓慢汇聚，有效减少城市内涝的形成；通过土壤的渗透、植被、绿地系统、水体等对水质产生自然净化作用；把水留蓄在原地，对雨水进行收集净化后在原地加以合理利用；通过与城市化同步的分散式雨水管理方式（雨水花园、雨水收集等措施），最大限度地实现雨水自然循环。

此外，项目建设过程中，对现有资源采取循环再利用措施，保留再利用原有工业码头、部分现状防汛墙、原有码头工业遗存和高大乔木。

最后，按照临江面的公共空间层级进行划分，项目对照明系统全面采用智能装置及节能灯具，设置分时段、分层级的智能节能控制系统，从而节省电能。

雨水花园项目在设计和建设过程中，充分结合防汛通道和公共绿地建设，既实现健身步道、自行车骑行道、休闲道路的多样性慢行交通系统，又通过广场、开放空间等形式，组织丰富多彩的市民活动，引导居民的滨江生活体验方式，使市民有更多的幸福感和归属感，从而确保了公共空间的绿色、贯通、开放、共享。

雨水花园鸟瞰

图片来源：杨浦区滨江办

雨水花园的人行栈桥

图片来源：同济原作设计工作室

吴淞炮台湾国家湿地公园：沿江近海的天然湿地
Wusongkou Paotaiwan Forest Marsh Park: A Natural Wetland Along the River

吴淞炮台湾国家湿地公园是"国家 AAAA 级旅游景区"，公园位于宝山滨江核心区，地处长江与黄浦江的交汇口，历史上因清政府曾在此建造水师炮台，故得名"炮台湾"。公园沿江岸线约 2250 米，总面积 106.6 公顷，其中湿地的面积达 63.6 公顷，包括沿江近海与海岸湿地以及园内人工湿地两大部分，沿江近海与海岸湿地是一块保存完好的天然滨江湿地。公园动植物种类丰富，有各类植物 108 种，鸟类 144 种，国家二级保护动物 10 种；江堤内人工湿地、林地等区域由大量废钢渣陆续回填而成，通过地形整理、土壤改良、土壤覆盖、植被恢复，形成生态环境良好、动植物资源丰富、景色优美的湿地公园。

炮台湾公园贝壳广场
图片来源：宝山区滨江开发建设管委会

炮台湾公园湿地
图片来源：宝山区滨江开发建设管委会

世界可链接
A Connected World

"一江一河"已成为展示上海城市精神品格的窗口
The "One River and One Creek" as an Embodiment of Shanghai's Spirit and Character

诸大建 / 同济大学特聘教授，可持续发展与管理研究所所长
Zhu Dajian / Distinguished Professor and Chair of the Sustainable Development and Management Research Section, Tongji University

讨论上海大都市的硬实力和软实力，"一江一河"是眼下最俯首可得、最可以让公众体验和检验、也是最有说服力的标志性案例。上海城市从强大走向伟大，重要的是要将软实力转化为物质、制度、行为等层面可以看得见的现实成果。其中，把城市软实力渗透到城市硬实力之中，让看得见的城市物质建设变得更加有文化、更加有情调，是上海提高城市核心竞争力的重要方面。滨水地区的岸线整理和生态修复是国内外城市转型发展常见的事情，"一江一河"公共空间成为一个有世界影响力的海派文化的展示窗口，从中可以看到上海硬实力和软实力的匹配和融合，看到上海城市精神品格的开放性、创新性、包容性。

开放性，体现在"一江一河"滨水空间建设工程要向中外展现上海建设中国式全球城市的新风貌，"一江一河"滨水岸线要建设成为上海两个各具特色的世界级滨水区和城市客厅，向国内外展示上海大都市的独特魅力。黄浦江两岸45公里主要展现上海全球城市的金融、科技、文化、生态等功能；苏州河两岸42公里主要展示上海人民城市宜居、宜业、宜乐、宜游的城市生活风貌。有一次，主持苏州河北侧某岸线设计的朋友带着我走苏州河，听她讲当时搞设计如何煞费苦心将封闭性的生产岸线转换成为人民群众喜欢的开放性生活岸线，我一边听一边感叹这样的故事最上海。

创新性，体现在"一江一河"公共空间建设对历史风貌的更新上。作为上海的母亲河，黄浦江和苏州河的两岸布满了百年历史建筑和百年工业遗存，"一江一河"公共空间建设工程不是喜新厌旧、大拆大建，而是新旧整合、旧中出新，有创意地保留和延续了完整的城市历史文化文脉。沿着黄浦江两岸步道，可以阅读从豫园地区老城厢、经过开埠后的

租界空间，到杨浦老工业区，再到浦东开发以来的上海城市发生发展的整个故事。我曾经作为志愿者，周末给一批社会打卡族介绍杨浦滨江的故事，其中杨树浦水厂成为最受欢迎的打卡点，大家对杨树浦水厂既是黄浦江滨水岸线不可多得的美景，又仍在承担城市供水职能发出由衷的感叹。

　　包容性，体现在打造世界级会客厅的城市更新中，"一江一河"滨水空间原属不同的物权主体，但大家小我服从大我，克服各种各样的困难，打通岸线，开辟共享空间，彰显了什么是上海城市精神中的开明睿智、大气谦和。百年学府华东政法大学长宁校区位于苏州河 U 形转弯的苏河湾，学校主动"让"出沿河土地搞开放式步道和共享式校园。这条步道不仅消除了苏州河岸线空间中的堵点形成新的网红式步道，也让人们可以近身阅读圣约翰大学等 20 多幢百年历史建筑。

2020 年在徐汇滨江举办的西岸艺博会现场全景

图片来源：西岸集团

　　我喜欢说，城市硬实力和城市软实力形成了以人为中心的上海建设社会主义现代化国际大都市的两个发展半球。上海城市硬实力是上半球，以全球经济竞争力和可持续发展竞争力为基础，要建设五个中心、四个功能；上海城市软实力是下半球，以城市精神竞争力和城市治理竞争力为基础，要弘扬由海纳百川、追求卓越、开明睿智、大气谦和组成的上海城市精神和由开放、创新、包容组成的上海城市品格。硬实力可以留住人，软实力可以留住心，全面提升上海城市核心竞争力和城市能级，是既要留住人又要留住心。我相信，上海城市的未来发展会更多地实现城市硬实力半球和软实力半球的匹配和融合，建设成为既强大又伟大的中国特色现代化国际大都市。

上海国际马拉松赛：与滨江美景一起奔跑

The Shanghai International Marathon: A Run Through the City's Beautiful Waterfront Landscapes

　　上海国际马拉松赛由中国田径协会、上海市体育总会主办，是荣膺国际田联最高级别的路跑赛事，跻身世界顶级赛事行列。自1996年第一届举办以来，已经逐渐成为一项国内外的重要马拉松赛事，同时也是历届上海市全民健身节的重头戏。

　　自2017年起，结合黄浦江两岸贯通工程的实施，除传统的外滩区域外，设置在黄浦滨江、徐汇滨江等区段的赛道已成为上马最为秀丽的赛道。

　　2021年，上海半程马拉松赛在浦东举办，赛事线路沿浦东滨江设置，途经陆家嘴、世博地区、前滩公园等黄浦江沿线标志性区域。

在滨江跑道上奔跑的"上马"选手
图片来源：东浩兰生集团

上海国际马拉松比赛鸟瞰图
图片来源：东浩兰生集团

世界人工智能大会：加快成为全球顶级 AI 行业盛会

The World AI Forum: Rapidly Becoming the Globe's Leading AI Industry Event

　　世界人工智能大会自 2018 年起，在上海黄浦江畔已连续举办四届，由国家发展和改革委员会、国家工业和信息化部、国家科学技术部、国家互联网信息办公室、中国科学院、中国工程院、中国科学技术协会与上海市人民政府共同主办。

　　在连续举办了三届后，2021 年世界人工智能大会在演讲嘉宾人数、参会企业数量、论坛主题、观众人员等方面均有了大幅提高。2021 年大会累计举办 1 场开幕式、2 场全体会议、1 场闭幕式、11 场主题论坛、14 场领军企业论坛、27 场前沿论坛、27 场生态论坛、15 场外场活动。大会汇聚了 1000 余位演讲嘉宾，其中包括 5 位图灵奖得主、1 位诺贝尔奖得主、62 位中外院士、16 位顶尖高校校长、25 位国家级专业学会和协会理事长，以及 260 位各类企业负责人，在线观看人数突破 3 亿人次。

　　面向未来，世界人工智能大会将继续坚持高端化、国际化、专业化、市场化、智能化，不断夯实平台软实力，加快成为最具全球影响力的顶级 AI 行业盛会。

2018 年首届世界人工智能大会
图片来源：西岸集团

2018 年世界人工智能大会现场吸引了众多市民
图片来源：西岸集团

吴淞口国际邮轮港：中国邮轮门户港
Wusongkou International Cruise Harbor: The Home of China's Cruise Industry

　　吴淞口国际邮轮港是目前中国规模最大、功能最齐全的专业邮轮码头，码头岸线总长度达 1600 米，前沿水深 12 米，可以同时停靠两艘 22 万吨级、两艘 15 万吨级国际邮轮，拥有总面积达 8 万平方米的三座客运大楼。自 2011 年 10 月开港以来，三年登顶亚洲第一，五年问鼎全球前四，已累计靠泊大型国际邮轮 2269 艘次，接待出入境旅客 1419.6 万人次。作为当之无愧的中国邮轮门户港，吴淞口国际邮轮港率先应用了"智能检疫通关查验系统""边检自助通关查验系统""邮轮行李条形码""邮轮船票制度"，建立了标准化登船流程体系，为游客提供最便捷、舒适的通关体验。

吴淞口国际邮轮港全景　Wusongkou international cruise harbor
图片来源：宝山区滨江开发建设管委会　Image source: Baoshan District Riverside Area Development and Construction Committee

西岸艺术与设计博览会：高品质的全球艺术盛会
West Bund Art and Design Exhibition: A Sophisticated Global Artistic Gathering

作为上海国际艺术品交易月的重要组成部分，西岸艺术与设计博览会（后简称"西岸艺博会"）于每年 11 月在上海徐汇滨江举办，已连续举办七届。自 2014 年创办以来，西岸艺博会始终保持卓越品质与良好口碑，扮演连接藏家与画廊之间坚实纽带的重要角色，并逐渐发展成为亚洲最高级别的艺术博览会之一。同时，西岸艺博会也不断拓宽自身边界，通过线上线下相结合的形式以及"Xiàn Chǎng"、设计、影像等特别单元的纳入，为"西岸艺博会"形式赋予了更丰富多元的定义。

西岸艺术与设计博览会活动场景　West Bund Art and Design Exhibition
图片来源：西岸集团　Image source: Shanghai West Bund Development (Group) Co., Ltd

第五章

展望
Prospects

未来的"一江一河"滨水空间，花红草绿、水清鱼肥、人流如织、勃勃生机。

虹口北外滩将会矗立以 480 米的浦西第一高楼为代表的摩天大楼群，楼群将与陆家嘴建筑群遥相呼应，这里将集聚航运金融、高能级商务、商业等核心功能。与外滩、陆家嘴成为"黄金三角"。

人民城市重要理念诞生地杨浦滨江将继续践行以人为本重要思想，建设公园城市先行示范区和儿童友好公共空间示范区。

因艺术展馆集聚而闻名的徐汇滨江将向科创发力，加快传媒港、智慧谷等项目建设，打造"双 A"黄金水岸。

浦东滨江前滩区块将提升金融服务能级；陆家嘴区块将加快全域旅游示范区建设；宝山滨江区块国际邮轮旅游度假区将升级……

未来，"一江一河"滨水空间将由沿岸"线状"贯通建设拓展至腹地"块状"品质提升。黄浦江滨水贯通岸线将继续"南拓北延"，黄浦江沿江岸线由 45 公里延长至 61 公里，成为彰显上海城市核心竞争力的黄金水岸和具有国际影响力的世界级城市会客厅。苏州河岸线将持续打造景观及功能亮点，成为宜居、宜业、宜游、宜乐的现代生活示范水岸。

华东政法大学长宁校区将全面开放；上海石库门建筑群东斯文里将迎来城市更新；M50 园区—宜昌路将打造文化创意特色街区；福新面粉厂、四行仓库等历史遗存将进一步活化利用；跨河桥梁、滨河码头、慢行步道等亲水步行公共设施将优化改善……精细化的设计理念、步移景异的精致景观、标志性的节点空间，未来的苏州河将形成滨水空间新格局。

苏州河沿岸浅滩、绿地、郊野公园等蓝绿斑块将串联成网，打通腹地生态廊道、打造生物多样性生存环境。其中，中心段的滨河步道将连通公园绿地，郊野段将形成具有生态和休憩功能的郊区生态节点。"十四五"期间，"一江一河"滨水空间将新建大型绿地及公共空间 480 公顷，其中黄浦江沿岸约 400 公顷，苏州河沿岸约 80 公顷。

上海市委、市政府领导高度重视"一江一河"滨水空间的品质提升，多次实地调研了解"一江一河"公共空间建设进展。上海市委书记李强在调研黄浦江、苏州河沿岸规划建设情况时指出，随着"一江一河"两岸货运、生产等功能弱化，滨水地区需要转型重生，努力成为上海高质量发展的标杆区域，成为上海发展的金名片。要集聚更多高端产业，提升资源配置能力和高端服务能力。要明晰沿岸各区功能，产业布局要体现差异性，避免同质竞争。要联动发展，更好发挥滨水一线对腹地的辐射和带动效应，使"一江一河"滨水资源溢出效益最大化。

上海因水而生、依水而兴，黄浦江、苏州河承载着上海的过去、现在和未来，对这座城市有着特殊重要性，是不可或缺的宝贵资源。李强书记强调，要把黄浦江、苏州河沿岸建设作为一项重大民生工程，顺应市民期待，花更大气力把"一江一河"滨水空间腾退出来、贯通起来，"还江还河于民"，让滨水公共空间成为市民群众生活休憩之处、中外游客流连忘返之地，成为上海生活的品牌。要提升生态品质，进一步改善水质，尽可能多地增加绿色生态空间。提升配套服务水平，让滨水区域服务管理更人性化、更便捷。提升文化内涵，深度挖掘和活化利用老建筑、工业遗存，加强公共文化设施和文化地标布局，形成新的文化活动集聚区，增强城市人文魅力。

"一江一河"穿城而过，看尽上海沧桑巨变，亦将展现申城绚烂未来。

The future of the "One River and One Creek"area is one of vitality: colorful flowers and luxuriant grass, pristine water and healthy fish, and of course, thronging crowds.

Hongkou North Bund is set to become home to a group of skyscrapers — including one that, at 480 meters tall, will be the city's tallest building in west of the Huangpu District. These skyscrapers will harmonize with those in Lujiazui complex across Huangpu River and will act as a hub for key functions such as shipping finance.

As the birthplace of the "people's city", the riverside in Yangpu District will continue to put into practice the underlying principles of people-oriented development. This includes the construction of a demonstration zone for "park cities", as well as a demonstration zone for child-friendly public spaces.

Famous for its agglomeration of art galleries, the riverside in Xuhui District will shift its focus toward technology by accelerating the construction of projects such as Media Port and Smart Valley, thus forming the "Double-A" golden shoreline.

We will continue to enhance financial service capabilities in the Qiantan riverside area and accelerate the construction of a tourism demonstration zone in the Lujiazui riverside area; while in the Baoshan riverside area, a global cruise-ship tourist resort area will be upgraded.

In the future, the spaces of the "One River and One Creek" initiative will evolve from their current state — that is, an interconnected riverside corridor — and expand inland to form clusters. The corridor along Huangpu River will be extended from 45 to 61 km in order to create a golden shoreline that reflects the core competitiveness of Shanghai and play host to a world-class city reception hall. The corridor along Suzhou Creek will be expanded to the Outer Ring Expressway in order to create a modern shoreline that is livable for local residents, lucrative for local businesses, attractive to tourists and entertaining to visit.

The Changning campus of the East China University of Political Science and Law, which has already opened some of its dormitories, will soon be fully opened to the public. Dongsiwenli, one of Shanghai's largest and oldest *shikumen* communities, will receive upgrades; while in M50 Park, Yichang Road will be transformed into a cultural innovation street. Historical sites such as the Fuxin Flour Factory and Sihang Warehouse will be further reutilized and repurposed; while public facilities on the waterfront, such as bridges, ports and walkways, will be continually optimized. Through the principle of micro-scale design, the state of Suzhou Creek's waterfront will continually evolve so that the scenery changes with every step, and public spaces become admired landmarks.

The shallows, urban green spaces, and suburban open parks along Suzhou Creek will be connected to ecological corridors further inland to form a network of biologically diverse natural environments. For instance, the downtown segment of the riverside walkway will be connected to parks and green spaces, while the segment on the city's outskirts will become a suburban nature retreat with both ecological and leisure functions. During the "14th Five-Year Plan" period, 480 hectares of large-scale green areas and public spaces will be created as part of the "One River and One Creek" initiative, of which approximately 400 hectares will be situated along the shores of Huangpu River, while the remaining 80 hectares will be situated along of the shores of Suzhou Creek.

CPC Shanghai Municipal Committee and Municipal Government have placed great emphasis on the enhancement of public waterside spaces as part of the "One River and One Creek" initiative. On multiple occasions, they have carried out on-site investigations to ascertain what progress has been made in these spaces' construction. While inspecting planning and construction on the shores of the Huangpu River and Suzhou Creek, Secretary Li Qiang pointed out that, as these waterways' role in shipping and production weakens, the waterside areas need to be transformed and imbued with new life so that they become models of high-quality development. At the same time, they need to attract more high-end industries by improving their resource deployment and service capabilities. Furthermore, waterfront areas in each district need to differ from one another in terms of their functions and industrial layout so as to avoid detrimental competition. Finally, the city must set off a chain reaction of development by allowing the success of the waterfront corridors to stimulate the growth of areas inland, thus extracting the greatest value possible out of the resources invested in the "One River and One Creek" area.

Shanghai owes its very existence and prosperity to the water. Huangpu River and Suzhou Creek are the city's past, present, and future. They are indispensable resources that have particular significance in this era of the city's development.

During his investigations, Secretary Li Qiang emphasized that we must view construction along the shores of Huangpu River and Suzhou Creek as a major project pertaining to the livelihood of the people. In keeping with the people's desires, we must devote more energy to returning the waterfront spaces of the "One River and One Creek" initiative back to the people and linking them together so that they can become a place where the masses can live and rest, an unforgettable destination for tourists both from China and abroad, as well as a defining component of Shanghai's unique lifestyle brand. We must strengthen natural ecologies, improve the quality of the water and increase the size of green spaces. We must raise standards for waterfront management and supporting services so that they are more personable and convenient. We must enhance the cultural resources of waterfront areas by exploiting the potential of old buildings and bringing the city's industrial heritage back to life. Not only that, we also must strive to create new public cultural facilities and landmarks, in turn forming new cultural hubs and reinforcing the city's cultural charm.

The "One River and One Creek" are veins that run through the heart of Shanghai. They have borne witness to its highest highs and lowest lows, and they will help it to shine brightly long into the future.

将"一江一河"建设成为人民城市重要理念的最佳示范

Building "One River and One Creek" into a Shining Example of the Important Theories Behind the People's City

曾刚 / 华东师范大学城市发展研究院院长

Zeng Gang / Chair of the Institute of Urban Development, East China Normal University

易臻真 / 华东师范大学城市发展研究院副教授

Yi Zhenzhen / Vice Professor of the Institute of Urban Development, East China Normal University

黄浦江、苏州河是上海的母亲河、是上海的标志,见证了上海租界华人的屈辱,也成就了上海这座我国现代工商城市的样板与骄傲。黄浦江、苏州河"一江一河"发展谋划与建设必须以满足人民群众的需求为依归。2021 年 8 月 31 日发布的《上海市"一江一河"发展"十四五"规划》进一步彰显了上海市委、市政府大力推进黄浦江 45 公里、苏州河 42 公里空间贯通,致力于建设满足人民对美好生活向往、实现"共建、共享、共治"世界级滨水区、典型示范区的决心和行动。新时代下,"一江一河"公共空间建设,体现了"不忘初心",一切为了人民、服务人民的宗旨和执政理念,成为实践人民城市重要理念的生动案例。

2017 年底,黄浦江沿岸已经实现了从杨浦大桥到徐浦大桥 45 公里滨江公共空间贯通开放。2020 年底,苏州河中心城段 42 公里滨水岸线实现了基本贯通开放。城市"项链"越串越长,为打造世界级城市会客厅夯实了基础。

第一,基本完成了滨水区发展顶层设计与规划。上海市先后制定了《上海市黄浦江两岸开发建设管理办法》,编制了《上海市"一江一河"发展"十四五"规划》,发布了《"一江一河"滨水公共空间建设设计导则》,明确了编制滨水公共空间专项规划,并将其纳入上海市国土空间总体规划的工作任务,为"一江一河"沿岸开发开放提供了重要的方向引领与制度保证。

第二,优化了滨水公共开放空间功能。"一江一河"沿岸基本实现了从"工业锈带"向"生活秀带""发展绣带"的转变。"一江一河"公共空间系统性规划设计和建设取得新进展，慢行系统、标识系统、配套设施、景观照明等配套设施也已建设完成。到 2020 年底，黄浦江滨江累计建成 1200 公顷公共空间，漫步道、跑步道、骑行道等"三道"长度约 150 公里，苏州河沿岸同步推进滨水岸线贯通和提升改造，城市形象和市民满意度大幅提升。"一江一河"公共空间品质得到有效提升，服务功能更加丰富多元，逐步形成开放共享的城市公共休闲空间体系。"西有巴黎塞纳河，东有上海黄浦江、苏州河"成为越来越多访客的共识。

第三，传承了历史文化遗产。黄浦江沿岸以上海船厂、国棉十七厂、老码头创意园区等为代表的历史建筑和工业遗存得以保留、修复、改造和利用。苏州河沿岸以四行仓库为代表的红色遗存，以 M50 园区、创享塔园区等为代表的工业遗存更新利用形成特色，上海外滩魅力四射，跨越黄浦江的上海中央商务区成为世界四大金融区之一，北外滩金融中心、苏州河沿岸创意产业街初具规模，为上海中国现代工业文明遗存保护、城市软实力提升作出了重要贡献。

河流、河水是江南城市开放、包容、充满活力的象征，"有水则灵"是江南城市的风韵所在。在百年未有之大变局的新形势下，上海作为长三角区域一体化发展的龙头，绿色发展、创新发展、服务人民的发展是中央的战略部署和号召，也是"一江一河"发展的方向与机遇。为此，建议重视以下三方面工作：

第一，高水平谋划。"一江一河"的规划建设是上海落实人民城市重要理念的生动实践。因此，建议对标世界级滨水区发展的最高标准、最高水平，着眼于上海市全球资源配置、科技创新策源、高端产业引领、开放枢纽门户四大功能目标，"中心辐射、两翼齐飞、新城发力、南北转型"空间新格局要求，遵循整体性、生态性、公共性、可达性原则，从统筹协调、风貌保护、文化传承、共建共管共享入手，综合考虑区段区位、岸线特色、智能管护，制定滨水公共空间专项规划，完善以住房建设管理部门为主导、相关部门以及全社会广泛参与的工作推进机制、监督评估考核机制，促进"一江一河"水上与水下、水面与水边、生产生活与生态的协同发展，建设上海城市水上客厅、世界级滨水示范区。

第二，着力发展水岸经济、创意产业。"一江一河"沿岸兼具水陆交融的区位优势，面临黄浦江、苏州河沿岸从早期的码头运输、低端产业向现代创意产业、高品质城区方向转变的历史机遇。同时，以数字技术为核心的第四次产业革命方兴未艾，机会难得。因此，抓住机遇，乘势而上，充分利用"一江一河"沿岸极佳的区位优势，大力发展科技服务、工业设计、文化艺术等创意产业，将上海建设成为国内大循环中心节点和国内国际双循环战略链接，将"一江一河"建设成为新时期我国城市高质量发展的示范区、引领区。

第三，切实保证人民群众参与公共空间建设与管理。"人民城市人民建，人民城市人民管"是人民城市重要理念的精髓，"一江一河"发展离不开人民群众的广泛参与。只有秉承以人民为中心的思想，充分尊重人民意愿、总体规划透明化、项目设计集思广益，才能更好地满足人民群众对美好生活的追求，才能进一步提升人民群众的参与感、获得感、幸福感。建议在"一江一河"发展领导小组、咨询小组、工作小组、督查小组组建过程中，吸收人大、政协、社会团体、市民代表参加，将"一江一河"建设成为人民城市重要理念的最佳示范与标志、打造成为新上海最靓丽的城市名片。

游人如织的杨浦滨江公共空间

图片来源：战长恒

"一江一河"：打造世界级滨水区

"One River and One Creek": Building a World-Class Waterfront

王振 / 上海社会科学院副院长
Wang Zhen / Vice-Dean of the Shanghai Academy of Social Sciences

黄浦江、苏州河沿岸地区是上海近代金融贸易和工业的发源地，是上海建设具有世界影响力的社会主义现代化国际大都市的核心功能承载区和"主动脉"，是上海践行"人民城市人民建、人民城市为人民"的标志性空间。

"上海 2035"总体规划明确提出，将"一江一河"打造成为具有全球影响力的世界级滨水区。从世界著名城市滨水区的先进经验看，世界级滨水区是城市功能的集聚带、城市文化的主阵地、公共活动的大舞台、生态文明的示范带、城市形象的展示区。

2002 年启动黄浦江两岸综合开发，拉开了"一江一河"建设世界级滨水区的序幕。为迎接 2010 年上海世博会，黄浦江两岸规划建设理念全面提升，"百年大计、世纪精品"，两岸环境品质和基础设施配套得到突破性改观，为对标国际著名城市的滨水区打下了坚实基础。进入"十二五"以来，以公共空间建设和产业转型升级为主导的"一江一河"开发建设进入快车道。在上海市委、市政府的战略谋划和有力推进下，2014 年首次推出《黄浦江公共空间建设三年行动计划（2015—2017）》，明确提出将黄浦江两岸打造成世界级滨水公共开放空间，重点实施滨江公共空间贯通、服务设施配套、交通系统建设三项行动计划。2018 年启动新一轮三年行动计划，从完善空间景观、增强活力功能、提升服务管理、改善公共交通等方面全面提升改善黄浦江两岸公共空间，着力打造可漫步、可阅读、有温度的魅力水岸空间，引领黄浦江两岸逐步塑造成为世界级绿色生态滨水区。2019 年 1 月公布的《黄浦江沿岸地区建设规划（2018—2035 年）》《苏州河沿岸地区建设规划（2018—2035 年）》，进一步完整提出了世界级绿色生态滨水区的建设目标与行动方案。同时为加强"一江一河"两岸开发建设的整体规划和统筹推进，上海市政府推出《关于提升黄浦江、苏州河沿岸地区规划建设工作的指导意见》,提出要以"发展为要、人民为本、生态为基、文化为魂"为指导思想,将黄浦江、苏州河沿岸打造成为城市的"项链"、发展的名片和游憩的宝地。

黄浦江、苏州河是上海的母亲河,是上海建设具有世界影响力的社会主义现代化国际大都市的代表性空间和标志性载体。"一江一河"承载着上海城市的历史文化积淀,更引领着上海城市的未来发展和全球影响。"一江一河"能以它的开放型经济优势和国际窗口功能,更好地向世界展示中国理念、中国精神、中国道路;更能以它的"五个中心"核心集聚和多重辐射力,更好服务构建新发展格局;还能以它的超大城市智慧治理和精细管理,形成更加广泛而又积极的示范效应。

展望未来,"一江一河"建设要从功能提升、地标打造、公共空间品质、文化标识、区域联动等方面对标国际最高标准、最好水平,加快向世界级滨水区迈进。

推动上海城市核心功能向"一江一河"两岸集聚。进一步推进总部集聚、拓展金融功能、汇集高端商贸、培育数字产业、延伸文旅产业,增强滨水空间城市核心功能集聚度和辐射力,着重打造全球资源配置功能、科技创新策源功能的核心承载区,为上海建设具有世界影响力的社会主义现代化国际大都市奠定坚实基础。

打造世界影响的地标性建筑物。要勇于引领世界发展潮流,按照"百年大计、世纪精品"的要求,进一步规划建设具有时代象征、世界瞩目的建筑地标,融入全球领先理念,融入海派文化元素,创造卓越全球城市的标签、标杆,打造新时代的"万国建筑群"。

提升"一江一河"两岸公共空间的品质与魅力。对标国际一流滨水区的建设标准,坚持以人民为中心,高起点规划、高标准建设、高品质开放和高水平管理,打造全方位贯通开放、生态绿色、文化深厚、景观优美、亲水舒适、功能齐全的公共空间系统,促进"一江一河"沿岸地区成为宜业、宜居、宜乐、宜游的"生活秀带"和"发展绣带"。

塑造具有上海鲜明特征的文化标识。传承城市文化、延续历史文脉,进一步拓展各类保护保留对象,强化历史文化遗产活化利用,有力推进特色历史地标建设和文化新地标建设，强化两岸文化功能和特征形象，激发历史文化旅游发展活力。沿黄浦江两岸突出文化的国际交往功能和窗口展示功能，沿苏州河两岸形成城市有机更新和城市文化展示带。

增强区域联动发展的辐射带动功能。充分激发"一江一河"两岸发展活力，充分释放城市核心功能和高端资源集聚对周边区域的辐射带动作用，在"中心辐射、两翼齐飞、新城发力、南北转型"城市发展空间新格局中，在长三角地区一体化发展新趋势中，以"一江一河"强劲活跃的"中心辐射力"，引领上海建设国内大循环中心节点和国内国际双循环战略链接，引领上海更加扎实地推进长三角一体化高质量发展。

浦东滨江船厂绿地
图片来源：东岸集团

从城区走向区域,"一江一河"沿线公共空间建设的示范引领

From City to Region, How "One River and One Creek" Is Leading the Field of Public Space Development

张亢 / 中国城市规划设计研究院上海分院规划研究室主任工程师
Zhang Kang / Lead Engineer of the Planning Research Lab at the Shanghai Office, China Academy of Urban Planning and Design
孙娟 / 中国城市规划设计研究院上海分院院长
Sun Juan / Dean of the Shanghai Office, China Academy of Urban Planning and Design
马璇 / 中国城市规划设计研究院上海分院规划研究室主任
Ma Xuan / Director of the Planning Research Lab at the Shanghai Office, China Academy of Urban Planning and Design

　　长三角地区水乡基因深厚、脉络根植,太湖流域作为江南文化的核心,以黄浦江、吴淞江、望虞河等主要流域的变迁,见证了地区发展格局的演变,奠定了地区繁荣富庶的根源。其中,黄浦江、苏州河(后简称"一江一河")历史上同根同源,是区域重要的联络纽带。

　　东汉时期,随着气候变暖,洪水泛滥,河道淤积,为疏浚水利,朝廷采取了沿海围塘,封江围湖的做法。当时的吴淞江(今苏州河)西接

苏州河上游　Upper reaches of the Suzhou Creek
图片来源:中国城市规划设计研究院上海分院　Image source: Shanghai Office, China Academy of Urban Planning and Design

苕溪太湖，东育长江三角洲，与娄江、东江成为三条主要入海河流。及至唐宋，上游圩田成湖，娄江、东江逐渐萎缩，吴淞江成为最重要的河流。到南宋时期，吴淞江由于曲流发育、河道淤浅的原因，形成了河比地高、支流多的现象，而黄浦江则依托沿海筑堤，地位提升。明朝时期，由于东坝工程的建设，太湖向东泄水减少，造成了吴淞江、浏河并淤。"掣淞入浏"策略使得黄浦坐大，成为太湖泄水干道。自此，两条河流的自然格局基本奠定，经过农耕时期、近代开埠、工业建设，两条河流都经历了工业集聚、水质污染，再到治理更新，重新成为城市发展能级的集中展示区和宜居生活的典型示范区，是上海城市空间发展的缩影。

2019 年，我院与上海市"一江一河"办合作，就长三角生态绿色示范区公共空间建设开展了专题研究。

着眼区域，"一江一河"在生态保育、航道建设、河道整治疏浚等方面，已实现统筹规划与建设。在长三角区域一体化国家战略要求下，以"一江一河"沿线地区的公共空间建设为契机，探索上海与周边地区协同发展，共同推进经济模式转型、乡村振兴、生态建设，具备较好的现实基础。

从发展思路来看：上海方面，根据"上海 2035 总规"，"一江一河"将承载区域、市域重要生态廊道，城市重要景观廊道及休闲廊道的功能。城区段以贯通、开放、活力、人文为指引，黄浦江与苏州河分别于 2017 年、2020 年实现了城区段 45 公里、42 公里公共空间全线提升，带动沿线更新改造，由"工业锈带"到"生活秀带"，为公众提供世界级的滨水空间。郊区段的青浦、闵行、嘉定、松江等均已提出绿道贯通计划，并结合防洪通道、生态廊道建设，完成了部分区段的建设。苏州、嘉兴两地，将共同推进黄浦江—太浦河段的清水绿廊建设，建设沿线蓝绿道，从单一的生态保护维度，拓展为更加丰富的绿道系统。

从"一江一河"区域段沿线的本底特征来看：一是生态环境优越，是河网汇集、湖荡密布的区域。以太湖为源头，包括汾湖、元荡、淀山湖、金鸡湖、澄湖以及多个湿地与公园在内。黄浦江沿线 1 公里范围建设强度小于 15%，自然岸线现状 60% 以上，形成了区域重要的复合型生态空间。二是古镇、古遗址、特色村落集聚，文化底蕴深厚。"一江一河"共同哺育了"江南文化"的核心区。光福、木渎、东山、南翔、同里、千灯、锦溪、朱家角、周庄、金泽、黎里、西塘、练塘等古镇均位于这一区域，更有多处古遗址、特色村落分布其中。三是工业经济与新经济不断兴起，更新潜力较大。"一江一河"沿线共有园区近 20 处，除国家级园区外，相对低效的工业空间有条件更新为休闲、运动、娱乐等功能。目前已经集聚了太湖大学堂、紫竹半岛产业园、吴江科技创业园等科技创新类新经济企业平台，以及花桥国际博览园、陆家艺体中心等文化类，驴妈妈总部等运动类新经济企业平台。四是桥梁等基础设施建设加快，已具备全线贯通的基础支撑。"一江一河"沿线共有 450 条支流汇入，以距主河道 300 米以内的桥梁建设为标准，黄浦江桥梁贯通率为 95%，苏州河为 91%，仅在吴江—嘉善、吴江—吴中交界段还有一些待建设区域。

　　总结流域型绿道、蓝道、风景道等系统的起源、发展及实践经验，研究认为"一江一河"作为长三角"绿色珠链"，能够同时承担生态创新与活力宜居示范的双重责任，其沿线公共空间的整体打造，是推动一体化的重要抓手，也符合区域性河流发展的共性规律。未来，"一江一河"沿线公共空间的建设应注重以下方面：一是分段，这是流域统筹与特色彰显的重要保障，既要强化与各地特色结合的分段引导，也要明确不同分段的绿道系统设计要点与策略。二是贯通，这是线性绿道系统打造的首位因素，在推进方式上，结合流域较长等特征，主要是以沿线城区、城镇的绿道建设为基础，逐步向区域拓展，实现对接连通。三是品质，着重考虑跨流域绿道的吸引力，以提高使用频率，提升空间价值；在绿道规划建设阶段，应尽可能考虑本地自然、人文的资源要素，创造或链接沿路公园、文化、运动、教育、环保等主题场所等。四是协作，强化跨流域的协同推进，加强跨行政区的统一规划，并明确保障落地实施的导则支撑或指引手册。五是行动，强化流域绿道系统营造的行动支撑，既要分时有序推进，也要明确流域协同的保障机制。

　　"一江一河"从城区向区域拓展的探索，既是对区域协同的响应，也是生态发展理念的践行，更顺应了新时期人民对于健康美好生活的追求，期待在"十四五"期间能够取得有效推进。

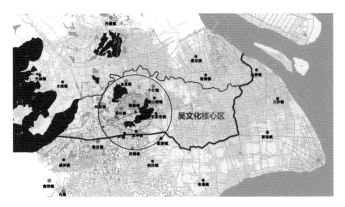

吴文化核心区示意图

图片来源：中国城市规划设计研究院上海分院

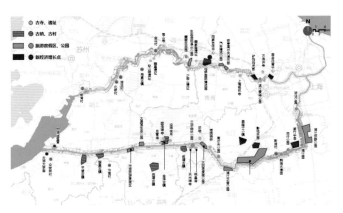

"一江一河"沿线新兴经济与生态休闲要素资源点分布图

图片来源：中国城市规划设计研究院上海分院

"一江一河一湖"空间示意图

图片来源：中国城市规划设计研究院上海分院

357

致谢

黄浦江、苏州河滨水地区公共空间从美好蓝图规划伊始，到实施高品质建设、开展精细化管理，离不开上海市各相关委办局、沿线各区政府、企事业单位、开发主体的全力投入，以及诸多设计单位和设计师所付出的不懈努力，在本书的编撰过程中，也得到了各方的大力支持。

特此鸣谢：

上海市规划和自然资源局

上海市水务局

上海市绿化和市容管理局

上海市道路运输局

华东政法大学

上海市徐汇区委组织部

上海市杨浦区委组织部

上海地产集团

上海久事集团

上海建工集团

上海轮渡公司

上海东浩兰生集团

上海市滨水区开发建设服务中心

上海东岸投资（集团）有限公司

上海市宝山区滨江开发建设管委会

上海杨浦滨江投资开发有限公司

上海市黄浦区滨江综合开发领导小组办公室

上海西岸开发（集团）有限公司

上海市虹口区建设和管理委员会

上海市静安建设和管理委员会

上海市普陀区建设和管理委员会

上海市长宁区建设和管理委员会

上海市嘉定区水务局

上海市普陀区长寿路街道

上海市普陀区宜川路街道

上海市黄浦区五里桥街道

中国城市规划设计研究院上海分院

上海城市规划设计研究院

华东建筑设计总院

上海市政工程设计研究总院（集团）有限公司

同济原作设计工作室

上海林同炎李国豪土建工程咨询有限公司

陈梦泽、鲍伶俐、彭佳斌、沈学美、郑峰等提供了照片，在此一并致谢。编辑出版工作中，如有错漏或未尽之处，敬请谅解。

Acknowledgements

The development of the Huangpu River and Suzhou Creek areas began with a perfect blueprint. From its earliest stages to its high-quality construction and refined management, the program owes a debt of gratitude to municipal government offices across Shanghai, the district governments along the project's route, enterprises and work units, developers, and countless designers, all of whom also contributed vital support to the creation of this book.

Special thanks to:

Shanghai Urban Planning and Land Resources Bureau

Shanghai Water Affairs Bureau

Shanghai Landscaping and City Appearance Administrative Bureau

Shanghai Municipal Road Transport Administrative Bureau

East China University of Political Science and Law

Organization Department of CPC Xuhui Committee

Organization Department of CPC Yangpu Committee

Shanghai Land Group

Shanghai Jiushi Group

Shanghai Construction Group

Shanghai Ferry Company

Donghao Lansheng

Shanghai Municipal Riverside Area Development and Construction Service Center

Shanghai East Bund Investment (Group) Co., Ltd

Baoshan District Riverside Area Development and Construction Committee

Yangpu Riverside Investment and Development Company

Huangpu District Riverfront Comprehensive Development Leading Group Office

Shanghai West Bund Development (Group) Co., Ltd

Hongkou District Construction and Management Commission

Jing'an District Construction and Management Commission

Putuo District Construction and Management Commission

Changning District Construction and Management Commission

Jiading District Affairs Bureau

Putuo District Changshou Road Sub-District

Putuo District Yichuan Road Sub-District
Huangpu District Wuliqiao Sub-District
Shanghai Office, China Academy of Urban Planning and Design
Shanghai Urban Planning and Design Research Institute
ECADI
Shanghai Municipal Engineering Design Institute (Group) Co., Ltd.
Original Design Studio
Lin Tung-Yen & Li Guo-Hao Consultants Shanghai Co., Ltd.
Thanks to Chen Mengze, Bao Lingli, Peng Jiabin, Shen Xuemei, Zheng Feng for contributing photos to this project. Any errors in this booklet are the responsibility of the authors alone.

图书在版编目（CIP）数据

把最好的资源留给人民：一江一河卷＝Reserving the Best Resources for the People : Huangpu River and Suzhou Creek / 上海市住房和城乡建设管理委员会编著. —北京：中国建筑工业出版社，2021.12（2024.8重印）

（新时代上海"人民城市"建设的探索与实践丛书）

ISBN 978-7-112-26955-6

Ⅰ.①把… Ⅱ.①上… Ⅲ.①城市规划—研究—上海 Ⅳ.①TU982.251

中国版本图书馆CIP数据核字（2021）第269800号

责任编辑：陆新之　刘　丹　焦　扬
书籍设计：张悟静
责任校对：姜小莲

新时代上海"人民城市"建设的探索与实践丛书
把最好的资源留给人民　一江一河卷
Reserving the Best Resources for the People　Huangpu River and Suzhou Creek
上海市住房和城乡建设管理委员会　编著

＊

中国建筑工业出版社出版、发行（北京海淀三里河路9号）
各地新华书店、建筑书店经销
北京锋尚制版有限公司制版
北京雅昌艺术印刷有限公司印刷

＊

开本：787毫米×960毫米　1/16　印张：24¾　字数：368千字
2021年12月第一版　2024年8月第二次印刷
定价：**198.00**元
ISBN 978-7-112-26955-6
　　　（38765）